宁夏大学优秀学术著作出版基金资助

半干旱区土壤种子库研究

李国旗　陈彦云 等　著

科 学 出 版 社
北　京

内 容 简 介

本书在对土壤种子库研究进展进行总结和文献分析的基础上，着重研究了荒漠草原区不同林龄柠条林和不同微地形的土壤种子库，以及植物群落的土壤特性与土壤种子库的关系，围封对繁殖分配和土壤种子库的影响，最后研究了半干旱区农田杂草土壤种子库和矿井高盐水排放对土壤种子库的影响。

本书可为从事生态学、林学、植物学和环境科学的研究人员、大专院校师生，以及从事生态修复工程的相关人员提供参考。

图书在版编目 (CIP) 数据

半干旱区土壤种子库研究/李国旗等著. —北京：科学出版社，2022.3
ISBN 978-7-03-041152-5

Ⅰ. ①半… Ⅱ.①李… Ⅲ. ①干旱区–土壤–种子库–研究 Ⅳ.①S339.3

中国版本图书馆 CIP 数据核字(2021)第 113019 号

责任编辑：罗 静 岳漫宇 / 责任校对：郑金红
责任印制：吴兆东 / 封面设计：刘新新

科学出版社 出版
北京东黄城根北街 16 号
邮政编码：100717
http://www.sciencep.com
北京中石油彩色印刷有限责任公司 印刷
科学出版社发行 各地新华书店经销
*
2022 年 3 月第 一 版 开本：B5 (720×1000)
2022 年 3 月第一次印刷 印张：17 1/2
字数：353 000

定价：198.00 元
(如有印装质量问题，我社负责调换)

《半干旱区土壤种子库研究》
著者名单

李国旗　宁夏大学

陈彦云　宁夏大学

邵文山　甘肃武威市凉州区林业技术推广中心

赵盼盼　宁夏大学

刘秉儒　北方民族大学

任玉锋　北方民族大学

李淑君　宁夏大学

李旺霞　宁夏大学

韩润燕　宁夏大学

麻冬梅　宁夏大学

龚诗佩　宁夏大学

谢博勋　宁夏大学

前　言

土壤种子库（soil seed bank）是指存在于土壤表层凋落物和土壤中全部活性种子的总和，往往被称为潜在种群，现已成为植物种群生态学中比较活跃的研究领域。由于土壤种子库能够部分反映群落的历史，因此对退化生态系统的恢复起着非常重要的作用。我国的半干旱区主要是指位于等降雨量线 200~400mm 的内蒙古高原、黄土高原和青藏高原大部分地区，包括内蒙古、河北、山西、陕西、宁夏、甘肃、青海等省（自治区）在内的雨养农业区或畜牧业区。半干旱区气候干旱，环境脆弱，其自然植被是温带草原。开展半干旱区土壤种子库研究，有助于准确评估半干旱区退化植被的恢复潜力，为半干旱区的生态建设提供技术支撑。

本书是在国家自然科学基金项目“围封前后荒漠草原区土壤种子库特征与繁殖对策研究”（31540007）、国家科技支撑计划项目“荒漠草原区农牧复合生态系统构建与资源可持续利用技术集成与试验示范”（2011BAC07B03）和国家重点研发项目“矿区生态修复与生态安全保障技术集成示范研究”（2017YFC0504406）的支持下完成的阶段性成果的总结；本书得到宁夏大学优秀学术著作出版基金的资助。本书是笔者课题组成员多年辛勤工作的成果汇集。本书各章作者如下：第一章，任玉锋和麻冬梅；第二章，谢博勋和刘秉儒；第三章，李国旗和李淑君；第四章，陈彦云和韩润燕；第五章，邵文山和李国旗；第六章，邵文山和赵盼盼；第七章，李国旗和龚诗佩；第八章，陈彦云和李旺霞。全书由李国旗和陈彦云负责统稿。

由于参与本书写作的人员较多，加之成书时间仓促，难免有不少缺点和疏漏，敬请各位同仁批评指正。

李国旗

2020 年 6 月 20 于银川

目　　录

第一章　土壤种子库研究进展

第一节　土壤种子库研究方法

土壤种子库（soil seed bank，SSB）是指存在于土壤表面和土壤中的全部存活种子的总和。土壤种子库是土壤中种子聚集和持续的结果。植物种子成熟后，不管以何种方式传播，最终都会散落到地面上，有的遇到合适的生境而萌发，有的被动物摄食，有的因为腐烂和衰老而失去活力，而大部分保持活力进入土壤中，形成土壤种子库（Roberts，1981）。

达尔文可能是第一位研究土壤种子库的学者，在其著作《物种起源》中，对一个池塘淤泥中种子的存在和萌发情况做了数量上的统计（Darwin and Beer，1859）。20 世纪初，农田杂草种子的存在情况作为土壤种子库一个重要研究方向开始被得到重视（Champness and Moms，1948；Brechiey and Warrington，1930），此后开始相继开展各种种群、群落以及生态系统研究，揭开了土壤种子库研究的序幕。近些年，土壤种子库的研究受到重视，成为植物生态学、恢复生态学的研究热点之一。因此，探究学习土壤种子库的研究方法则成为研究土壤种子库的基础与支撑，而国内对于土壤种子库研究方法的专门研究相对较少。本节从土壤种子库的取样时间、取样方法、取样大小和数量、鉴定方法四个方面概述了土壤种子库的研究方法，理论分析了同位素应用于种子库中种子年龄结构测定的可行性，以及植冠种子库的研究方法，探讨提出几种提高土壤种子库种子萌发的新方法，以期为将来这方面的工作提供参考。

一、土壤种子库取样技术

（一）土壤取样时间

土壤种子库研究中主要问题之一就是采样时间。不同采样时间代表的实验结果内容和意义不同。Carol 和 Jerry（1998）指出，很多研究中由于采样时间不同导致采样可能包含短暂种子库，也可能是短暂土壤种子库和持久种子库的总和。沈有信和赵春燕（2009）对 238 个样地土壤种子库的采样时间做了统计，发现 4 月最为集中，占总样地数的 30%，其次是 10 月，占 11%。4 月采集土样代表着新种子产生前续存的活性种子库，也代表着本年份土壤种子库中有效可萌发种子的种类和数量，对夏季种子萌发具有重要的指导意义。10 月的土壤中又补充了新的种子，此时土壤种子库里的种子达到一年中的最大值，尤其是 10 月中下旬为植物生长季完成时期，此时土壤种子库的统计数据对地上植被恢复、补播等重大措施具有重要的指示作用。同时，10 月也是研究种子雨的最佳时间，如黄红兰等（2012）在研究毛红椿（*Toona ciliata* var. *pubescens*）天然林种子雨、种子库的天然更新时就是于 10 月中下旬开始的。而 7、8 月采集的土样，一般用于持久种子库的研究，此时短暂土壤种子库的种子基本于 5、6 月萌发，而新的种子雨未降落，此时的土样中，尤其是深层土样中的种子多为持久种子库种子。1 月土壤种子库的调查一般用于研究土壤种子库与动物取食的关系，需要研究一个冬季。研究内容为动物采食种子的数量和种类，以及不同动物好食种子的类型。具体采样时间根据自己的研究内容、研究目的不同而定。

（二）土壤取样方法

由于种子在土壤中的分布是极不均匀的，因此减少取样的随机误差，提高取样的精确性，是研究土壤种子库的首要问题。但到目前为止，尚无一个统一的方法。一般来说，野外取样方法主要有随机法、样线法、小支撑多样点法等。

随机法就是在研究的样地上随机取一定数量土样的取样方法，此法简单易行，在地形一致的样地，随机法比较适用。样线法就是在研究样地设置一条样线，再在样线上每隔几米设一个 1m×1m 的小样方，在小样方内取几组土样。此方法在土壤种子库的调查中最为常用（Holmes，2002；杨允菲等，1995；熊利民等，1992），能够保证取样的全面性。国内外大部分种子库研究的取样都采用样线法。小支撑多样点法即大样方内再分亚单位小样方，形成多级样方，整个样地上空间取样点为规则网格结构。

（三）土壤取样大小和数量

根据取样大小和数量的不同，可分为大数量的小样方法、小数量的大样方法、大样方内再取小样方法。对于地形异质性强的样地，均可采用大数量的小样方法，此法可明显降低数据误差，提高取样数据的精确性。对于地形一致性很好的样地，则可以用小数量的大样方法，节省取样时间。而大样方内再取小样方法实质是前 2 种方法的综合，这种方法不需要考虑地形因素，也就是不需要考虑地形的异质性和一致性，对于不了解该地地形和地上植被分布的研究人员，此法所得数据较为准确，但是方法烦琐，较为复杂，花费时间较多，野外试验中可操作性不强。大数量的小样方法具有较高的可靠性，应用比较广泛，Thompson（1986）与 Bigwood 和 Inouye（1988）都推荐此法。Thompson 认为取样数据中的差异是采集的样本数太少造成的。Bigwood 和 Inouye 发现，采集大量的小样本来估计种子数量的准确性比采集少量的大样本估计种子数量的准确性要高很多。

从样方大小来看，一般取样大小为：10cm×10cm（刘华等，2011；郭曼等，2009）、20cm×20cm（沈有信和赵春燕，2009），即表面积为 $100cm^2$、$400cm^2$ 两种；也有的使用 25cm×25cm（尚占环等，2006）、50cm×100cm（曾彦军等，2003）。也有的使用土芯法，土芯直径通常有 1.85cm、3.2cm、5cm、7cm 和 8cm 等，5 个或 10 个土芯混合成一个样方的取样方法较常见（Ter Heerdt et al.，1996；Gross，1990），但没有统一的标准。Forcella（1984）在进行土壤种子库可萌发种子的种-面积曲线时发现，土壤表面积超过 $200cm^2$ 时新物种出现的机会很少。影响样方大小的另一因素就是取样深度，这一点尤其重要，因种子在土壤中的垂直分布是极不均匀的，大部分研究的取样深度为 5cm，也有取 10cm、15cm。还有分层取样的，一般为：0~2cm、2~5cm、5~10cm、10~15cm 或更深的层次。从样方数量来看，最少的为 2 个，最多的达到 480 个，多数研究者实验的样方数量在 10~30 个（沈有信和赵春燕，2009）。有研究认为判定单一物种每个样本的土壤最小量应该是 100g（Forcella，1992）。一般来讲，取样数目原则上要求相对数目大，随机分布的样方小。具体的取样大小和数量还应根据研究目的和群落的特点来确定。

（四）土壤种子库种子鉴定方法

土壤样品被采集后，为了明确土壤种子库的物种组成和密度，一般会对土壤中种子进行种类鉴定和活力测定。种类鉴定的方法主要有物理分离法和种子萌发法。

物理分离法是直接从土壤中分离种子，然后进行种类鉴定和活力测定，包括漂浮浓缩法和网筛分选法。漂浮浓缩法是用各种浓度的盐溶液淘洗土样，利用种子密度差异把它们从其他机体和矿物质中分离出来。若要研究植物群落的种子，就要分离土样中所有物种的种子，由于不同种子密度变化很大，则需使用不同浓度的盐溶液反复淘洗。所以漂浮浓缩法不适合研究植物群落的种子，但在研究单个物种的种子库大小时，此法是可行的。网筛分选法则是利用各种不同大小网孔的筛子筛土样，对于减少体积后的土样，再在显微镜下直接查找种子。物理分离法分离出来的种子通过鉴定和统计种子的数量来决定土壤中种子的物种组成和数量。因分离出的种子可能是有活力的、可能是死亡的，也可能是处于衰亡过程中的或是处于休眠状态的，所以还要对种子活力进行测定。种子活力测定的方法主要有：氯化三苯基四氮唑染色（triphenyltetrazolium chloride stain，TTC）法、染料染色法、碘化钾反应法、荧光法（王学奎，2006）。Nakagoshi（1985）也曾提出采用显微镜观察、胚活力测定等综合方法鉴定种子活力。

种子萌发法就是将浓缩的土样平铺在含有无菌沙子做基质的花盆中，一般土样厚度为 1~2cm，置于适当环境（如适当温度、湿度）中让其自然萌发。整个过程持续到花盆内不再有幼苗长出，然后将土样搅拌混合后继续让其中未萌发种子萌发，至连续 6 周内无新种幼苗出现，便可结束实验（林金安，1993；张玲等，2004）。种子萌发法则需对萌发的幼苗进行种属鉴定，幼苗种属鉴定是件很难的事，也是采用种子萌发法的关键。幼苗种属鉴定一般有幼苗形态特征法、种子形态特征法，再结合幼苗的颜色、幼苗的气味和种子的萌发特征（仲延凯，2001）来进行。国外还采用过几种方法：硅溶胶分离法（Hammerstrom and Kenworthy，2003）、K_2CO_3 萃取法（Ishikawa-Goto and Tsuyuzaki，2004），其实这两种方法可归为物理分离法。

土壤种子库的物种组成和密度是土壤种子库研究的重点，物理分离法和种子萌发法各有利弊。物理分离法在研究单个物种的种子库、大种子物种都是可行的。用物理分离法可以很容易地检测出大而坚硬的种子，由于种子低萌发率的原因，这种类型的种子用萌发法不易被检测出来（Gross，1990）。也有研究认为物理分离法准确性不高，研究种子库时应优先采用种子萌发法（Thompson et al.，1997）。但各种种子具有不同的萌发特性，萌发实验中让土样中全部种子萌发较为困难。种子萌发法做出的数据大部分是有效种子库，还有部分处于休眠状态的种子属于有效种子库，却没有萌发。由于种子萌发对光、振荡的温度、氧气的利用、土壤质地及其他一些因子都很敏感，因此有效种子库都小于实际种子库（于顺利和蒋高明，2003）。

现在的研究更侧重于种子库直接分离和萌发法相结合（尚占环等，2009a）。一般先对土样采用种子萌发法，再利用物理分离法对土壤中未萌发种子进行种属鉴定。这样单一方法产生的漏洞就可以得到弥补，得到的数据就可以更加全面地代表样地土壤种子库。

二、几种研究新方法

（一）基于同位素的土壤种子库种子年龄结构测定法

一般把质子数相同，中子数不同的一组原子称作同位素。其中能发出放射性衰变的同位素称为放射性同位素，如 ^{3}H、^{14}C、^{32}P、^{35}S；不发生或极不易发生放射性衰变的同位素称为稳定性同位素，如 ^{15}N、^{18}O（赵威和王征宏，2008）。一般可使用放射性自显影技术确定和追踪放射性同位素，而稳定性同位素一般用测量相对分子质量或密度梯度离心的技术来区分不同的原子或分子，也可通过质谱仪测定其质量的方法进行确定。一般是用 ^{14}C 测定年代（北京大学考古系碳十四实验室，1996；原思训等，1994）。大气二氧化碳中含有放射性 ^{14}C，植物通过光合作用吸收二氧化碳的同时利用 ^{14}C 组成了自己的根、茎、叶、花、果实、种子等。因此全部生物界的植物都带有 ^{14}C 放射性。当植物死亡后，其中 ^{14}C 只能按衰变规律减少，这样，比较含碳物质中 ^{14}C 的量即可计算出该物质的死亡年代，因此 ^{14}C 标本中植物标本占多数（中国社会科学院考古研究所实验室，1977）。对 ^{14}C 测定年代的原理很多学者都曾做过详细的阐述（马莹，2004），本文不再赘述。

关于土壤种子库的分类问题一直倍受研究者的关注，不仅在于国际上先后报道的 10 个土壤种子库的分类系统（于顺利等，2007），还在于土壤中种子的年龄结构的测定至关重要（李有志等，2009）。种子库的年龄结构对种群和群落的结构和功能都具有十分重要的影响作用，主要体现在：①持久土壤种子库在自然环境突变或人为干扰等不利条件下，种子可以暂时不萌发，等待有利环境的出现，一旦环境条件得到恢复，种子库中的种子就会迅速萌发，延续种群的同时，发挥地上植被在生态系统中的功能和作用；②土壤种子库中年龄较高、埋藏较深的种子，是对过去生境的一种记忆，通过这些种子年龄的测定，可知什么物种在该生境中存在于哪个年代，同时可以推测地上植被演替过程中物种的出现过程；③种子库年龄结构的测定对恢复生态学也具有十分重要的指导意义（Whigham et al.，2006），可为植被恢复提出更合理的方法，同时研究种子库中种子的年龄结构对种子资源的收集和保存提供了理论依据。

通常鉴定种子寿命的方法有 3 种（Thompson et al.，1997）：①种子的人为埋藏实验；②对自然埋藏种子的研究，这个研究也可为种子的寿命提供直接的证据；③对种子在土壤中分层分布的研究。但是对土壤种子库中种子年龄结构的测定研究较少，有学者曾提出采用一些新的技术应用于种子年龄结构的测定，例如，于顺利等（2007）提出采用稳定性同位素放射技术研究土壤持久种子库的年龄结构问题，尚占环等（2009a）也曾提出碳同位素可用来鉴定种子年龄。但关于种子的同位素含量的变化国际上还未提及（于顺利和方伟伟，2012），故本文仅对同位素可以应用于测定土壤种子库年龄结构进行简要阐述与分析。

^{14}C 应用于种子年龄测定的有：辽宁省金县普兰店（现为大连市金州区和普兰店区）发现的古莲子根据 ^{14}C 测定寿命在 1000 年左右；1958 年在北京西郊发现的太子莲（也是古莲子）经中国社会科学院考古研究所用 ^{14}C 测定寿命为（580±70）年（顾增辉等，1988）；1972 年在河南郑州发现的炭化粮食和两粒莲子，经 ^{14}C 测定寿命为 5000 年（陈路等，1999）；西安半坡遗址出土大量的小米，浙江河姆渡遗址中出土大量水稻，根据 ^{14}C 测定均距今 6500 年。从这些 ^{14}C 应用于种子年龄测定上可以看出：这些测定的种子基本上都是长期埋在地下，种子内碳成分损失很多，能提供的碳量有限，且 ^{14}C 测定存在的年代误差在±16 年（中国社会科学院考古研究所，2012）。所以将 ^{14}C 应用于土壤种子库年龄结构测定上还存在以下问题：①年代在 16 年以内的种子极有可能用 ^{14}C 测不出年代差别；②用 ^{14}C 测

土壤种子库中种子时，测的种子物种及数量太多，总花费较大。

（二）植冠种子库研究方法

植冠种子库（canopy seed bank）是指种子或果实成熟后不脱落而继续保留在植冠上（Van Oudshoornk and Vanrooyen，1999）。Lamont（1991）将植冠种子库的生态功能总结为 9 条，其中植物的植冠种子库对土壤种子库有明显的补充，因此在研究土壤种子库时，对植冠种子库的研究也是十分必要的。我国对植冠种子库的研究报道很少，2005 年前国内基本没有植冠种子库专门研究的报道（马君玲和刘志民，2005），近几年国内涉及植冠种子库的文章也十分稀少，其研究区主要集中于我国西南部金沙干热河谷区、西部干旱区和科尔沁草原。对西南部金沙干热河谷区滇榄仁（*Terminalia franchetii*）植冠种子库的研究方法是直接计数法，即在种子成熟前依据冠层部位（上、中、下）、方位（东、西、南、北）进行样枝和种序的选择，记录每个种序的翅果数，跟踪调查种子脱落情况，为期 1 年，每月 1 次，分别计数种序残留的种子数（刘方炎等，2012）。西北干旱区植冠种子库的研究物种是：甘草（*Glycyrrhiza uralensis*）、猪毛蒿（*Artemisia scoparia*）、细裂叶莲蒿（*Artemisia gmelinii*）、茭蒿（*Artemisia giralaii*）、白刺花（*Sophora davidii*）、黄刺玫（*Rosa xanthina*）、杠柳（*Periploca sepium*）。其植冠种子库的研究根据物种种子大小和数量的不同采用不同的方法，甘草、黄刺玫、白刺花、杠柳一般采用直接计数法（张小彦等，2010；刘芳和肖彩虹，2008），猪毛蒿、细裂叶莲蒿、茭蒿则采用间接计数法（张小彦等，2010）。对科尔沁草原植冠种子库的研究主要集中在菊科（尤其是蒿属）、禾本科和藜科植物，其种子库测量也分为直接计数法和间接计数法（刘志民等，2005）。

研究时间一般为从种子成熟期开始跟踪调查 1 年（刘方炎等，2012；张小彦等，2010）；有的仅在 5 月采集上一年成熟并宿存在植冠上的种子，用于做植物植冠储藏种子的活力和萌发特征的研究（马君玲和刘志民，2008）；也有在植物成熟后 9 月份仅进行植冠种子库大小测定的（刘芳和肖彩虹，2008）。国际上研究内容主要有：植冠种子库植物的识别、植冠种子库中种子的脱落机制、植冠种子脱落动态、植冠种子库对土壤种子库的补充作用、植冠种子库的功能等。

（三）提高土壤种子库种子萌发方法探究

土壤种子库在进行萌发实验时，如何打破种子的休眠，是提高萌发的关键（段吉闯等，2009）。火烧前，有部分种子还挂在地上杂草的枝条上，火烧过程中会掉落到土里，增加了土壤种子库的种子数量。Eriksson 等（2003）指出：火的强度和土壤温度足够使豆科植物打破休眠，在火烧前后种子密度分别为 1100 粒/m^2 和 2200 粒/m^2，而且大部分属于禾本科植物种子。因此，在萌发实验前，对土壤种子库种子进行预处理，有利于打破部分种子的休眠特性，激发休眠种子，从而提高实验结果的精确度。

种子休眠是指有正常活力的种子在适宜的环境条件（光照、温度、水分和氧气等）下仍不能萌发的现象（Khan，1977）。种子休眠的原因有两类：内源因素（即胚本身的因素）和外源因素（即胚以外的各种组织，如种皮的限制）。曾有学者对种子休眠的原因（杨期和等，2003）和休眠机制（李蓉和叶勇，2005）做过详细阐述。解除种子休眠的方法主要有 3 类：物理、化学和生物方法（傅强等，2003）。物理方法有干燥后熟法、层积作用（低温层积或变温层积）、变温处理、热水浸泡和高温处理等；化学方法有激素处理、氧化剂或酸或碱或含氮化合物等化学物质处理；生物方法有植物自身生化物质的作用、动物的采食作用。

在理想状态下考虑，不同种子的休眠原因不同，则应采用不同的方法打破休眠。可在实际土壤种子库萌发实验时，不可能先筛除土壤中的种子，再根据不同种子休眠的特性逐一破除休眠。因此，一般我们在做土壤种子库萌发实验时，可考虑以下几种方法：①尽可能在种子萌发前的 4 月份采集用于土壤种子库的土样（赵丽娅等，2006，2004），此时土壤中的种子经过冬季的低温和冬春两季动物的踩踏，已经打破了很多物种种子的休眠；②若实验需在植物生长季完成后，即土壤种子库中物种种类和数量最大时采集土壤，则可以选择 10 月下旬或 11 月出现零下低温或下雪后采集，因经过零下低温处理也可以打破部分物种种子的休眠；③用于土壤种子库实验的土样也可用冰箱进行低温或变温处理。

第二节　土壤种子库在各领域的研究进展

一、土壤种子库大小与组成

土壤种子库大小是指单位面积内土壤所含的有活力种子的数量（李秋艳和赵文智，2005）。马妙君（2009）研究表明土壤种子库的大小与其所在的植被类型有关，主要表现为：可耕地>弃耕地>荒地>湿地>草地>森林。李有志等（2009）研究表明土壤种子库的大小为：湿地生态系统>典型草地生态系统>湖泊生态系统>森林生态系统>荒漠生态系统>沙漠生态系统。可见，种子库大小整体上表现为：耕地>湿地>草地>森林>沙漠，其中耕地土壤种子库密度最高可达 70 000 粒/m^2（Symonides，1986），草地土壤种子库种子密度为 16 149~20 657 粒/m^2（赵丽娅等，2006），森林的种子库密度则在 1000 粒/m^2 左右（Leckie et al.，2000），沙漠地区土壤种子库密度在 100 粒/m^2 左右（张涛等，2006）。耕地土壤种子库最大的主要原因有：①耕地受干扰的影响最大，土壤种子库中的种子在干扰下不易萌发，导致种子在土壤种子库中不断积累；②可耕地中一年生植物较多，而一年生植物的繁殖策略是产生大量的种子。而湿地、草地、森林的种子库相对耕地来说密度较小的原因，主要是湿地、草地和森林形成的生态系统较耕地稳定，且它们受干扰的强度和频度低于耕地。研究表明，受干扰较少的森林，其植物种群的更新依赖种子库的很少，即使靠种子库来繁殖自身种群的物种，其后代的更新也处于不利地位（Murray，1988；Marks，1983）。土壤种子库物种组成与土壤种子库密度共同组成了土壤种子库的基本特征，也是土壤种子库研究的一个重要指标。对可萌发物种数研究表明，草地可萌发物种数为 7~62 种/m^2，森林物种数为 40 种/m^2（Leckie et al.，2000）。对不同植被类型间物种数多少的比较，目前还没有统一的定论。

二、土壤种子库和地上植被间耦合关系

Brenchley 在英国的农田和牧场，研究了土壤种子库和地上植被间的关系，成为研究土壤种子库和地上植被间耦合关系的第一人。土壤种子库和地上植被间的关系受地上植物群落组成、植物繁殖策略和当地环境的影响，在以往的研究中土壤种子库和地上植被间的关系主要存在相关性和不相关性（Brenchley and Warington，1930）。其研究方法主要有：物种组成对照表（刘庆艳，2013）、频度相似性系数（赵凌平等，2012）、Sorensen 相似性系数（赵凌平等，2012）、Jaccard 相似性系数（沈章军等，2013）、除趋势对应分析法（detrended correspondence analysis，DCA）（Pierce et al.，1991）、非度量多维尺度分析（non-metric multidimensional scaling，NMDS）（Clarke，1993）、Pearson 相关性分析（盛大勇等，2012）、线性与非线性回归分析（闫春鸣等，2012；赵丽娅等，2003）。

有许多研究对土壤种子库物种与地表植被的种类组成进行了对比研究（张玲等，2004），在一定程度上，地上植被的特征影响着土壤种子库的物种组成和储量大小，土壤种子库结构也反映了地上植物群落结构（伊晨刚，2013）。当所研究的生态系统遭受无法预测的强烈干扰的时候，一年生植物则会变成植被群落里的优势物种，而一年生植物往往拥有一定量的种子库，一年生植物的种子库是其受到干扰后再更新的主要资源，在这种情况下土壤种子库则和地上植被有着较高的相似性。同时也有研究发现，土壤种子库物种和地上植被中的物种具有较低的相似性（杨鹏翼等，2006；Tillman and Haddi，1992；Quinn and Robinson，1987），有些物种的种子产量较低或其在土壤中存活的时间较短；同时由于外界干扰等原因使得植物种子的产量、活性以及被掩埋的速度和深度等都会影响土壤种子库和地上植被的相似性（朱选伟等，2004；Cliff and Ord，1981）。

很多研究认为，土壤种子库和地上植被间具有相关性。如 Leck 和 Graveline（1979）对湖水沼泽的研究、Peco 等（1998）和 Manzano 等（2005）对一年生牧场的研究、Hendeison 等（1988）对沙漠断草群落的研究、Roberts 和 Stokes（1966）

对农田的研究、Roach 和 Stokes（1983）对草地的研究、刘明宏（2010）对森林的研究等，均表明土壤种子库和地上植被间存在相关性。其中部分研究者认为，导致相关性的主要原因是干扰（Kinloch et al.，2005；Oswald et al.，2001）。在干扰越强烈的地方，尤其是一年生植物占优势的区域，土壤种子库与地上植被间的耦合相关性就越强，例如，耕地（Jensen，1969）。也有研究表明，土壤种子库与地上植被间不存在显著相关性。周先叶等（2000）发现，弃耕地土壤种子库和地上植被间随时间推移而逐渐不同。对常绿阔叶林的土壤种子库和地上植被间物种组成分析表明，演替初期其物种相似性为 50%，而在演替其他阶段相似性仅为 20%左右，土壤种子库和地上植被间不具有显著相关性，其他对成熟林的研究也表明，土壤种子库和地上植被间不存在显著相关性（Pickett et al.，1989；Thompson，1986）。

到目前为止，土壤种子库和地上植被间的耦合关系还没有统一的定论，然而它们的关系仍是土壤种子库的重要研究内容，更是土壤种子库研究内容的热点之一（尚占环等，2009b）。

三、微地形与土壤种子库

微地形之间的微小差异会导致光、热、水分和土壤养分等环境因子的不同空间分配格局，从而导致地上植被和土壤种子库发生产生一定的差异（沈泽昊等，2000）。Tsujino 等（2008）对日本屋久岛温带常绿阔叶林中 5 种常绿树种的幼苗生存情况进行了研究，研究表明坡度对幼苗的生存情况无影响，而地形、土壤微生物等微生境却对其有很大的影响；区余端等（2009）研究表明海拔梯度是影响南岭国家级自然保护区林下植物分布格局的主要因素；Ashton 等（1998）对美国康涅狄格州东北部 70~90 年左右的森林中沟谷、山腰和山脊等微地形处土壤种子库的物种重要值进行了研究，研究表明不同微地形处土壤种子库物种重要值之间有很大的差距；Leckie 等（2000）对加拿大魁北克省 31 个样地的土壤种子库丰富度进行了取样研究，结果表明土壤种子库与土壤微生物、水分等小生境有一定的关系。

四、农田杂草土壤种子库

Brenchley 等在 20 世纪对 Rothamsted 和 Wobum 两个农场耕作地土壤中有活力的杂草种子的研究使土壤种子库的研究真正转入生态学领域（Brenchley et al.，1936，1933，1930）。在随后几十年对土壤种子库的研究几乎涉及整个陆地生态系统，最早被认识和研究的土壤种子库是农田和牧场生态系统中的杂草土壤种子库

（葛斌杰，2010）。Roberts 等对农场中围绕耕作对蔬菜等农作物地里的杂草种子库做了详细的对比研究，研究发现，耕作年限对杂草土壤种子库的总储量有一定的影响（Roberts，1963，1962，1958）。土壤中杂草种子的物种组成不同，相应的其寿命长短差异较大。因此，土壤杂草种子库除了受杂草本身的影响之外，同时也受土壤水分、土壤类型以及所处的土层深度等外界因素的影响（魏守辉等，2005）。杂草种子所处的环境是影响其命运的重要因素，研究主要农田杂草种子在不同水分含量土层中种子活力的变化及其在不同水分胁迫下的出苗率动态，可为预测模型的建立和基于种子库调控的杂草综合管理体系提供理论支持（白勇，2006）。

国内杂草的系统调查研究起步相对较晚，我国农田杂草的调查研究始于 19 世纪 70 年代初。李扬汉课题组对全国各大区杂草区系进行了全面深入的调查和采集工作，并编写了《中国杂草志》，该书全面反映了我国各类杂草及其危害、分布与利用，是杂草领域的重要专著。唐洪元（1991）提出了我国主要农田杂草的区划，涉及主要农作物田内主要杂草为害地区，并对田间因草害的损失做了初步的估计。强胜（2001）在前人研究的基础上将中国农田杂草区系和杂草植被划分为 5 个杂草区，下属 7 个杂草亚区；定义了杂草种子库（weed seed bank）指存留于土壤中的杂草种子或营养繁殖体的总体。土壤水分含量显著影响杂草种子的寿命，在不同水分条件下，杂草种子的寿命差异极大。

研究农田杂草土壤种子应注意以下 3 个方面。①取样方法：田间杂草土壤种子库分布具有不均匀性、复杂性和无规律性，很多杂草种子在田间的分布呈二项式分布或呈泊松分布（Ambrosio et al.，1997）。杂草土壤种子库取样方法有大量小样本取样法、少量大样本取样法、倒“W”形取样法、平行线法以及五点取样法（张涛等，2006）。②取样量大小：田间杂草土壤种子库取样量大小主要有小数量大样方、大数量小样方以及大单位内的子样方再分为亚单位小样方，大数量小样方实验的准确性较高（Bigwood and Inouye，1988）。③种类鉴定：杂草土壤种子库种子鉴定方法主要有漂浮法（flotation）、诱萌法（germination）和淘洗法（elutriation）（杨磊等，2010）。其中，漂浮法是将各种浓度的盐溶液与土样混合搅拌并离心，杂草种子和较轻的有机物浮在上层，过滤洗涤后鉴定种类以及数量，Malone 在 1967 年实验成功分离了田间杂草。诱萌法是将土壤置于温室的萌发盆里，在适合种子萌发的光照、温度及湿度等条件下（白文娟和焦菊英，2006），尽可能的激活土壤中有活力的种子使其全部萌发，出苗后对其幼苗进行鉴定并记录数量，直到没有幼苗为止（张玲等，2004）。淘洗法则是将土壤装在不同规格的筛子中用水冲洗，除去泥沙分离出种子，用显微镜鉴定种类（Gross，1990）。

五、荒漠草原土壤种子库

荒漠草原区较干旱，水较少，而蒸发强烈，并伴随着严重的土壤盐碱化，与其他生态系统相比，植物在荒漠条件下生存有一定特殊的适应机制。但目前，关于荒漠草原区土壤种子库的研究较少，因此，加强对荒漠草原区土壤种子库特点和规律的研究，对其植被演替和恢复具有重要的作用（李雪华等，2006）。荒漠草原区土壤种子库密度为 66~124 粒/m^2（张涛等，2006），并且荒漠草原区土壤种子库中多以一年生草本植物为主。在空间分布上，背风坡脚、丘间底部土壤中种子种类多且数量大；在垂直分布上，随着土壤深度的增加，单位面积的种子数量减少；随着时间变化，由于生物因子和非生物因子的变化，土壤种子库数量、物种组成及密度等随着季节和年份的变化而变化（孙建华等，2005；李秋艳等，2005；Sudebilige et al.，2000）。何明珠（2010）对阿拉善荒漠区的研究表明，从东阿拉善荒漠区到西阿拉善荒漠区再到额济纳戈壁荒漠区，土壤种子库密度为 0~230 粒/m^2，种子主要集中在 0~5cm 的土层内，其相邻生态系统间土壤种子库差异性显著，且阿拉善荒漠土壤种子库和地上植被在物种组成方面差异显著。曾彦军等（2003）对阿拉善干旱荒漠草原的研究表明，土壤种子库密度为 56~326 粒/m^2。孙建华等（2005）对阿拉善荒漠草原区的研究发现，土壤种子库和地上植被间存在显著不相关。在内蒙古温带荒漠草地，其土壤种子库密度为 46 粒/m^2，且一年生植物的种子数量占种子库总数量的 89%（赵萌莉等，2000），因此很多研究者认为拥有丰富的一年生植物是全球荒漠草原区植被的一个常见特点（李雪华等，2006）。随海拔的升高，整体上荒漠草原区土壤种子库密度逐渐减小，且种子库密度受植被类型的影响。对宁夏盐池县土壤种子库的研究包括对不同封育年限土壤种子库的研究表明，盐池县土壤种子库密度在 983~1317 粒/m^2，且主要存在于 0~5cm，土壤种子库和地上植被间相似性较低（刘华等，2011）。针对荒漠草原区在种植柠条林促进退化荒漠草原恢复过程中土壤种子库的研究基本没有。

六、矿区土壤种子库

作为植被恢复生长的基础和潜在的绿化材料，表土和土壤种子库是矿区不可再生的有限资源。土壤种子库研究是我国矿区土地复垦与生态重建领域的热点之一（常青等，2011）。

煤矿区生态系统具有光照强烈、土壤水分含量低以及营养元素含量低等特点，恶劣的环境条件将减弱土壤动物、微生物的活动，从而使得种子存活率发生改变，对土壤种子库动态稳定性的维持也可能因此产生重要影响（Salvatore et al.，2008）。对于土壤种子库的变化，地上植被会对此种变化产生响应，而揭示研究区土壤种子库季节动态规律及其影响因素，有利于实现土壤种子库在荒漠生态系统植被重建与恢复中的应用（刘文胜等，2016）。杨建军（2014）结合野外调查及种子温室萌发的方法，研究发现新疆呼图壁县西沟煤矿废弃地的土壤种子库中多年生植物占比过半，草本层物种数最多，灌木层、乔木层物种丰富度受草本层的影响，地上植被能够丰富种子库组成，综合利用土壤种子库及人工修复方式，可以对推进该煤矿废弃地的生态恢复进程起到助力作用。韩丽君等（2007）的研究表明，平朔安太堡露天煤矿排土场的土壤中以一年生草本植物种子为主，刺槐油松混交林复垦方式对提高土壤种子库的更新能力有积极作用，可促进生态重建。刘文胜等（2016）对云南兰坪铅锌矿区植被恢复初期土壤种子库的季节动态进行了研究，结果表明：在兰坪铅锌矿区植被的恢复初期，降雨有助于增加土壤种子库储量，土壤种子中优势种分布呈现出随季节及降雨量的动态变化。莫爱等（2016）对山西西沟煤矿煤火废弃地土壤种子库与地上植被的关系进行了研究，结果表明：西沟煤矿煤火废弃地土壤种子库中以多年生草本为主，物种多样性指数与地表植被组成呈现出较大的一致性，突显了土壤种子库在煤矿废弃地生态修复中的作用。从工程应用角度出发，将水肥耦合应用于种子库萌发的研究也有报道，应用整合 Box-Behnken 设计理念及响应面曲线法，得到了氮磷水耦合下的最佳种子库重建条件：氮 13.54g/m^2、磷 9.47g/m^2、降雨量 30mm，并进一步指出了水资源保护及水肥合理施用之于种子库建成及生态恢复的意义（赵娜等，2019）。

有关矿区土壤种子库的研究，Gonzalez 等（2009）研究了再生煤矸石水播后早期植被恢复过程中土壤种子库的形成。Harald 等（2011）等对慕尼黑的三个铁路和装卸区的土壤种子库及种子产量进行了分析，结果表明反复发生的土壤扰动可以重新激活外来植物和濒危植物的种子库。目前，土壤种子库的相关研究涉及面较广，囊括了湿地、草原、森林、弃耕地、人工林和农田等各类与人类活动联系更紧密的自然及人工生态系统（Syed and Imran，2004）。

我国有关矿区土壤种子库的研究多集中在露天煤矿排土场土壤种子库与不同植被恢复措施下土壤种子库构成特征的静态监测方面（韩丽君等，2007；王改玲等，2003）。研究发现，复垦排土场土壤中有活性种子存在（王改玲等，2003），且多以草本植物为主，其中，禾本科植物最多，菊科次之。新排表土多为黄土状母质，养分含量低，种子数量少；随复垦时间的延长，土壤微环境改善，加之外来种子不断侵入，土壤种子库组成种类增多、数量增加，这些活性种子可为植被恢复提供物质基础。未复垦的空旷区的存在有利于种子传播，但因土壤微环境差，不利于种子萌发，种子库种类组成单一，幼苗生长较慢（王改玲等，2003）。对辽宁阜新海州露天矿排土场五种恢复措施的土壤种子库的研究发现以草本植物为主，排土地上植被与土壤种子库物种组成的相似性较低。随着恢复类型、恢复时间的不同，土壤种子库的种类、密度各不相同。选择正确的恢复措施，有利于土壤种子库自我更新能力的增加和排土场生态系统稳定（吴祥云等，2009）。

应用土壤种子库进行矿区植被恢复的实践中，采集土壤厚度、长期保存时土壤种子库的损耗、复垦中覆土厚度以及覆土后土壤种子发芽率等，均是影响土壤种子库实际应用效果的关键因素（梁耀元等，2009）。用引入土壤种子库的方法，对铅锌尾矿废弃地植被恢复作用的研究表明，如果仅仅是作为提供种子资源而引入土壤种子库，则铺放 1cm 的表土就已足够。然而，经过 1 年以后，在铺放表土厚度为 1cm、2cm 和 4cm 处理上的幼苗全部死亡，只有铺放 8cm 厚度表土的小区上实现了植被恢复。说明较薄的表土也无法提供植物根系足够的生长空间（张志权等，2000）。用土壤种子库中所萌发并成功在铅锌尾矿上定居的 4 个优势种植物，雀稗（*Paspalum thunbergii*）、双穗雀稗（*P. distichum*）、白背黄花稔（*Sida rhombifolia*）和银合欢（*Leucaena leucocephala*），研究了重金属的吸收及其在体内的再分配，发现前 3 种草本植物地上部分积累的重金属 Pb 比较多，而木本植物银合欢所吸收的重金属 Pb，80%以上是积累在根部（张志权等，2001）。为提高种子萌发率及后期植被恢复的效果，国内外学者提出了客土喷播的方法（梁耀元等，2009）。

第二章　土壤种子库的文献计量学分析

土壤种子库是土壤中和上层落物所有有活力的种子的总和（Simpson，1989）。群落中植物在其生长过程中，成熟的种子最终会落到地面，除少部分被动物摄食或衰老腐败，大部分种子将埋进土中，组成土壤种子库（李国旗等，2013；李秋艳和赵文智，2005）。环境适宜时，种子将重新发芽，补充群落物种。因此，土壤种子库是生态系统恢复能力的一个重要组成部分，是种群更新及演替的基础（沈有信和赵春燕，2009），同时也代表了许多植物组合的再生潜力（Jiang et al.，2013）。面对生态环境的退化，用土壤种子库进行生态修复的研究也逐步开展，相关技术也逐渐成熟。其中，多种因素影响着土壤种子库的基本特征，土壤孔隙度、容水含量、林龄和树木总盖度影响土壤种子库组成，森林中林分的年龄也会影响土壤种子库的种子密度和物种丰富度（Kůrová，2016），不同温度带及海拔地区，土壤种子库基本特征不同（谭向前等，2019；Luo et al.，2017；Funes et al.，2003）。演替阶段也影响了土壤种子库的组成、密度及分布（Ma et al.，2011）。另外，不同的因素会对土壤种子库产生不同的影响，土壤的理化性质的改变会造成土壤种子库的分布发生改变，研究表明，土壤的侵蚀使得土壤种子库逐渐深层化（王昌辉等，2020）。放牧改变了土壤种子库的物种组成，增加了土壤种子库与地上植被的区系相似性（Yang et al.，2018）。生态恢复措施也对土壤种子库在不同方面具有影响，通过研究表明，封围增加了土壤种子库多年生物种的种子密度和物种丰富度，降低了土壤种子库种子密度和物种丰富度的空间异质性（方祥等，2020；李国旗等，2018；Zuo et al.，2013）。土壤种子库在生态恢复的应用方面，研究表明土壤种子库对植被的自然恢复起着重要的作用，特别是在废弃的坡耕地和禁牧草地的演替早期（Wang et al.，2020），持久的土壤种子库使这片干旱漫滩的植被能够应对不可预测的洪水和干旱模式（Capon and Brock，2006）。但 Esmailzadeh 和 Hosseini（2011）通过对伊朗北部温带落叶混交林土壤种子库及植被的相似性关系可以得出持久性土壤种子库不能恢复研究场地现存植被的结论。同样，通过排干高海拔地区湿地的水有助于土壤种子库的剩余种子成功地恢复为物种丰富的高寒草甸（Ma et al.，2017）。

文献计量分析是科学文章在其各自研究领域中影响的定量度量（Paras and Hagar，2020），通过其相关分析，能够客观反映该领域的学科基础、整体布局、研究热点及前言趋势等相关问题（陈林等，2017），客观可视化的综述依赖于该研究方法得以进行（付瑞玉等，2018；钱凤魁等，2016）。文献计量在线分析平台及陈超美团队开发的 Citespace 软件为可视化研究进展的实现提供了便捷，通过文献计量在线分析平台及 Citespace 的功能，能够得到该领域具有影响力的论文，比较相关研究机构的影响力，综合分析可得到该领域的学科重点及研究方向。因此在可视化研究进展的研究中被广泛应用。

针对全球气候变化所引起的生态环境的退化，土壤种子库的研究为生态恢复及生态演替等方向的研究提供了方向，随着土壤种子库相关研究的开展，相关研究论文也逐年增多，针对这些文章整体的相关内容不尽详细。因此，本研究通过文献计量学的研究方法，结合 Web of Science 数据库核心合集及中国知网数据库中的检索数据，对“土壤种子库”的相关研究进行分析，通过得出该领域的研究热点、现状及研究前沿动态，明确该学科的发展现状及研究趋势，旨在为在“土壤种子库”的研究工作者的需要提供参考依据。

第一节　材料与方法

一、数据来源

Web of Science 数据库收录了全球中最具有影响力的研究成果，是研究者进行文献查阅及论文发表的重要工具，国内的使用最为广泛的文献检索数据库是中国知网（China National Knowledge Infrastructure），收录了国内对某领域的研究成果，具有较大的影响力。为了研究国内外对“土壤种子库”的研究成果。本文基于 Web of Science 核心数据库为国际研究成果的数据源，以关键词“Soil Seed Bank”进行搜索，选择文献类型为研究论文，共收集 3436 条检索结果，检索起止时间为 1999~2020 年。同时在中国知网数据库上以“土壤种子库”为主题，共搜索到 921 条记录，其中期刊论文为 676 篇，检索起止时间为 1983~2020 年，首篇论文发表于 1983 年。本文所有数据截止收集于 2020 年 7 月 1 日。

二、分析方法

（一）文献计量方法

对于 Web of Science 检索结果利用“文献计量在线分析平台”（https://bibliometric.com/）进行分析。由于“文献计量在线分析平台分析”不支持中国知网数据源的分析，故利用数据库自带的文献计量分析系统进行分析。

（二）内容分析法

本研究利用 Citespace 软件进行分析，主要对 Web of Science 数据库中的检索结果进行数据分析及可视化，并构建文献共被引网络。同时对中国知网数据库中的关键词也用 Citespace 进行分析，该研究使用的软件版本为 Citespace 5.5.R2。

（三）主要指标

该研究中主要分析的指标有发文量、被引用次数、研究前沿、研究热点及突变词五个方面。通过分析发文量可以反映相关国家、机构及研究者科研生产力水平。被引频次可以反映机构和研究者及载文期刊的文献的认可程度和影响力水平。研究前沿代表了该领域的研究思想状况。通过一些专题的研究文献中频次较高的关键词组成研究热点。通过研究一些专业术语出现次数的逐年变化情况，其中次数突然骤增的为突变词，能体现该领域研究的发展趋势。

第二节 结 果 分 析

一、文献产出时间序列分析

对文献的年产出量进行分析，可发现某领域的客观发展规律。因此为了研究土壤种子库的相关研究的发展规律，将检索结果年产出量进行分析，构建其发文量随时间序列的变化。结果显示在 Web of Science 数据库中，从 1999~2020 年以来，共计发表科研论文量 3436 篇，年发文量呈现缓慢增长趋势。符合科研论文数量的增长趋势。年均发文量 155 篇，21 年中 2019 年发文量最多，为 202 篇（图 2-1）。中国知网的数据分析显示，在 1983~2020 年的 47 年间，共发文量为 921 篇，首篇文章发表于 1983 年，国内“土壤种子库”的研究分为三个阶段，在 1983~1999 年为发展停滞期，17 年间共发表文章 17 篇，年均发文量为 1 篇。2000~2009 年为快速增长期，共发文量 379 篇，年均发文量 38 篇。之后为研究稳定期，该时期内，年发文量逐年递减，根据知网文献计量系统分析，2009 年的发文量最大，为 84 篇（图 2-2）。

利用 Web of Science 数据库分析各国在“土壤种子库”的研究成果的影响力，结果显示，论文总量排名前 10 的国家有美国、澳大利亚、中国、德国、西班牙和巴西等，后 5 个国家在 1999 年至 2018 年之间的总发文量均在 200 篇以上，而美国的发文量为 783 篇，占前 10 总发文量的 30.71%，与排名第二的澳大利亚相差 393 篇，另外中国的相关研究论文为 316 篇，占前 10 总发文量的 11.19%，总体研究有待深入。从年发文量上看，自 1999 到 2018 年的 20 年时间中，美国的发文量一直处于领先地位，2019 年中国发文量首次超越美国（图 2-3）。

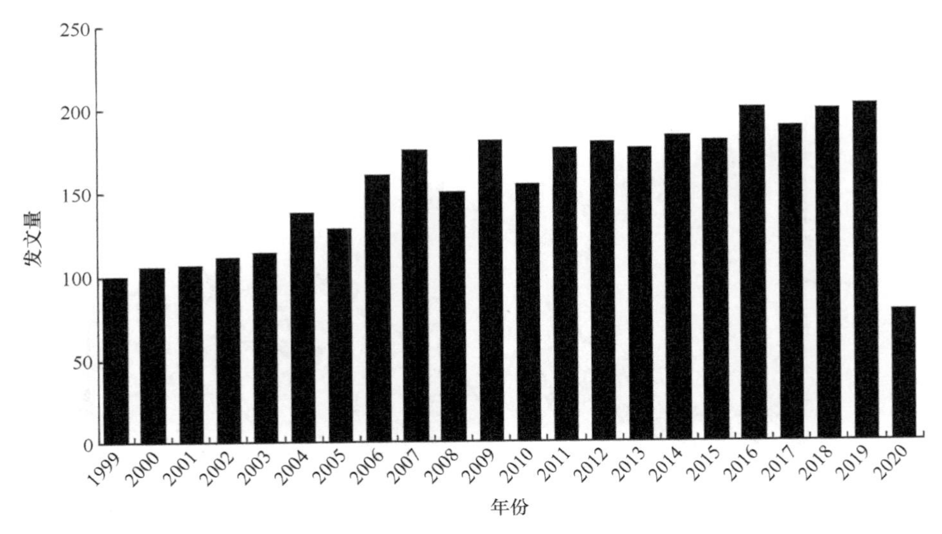

图 2-1　Web of Science 数据库中土壤种子库相关研究发文量时间序列变化

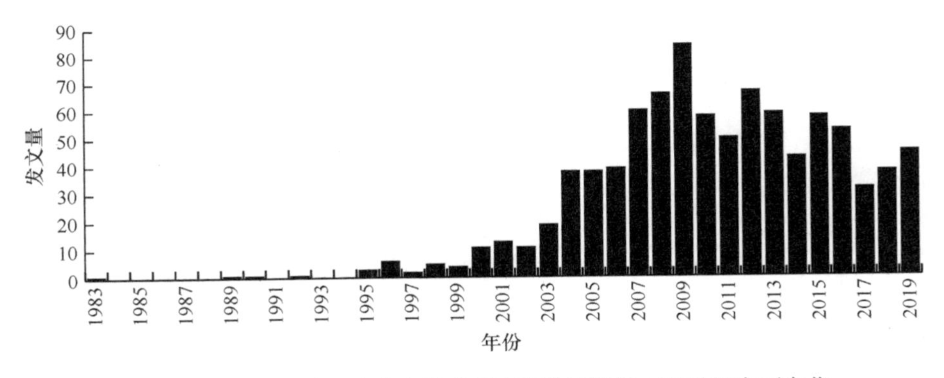

图 2-2　中国知网数据库中土壤种子库相关研究发文量时间序列变化

二、国家及合作关系

随着科技全球化的发展，科学研究已经不能由某一个国家单独完成，更多的是需要各国之间的相互合作，国家间的合作关系最直接的体现就是合著论文的数量，通过文献计量在线分析平台对 Web of Science 的数据进行分析，结果显示，在土壤种子库的研究中，各国均有不同程度的合作，但合作关系较为缺乏。说明在该领域中，国际化合作的水平较低。根据分析结果，美国的合作贡献率最大，与中国和澳大利亚的合作关系较密切。澳大利亚的合作贡献率位居第 2，之后是中国。这表明，在该领域中，国家间的合作还需要进一步加强（图 2-4）。

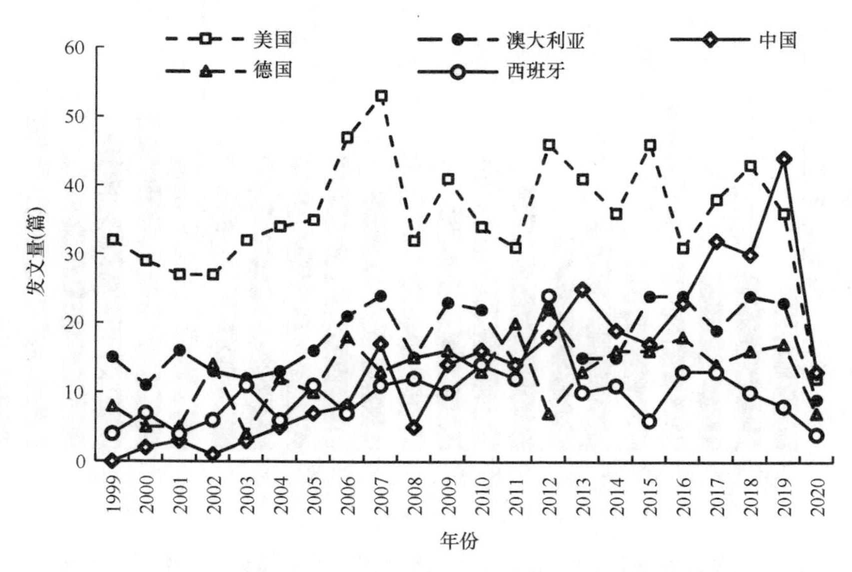

图 2-3　Web of Science 数据库中土壤种子库论文发表量居前 5 的国家年发文趋势

三、研究机构的影响力

通过对该领域研究机构的相关资料的分析，有助于确定研究机构在该领域中的科研影响力，结果显示，发文量前 10 的机构中，中国有 2 个，美国有 3 个，澳大利亚 2 个，法国、墨西哥和荷兰各 1 个；从论文数量上看，中国科学院的发文量最多，共有 420 篇（含合著论文），占前 10 研究机构发文总量的 34%。在总被引次数方面，中国科学院同样以 1427 次的总被引次数位列第 1，而肯塔基大学与法国农业科学研究院分别以 682 和 636 的被引次数排名第 2 和第 3。在第一作者总数上，中国科学院同样以 140 的总数位居榜首，而在平均被引次数方面，发文量前 10 的机构中格罗宁根大学和法国农业科学研究院具有较高的被引次数（表 2-1）。

通过中国知网自带的计量软件分析中国知网的检索数据发现，在国内，发文量前 10 的机构有中国科学院研究生院（52 篇）、西北农林科技大学（50 篇）、新疆农业大学（41 篇）、内蒙古农业大学（38 篇）、北京林业大学（37 篇）、中国科学院新疆生态与地理研究所（34 篇）、兰州大学（31 篇）、宁夏大学（24 篇）、中国科学院寒区旱区环境与工程研究所（23 篇）、河北农业大学（22 篇），由此可见在国内，中国科学院、西北农林科技大学及新疆农业大学的相关研究较多。

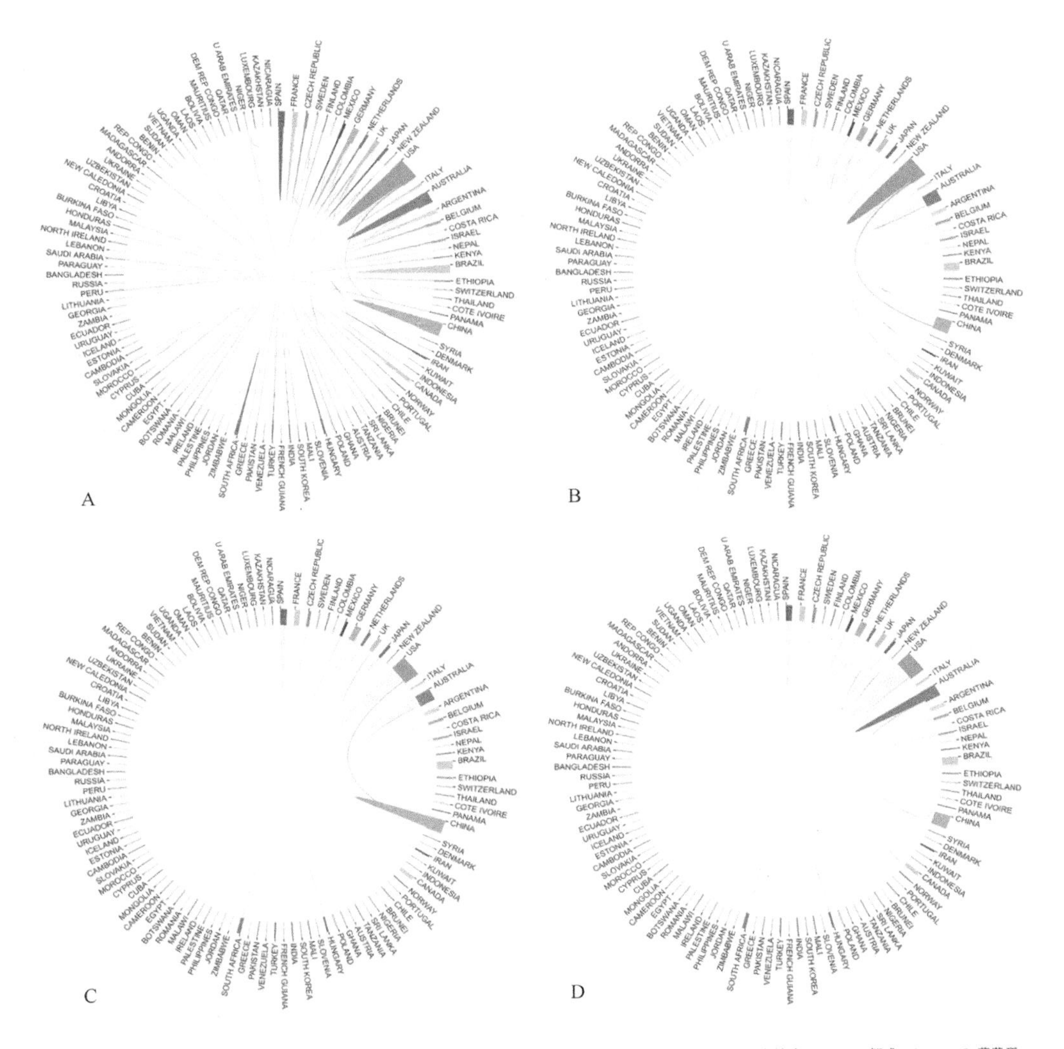

China:中国; Syria:叙利亚; Denmark:丹麦; Iran:伊朗; Kuwait:科威特; Indonesia:印度尼西亚; Canada:加拿大; Norway:挪威; Portugal:葡萄牙; Chile:智利; Brunei:文莱; Nigeria:尼日利亚; Sri Lanka:斯里兰卡; Tanzania:坦桑尼亚; Austria:奥地利; Ghana:加纳; Poland:波兰; Hungary:匈牙利; Slovenia:斯洛文尼亚; Mali:马里; South Korea:南韩; India:印度; French Guiana:法属圭亚那; Turkey:土耳其; Venezuela:委内瑞拉; Pakistan:巴基斯坦; Greece:希腊; South Africa:南非; Zimbabwe:津巴布韦; Jordan:约旦; Philippines:菲律宾; Palestine:巴勒斯坦; Ireland:爱尔兰; Malawi:马拉维; Romania:罗马尼亚; Botswana:博兹瓦纳; Egypt:埃及; Cameroon:喀麦隆; Mongolia:蒙古; Cuba:古巴; Cyprus:塞浦路斯; Morocco:摩洛哥; Slovakia:斯洛伐克; Cambodia:柬埔寨; Estonia:爱沙尼亚; Iceland:冰岛; Uruguay:乌拉圭; Ecuador:厄瓜多尔; Zambia:赞比亚; Georgia:格鲁吉亚; Lithuania:立陶宛; Peru:秘鲁; Russia:俄罗斯; Bangladesh:孟加拉国; Paraguay:巴拉圭; Saudi Arabia:沙特阿拉伯; Lebanon:黎巴嫩; North Ireland:北爱尔兰; Malaysia:马来西亚; Honduras:洪都拉斯; Burkina Faso:布基纳法索; Libya:利比亚; Croatia:克罗地亚; New Caledonia:新喀里多尼亚; Uzbekistan:乌兹别克斯坦; Ukraine:乌克兰; Andorra:安道尔共和国; Madagascar:马达加斯加; Rep Congo:刚果共和国; Benin:贝宁; Sudan:苏丹; Vietnam:越南; Uganda:乌干达; Oman:阿曼; Laos:老挝; Bolivia:玻利维亚; Mauritius:毛里求斯; Dem Rep Congo:刚果民主共合国; Qatar:卡塔尔; U Arab Emirates:阿拉伯联合酋长国; Niger:尼日尔; Luxembourg:卢森堡公国; Kazakhstan:哈萨克斯坦; Nicaragua:尼加拉瓜; Spain:西班牙; France:法国; Czech Republic:捷克; Sweden:瑞典; Finland:芬兰; Colombia:哥伦比亚; Mexico:墨西哥; Germany:德国; Netherlands:荷兰; UK:英国; Japan:日本; New Zealand:新西兰; USA:美国; Italy:意大利; Australia:澳大利亚; Argentina:阿根廷; Belgium:比利时; Costa Rica:哥斯达黎加; Israel:以色列; Nepal:尼泊尔; Kenya:肯尼亚; Brazil:巴西; Ethiopia:埃塞俄比亚; Switzerland:瑞士; Thailand:泰国; Cote Ivoire:科特迪瓦; Panama:巴拿马.

图 2-4　土壤种子库论文发表国家间合作（A）及与美国（B）、中国（C）、日本（D）合作国家的网络关系（彩图请扫封底二维码）

表 2-1 Web of Science 中发表论文数量前 10 的研究机构统计

研究机构	所在国家	论文数量	总被引用次数	平均被引次数	一作总数	一作被引次数	一作平均被引
中国科学院	中国	420	1427	3.40	140	521	3.72
肯塔基大学	美国	170	682	4.01	20	80	4.00
西澳大学	澳大利亚	109	593	5.44	16	103	6.44
法国农业科学研究院	法国	84	636	7.57	23	164	7.13
昆士兰大学	澳大利亚	79	471	5.96	18	91	5.06
墨西哥自治大学	墨西哥	77	91	1.18	21	40	1.90
兰州大学	中国	75	273	3.64	31	190	6.13
美国农业部农业研究局	美国	73	318	4.36	24	114	4.75
格罗宁根大学	荷兰	67	729	10.88	20	268	13.40
伊利诺伊大学	美国	66	368	5.58	13	99	7.62

注：该表中的机构论文数量包括国家及机构间的合著论文

四、期刊

通过对载文期刊的分析将有助于确定在该领域中具有影响力的期刊，同时也有助于在该领域的研究者直接选择期刊论文查阅及选择期刊进行研究成果的发表。结果表明，*Plant Ecology*（《植物生态学》）的载文量位居榜首，共有 154 篇，*Journal of Vegetation Science*（《植物科学期刊》）和 *Applied Vegetation Science*（《应用植物科学》）分别以 94 篇和 89 篇位居第 2 和第 3；在总被引用次数方面，*Plant Ecology*、*Journal of Vegetation Science* 和 *Applied Vegetation Science* 三个期刊分别以高于 500 次的结果在载文量前 10 的期刊中具有绝对优势。而在载文量前 10 期刊总体来说平均被引次数的排名均不太高，平均被引次数中，*Seed Science Research*（《种子科学研究》）的排名较载文量前 10 的期刊较为靠前，以 9.19 的结果位列第 15 位（表 2-2）。

表 2-2 Web of Science 数据库刊载发文量前 10 的期刊统计

载文期刊	文章总数	排名	总被引用次数	排名	平均被引次数	排名
Plant Ecology（《植物生态学》）	153	1	1041	1	6.8	32
Journal of Vegetation Science（《植物科学期刊》）	94	2	844	2	8.98	16
Applied Vegetation Science（《应用植物科学》）	89	3	565	5	6.35	38
Restoration Ecology（《恢复生态学》）	85	4	429	8	5.05	52
Weed Science（《杂草科学》）	84	5	555	6	6.61	35
Journal of Arid Environments（《干旱环境杂志》）	80	6	482	7	6.03	40
Forest Ecology and Management（《森林生态与管理》）	75	7	229	17	3.05	101
Seed Science Research（《种子科学研究》）	70	8	643	4	9.19	15
Ecological Engineering（《生态工程》）	63	9	273	17	4.33	70
Austral Ecology（《澳大利亚生态学》）	55	10	366	9	6.65	34

国内的研究中载文量前 10 的期刊为：《生态学报》（48 篇）、《生态学杂志》（26 篇）、《植物生态学报》（26 篇）、《应用生态学报》（22 篇）、《生态环境学报》（21 篇）、《西北农林科技大学学报》（21 篇）、《草业学报》（20 篇）、《内蒙古农业大学学报》（16 篇）、《水土保持通报》（15 篇）、《安徽农业科学》（14 篇）。即国内与“土壤种子库”相关的论文主要发表在生态学科的杂志上。

五、学科分布

通过 Citespace 对 Web of Science 的检索结果的学科分布分析，得到了 41 个节点，193 条连线，其中环境科学与生态学排名第一，生态学和植物科学分别位居第 2 和第 3（图 2-5）；排名前 10 的学科中理学共有 5 个，占 50%，农学有 3 个，占据 30%，其余的为多学科综合研究，占 20%。从学科层次来看，其中基础科学占 50%，技术科学占据 30%，无工程学科（表 2-3）。因此，与土壤种子库相关的研究还主要集中在基础科学，技术科学还相对较少，应将基础科学加快应用，使得相关的研究成果向技术科学和工程科学转化。而国内文献中，论文主要集中在农业资源与环境、林学、生物学、草学、植物保护和生态学 6 个学科。其中理学有 2 个，而农学有 4 个。

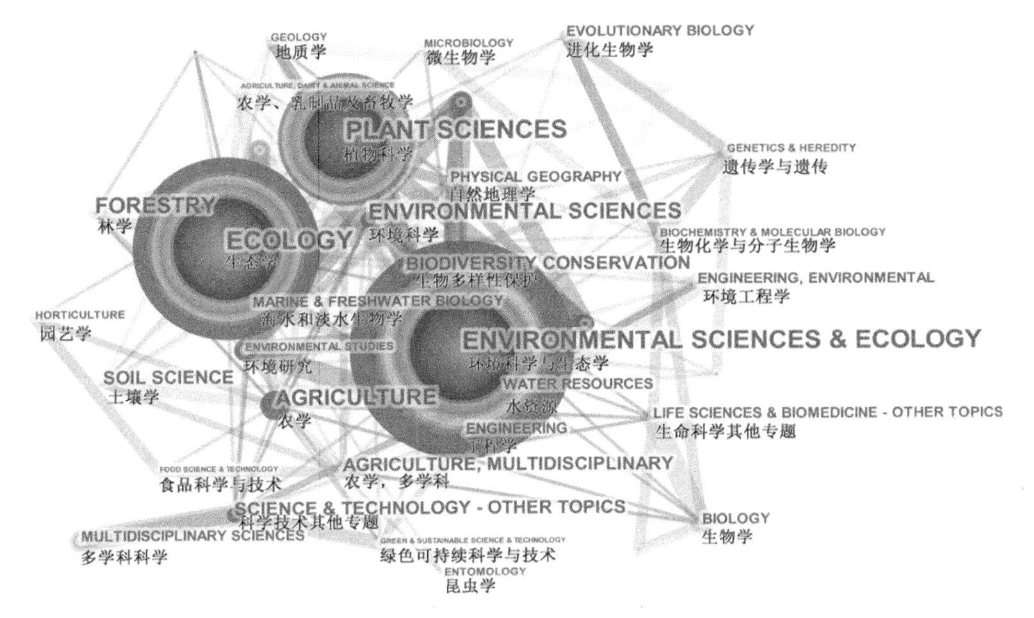

图 2-5　Web of Science 数据库土壤种子库研究文献的主要学科分布

（彩图请扫封底二维码）

表 2-3 Web of Science 数据库土壤种子库研究排名前 10 的学科分布情况

序号	学科领域	频次	学科类别	学科层次
1	环境科学/生态学	1785	理学	基础科学
2	生态学	1580	理学	基础科学
3	植物科学	1392	理学	基础科学
4	农学	622	农学	技术科学
5	林学	586	农学	技术科学
6	环境科学	531	理学	基础科学
7	生物多样性保护	219	理学	技术科学
8	多学科农业	142	—	—
9	土壤学	120	农学	基础科学
10	科学技术其他专题	100	—	—

注：“—”表示这一项空缺

六、高被引频次论文

发表的研究成果的影响力及学术价值的衡量离不开被引次数，因此为了获得该领域具有影响力的文献，采用 Citespace 进行文献共被引分析，由于部分高被引文献无法查找其题目和具体研究内容，故排除掉已经无法追溯论文题目的条目，对可查的文献进行分析，共获得 1450 个节点和 6644 条连线（图 2-6）。其中 Bossuyt 和 Honnay（2008）发表在 *Journal of Vegetation Science*（《植物生态学期刊》）上的文章引用频次最多，该文章的题目为 *Can the seed bank be used for ecological restoration? An overview of seed bank characteristics in European communities*，该文章通过 1990~2006 年有关植物种子库的相关研究数据，对四种群落的特征进行了分析，结果发现，不同群落种子库与地上植被的相似性程度不同，因此得出结论，仅仅依靠土壤种子库进行生态恢复的想法是不可行的。另外 Bekker 等 1998 年发表在 *Functional Ecology*（《功能生态学》）上的文章也有较高的引用频次，文章以 *Seed size，shape and vertical distribution in the soil: indicators of seed longevity* 为题，通过研究阐明了欧洲地区种子大小，形状和在土壤中的分布和种子寿命的相关性。文献引用频次排名第 3 是 Thompson 等于 1998 年发表在 *Journal of Ecology*（《生态学杂志》）上以 *Ecological correlates of seed persistence in soil in the north-west European flora* 为题的文章，该文章研究了欧洲西北部地区植物区系土壤中种子的持久性与生态环境的关系，得出种子持久性的增加并不总是与种子大小的增减有关，还有一些生理上的因素，同时说明在许多的生境中，种子被埋藏的可能性与种子的大小和形状有着密切关系。

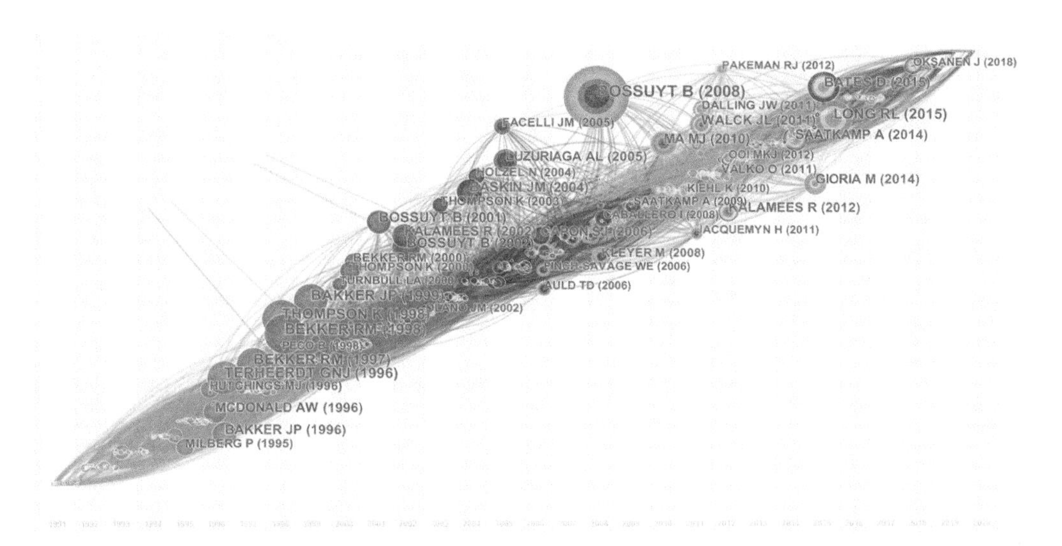

图 2-6　Web of Science 数据库研究文献被引用时区视图（彩图请扫封底二维码）

在近期的研究论文中，引用频次较高的是 Long 等在 2015 年发表于 *Biological Reviews*（《生物学评论》）上的一篇文章，文章题为 *The ecophysiology of seed persistence：a mechanistic view of the journey to germination or demise*，该文章探讨了种子持久性的生态学因素，通过一个模型介绍了种子的持久性，一个给定的种子群体在任何环境中的持久性取决于它对通过发芽或死亡退出种子库的抵抗力，以及它暴露于有利于这些命运的环境条件。通过综合环境如何影响种子的知识，以确定它们何时以及如何离开土壤种子库，从而建立一个抗暴露模型，并为开发实验和建模方法提供了一个新的框架，以预测种子在一系列环境中能坚持多久（表 2-4）。

表 2-4　Web of Science 数据库土壤种子库研究排名前 10 的高被引频次分布情况

序号	作者	年份	期刊来源	频次
1	Bossuyt B and Honnay O	2008	*Journal of Vegetation Science*（《植物科学期刊》）	79
2	Bekker RM et al.	1998	*Functional Ecology*（《功能生态学》）	52
3	Thompson K et al.	1998	*Journal of Ecology*（《生态学杂志》）	49
4	Long RL et al.	2015	*Biological Reviews*（《生物学评论》）	47
5	Bakker JP et al.	1999	*Journal of Vegetation Science*（《植物科学期刊》）	44
6	Ter Heerdt GNJ et al.	1996	*Functional Ecology*（《功能生态学》）	44
7	Bekker RM et al.	1997	*Journal of Applied Ecology*（《应用生态学报》）	42
8	Bates D et al.	2015	*Journal of Statistical Software*（《统计软件杂志》）	40
9	Ma MJ et al.	2010	*Flora*（《植物》）	38
10	Bossuyt B et al.	2002	*Plant Ecology*（《植物生态学》）	36

而在国内的研究中，被引频次较高的文献有于顺利和蒋高明在2003年以“土壤种子库的研究进展及若干研究热点”为题发表在《植物生态学报》上的文章，该文章提出了论述了土壤种子库的研究进展，并提出相关的研究热点问题主要集中在土壤种子库的研究方法，分类、时空布局、与地上植被的相关性及土壤种子库的动态等问题上。另外，杨跃军等在2001年发表在《应用生态学报》的文章也有较高的引用次数，该文章以“森林土壤种子库与天然更新”为题，论述了森林土壤种子库的特点，并分析了森林种子库对天然更新的影响，并提出了森林种子库的研究方向及研究方法（表2-5）。

表 2-5 中国知网数据库土壤种子库研究排名前10的高被引频次分布情况

序号	作者	年份	期刊来源	频次
1	于顺利等	2003	《植物生态学报》	334
2	杨跃军等	2001	《应用生态学报》	262
3	刘志民等	2003	《应用生态学报》	222
4	张志权等	1996	《生态学杂志》	212
5	安村青等	1996	《植物生态学报》	202
6	张志权等	2001	《植物生态学报》	182
7	熊利民等	1992	《植物生态学与地理植物学报》	168
8	唐勇等	1999	《应用生态学报》	165
9	张玲等	2004	《生态学杂志》	151
10	周先叶等	2000	《植物生态学报》	134

注：《植物生态学与地植物学报》在1994年改名为《植物生态学报》，一直沿用至今

七、研究前沿趋势分析

通过利用Citespace对检索数据中的关键词与出现频次及年份的关系得出研究前沿时区视图，并结合突变词的分析将有利于把握土壤种子库的相关研究的未来发展动向，通过对Web of Science分析得到了218个节点，2338条连线（图2-7），其中出现频次最高的有种子库（seed bank）、发芽（germination）、植被（vegetation）、土壤（soil）、动力学（dynamics）、土壤种子库（soil seed bank）、种子散布（seed dispersal）、重建（restoration）、多样性（diversity）和草地（grassland）。通过关键词的出现频次可以看出，有关植物种子库的研究主要集中在对种子库中种子本身特征、与地上植被的关系、种子库中种子持久性和对生态重建的应用上的研究。同时对中国知网数据库中的数据也同样做了研究前沿时区视图的分析，得到了132个节点，253条连线（图2-8），出现频次最高的关键词有种子库、土壤种子库、物种多样性、地上植被和植被恢复。并对出现频次中等程度的关键词进行统计发

现，在国内的研究中也发现对不同植被类型下的种子库相关特征做了研究，主要集中在退化草地、人工草地、高寒草地、塔里木河等地区的研究。因此，在国内，有关土壤种子库的研究还主要集中在种子库的相关特征、与物种多样性的关系，以及种子库在植被恢复中的应用等方面。

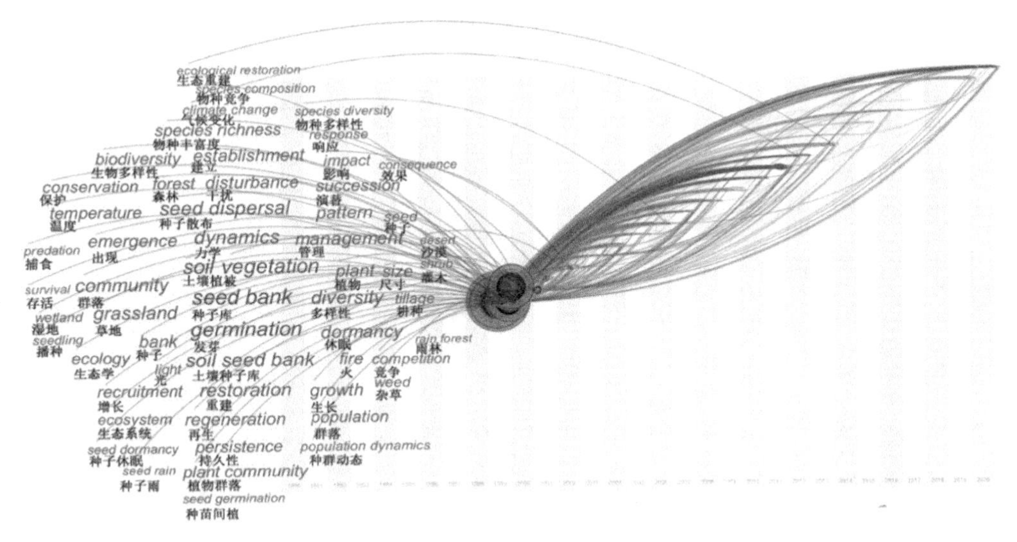

图 2-7　Web of Science 数据库研究前沿时区视图（彩图请扫封底二维码）

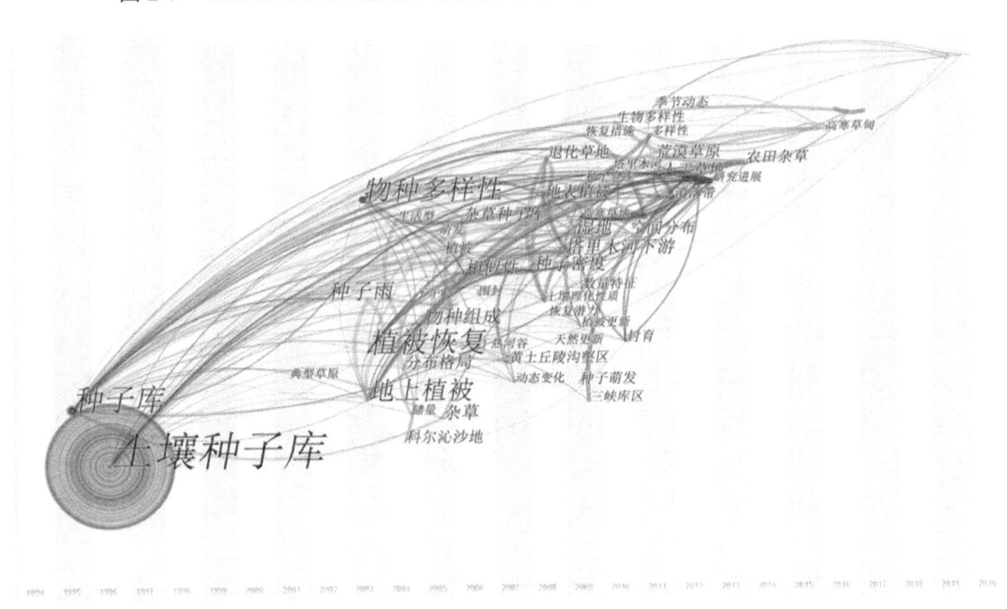

图 2-8　中国知网数据库研究前沿时区视图（彩图请扫封底二维码）

通过对 Web of Science 的检索结果进行突变词分析，突变词 predation（捕食）和 seed rain（种子雨）的持续时间最长，分别持续了 11 年时间，而 seed rain 同时为近年来的热点关键词（图 2-9），结合前沿时区视图可得出，有关土壤种子库的研究主要集中在种子库中种子持久性及种子的散布的相关研究上，还处于对种子库的基础研究中。

关键词	年份	强度	开始	结束	1990~2020
Colonization（定植）	1990	5.9378	1999	2004	
Pasture（草地）	1990	8.502	1999	2001	
Sceding（播种）	1990	6.0131	1999	2002	
Predation（捕食）	1990	7.7086	1999	2009	
Populalion dynanics（种群动态）	1990	9.6263	1999	2003	
Forest（森林）	1990	4.6643	1999	2001	
Buried sced（深播种子）	1990	6.9157	1999	2006	
Seed dispersal（种子散布）	1990	8.7806	2000	2005	
Populat ion（种群）	1990	3.7759	2000	2006	
Australia（澳大利亚）	1990	6.7177	2000	2005	
Survival（存活）	1990	11.0435	2000	2005	
Seed（种子）	1990	3.9275	2000	2002	
Westcrn Austral ia（澳大利亚西部）	1990	5.8417	2000	2005	
Seed dormancy（种子体眠）	1990	3.7438	2001	2003	
Seed rain（种子雨）	1990	6.2739	2001	2011	
Recrui tment（增长）	1990	7.2446	2002	2005	
chalk grassland（白垩草地）	1990	6.9792	2002	2004	
Grasing（放牧）	1990	5.7725	2002	2004	
Soll seedbank（土壤种子库）	1990	4.2656	2003	2007	
Ploru（植物群）	1990	6.5169	2003	2008	

图 2-9 Web of Science 土壤种子库研究引用频次突增的前 20 个关键词
（彩图请扫封底二维码）

第三节 结论与展望

Web of Science 数据库核心合集中有关土壤种子库的文章在 1999~2020 年呈现逐年增长的趋势，而在中国知网数据检索结果在 1983~2009 年呈现增长的趋势，在之后发文量逐渐下降。中国知网发文量相对较少，说明中国在该领域起步晚，增长速度也较慢。中国发文数量在美国和澳大利亚之后，排名第三。在发文机构中，中国科学院在相关领域具有较高的影响力。土壤种子库的相关研究全球合作化水平较低，故应加强全球合作化水平，可进一步提升中国在该领域的科研产出量及影响力。

有关土壤种子库的研究主要集中在对种子库中种子本身特征、与地上植被的关系、种子库中种子持久性和对生态重建的应用上的研究。研究的学科主要为生态学和农学两个学科，学科种类较为单一，且主要集中在基础学科中，技术学科和工程学科的研究少之又少，因此，应加强土壤种子库研究成果在实际问题中的引用。

另外，有关土壤种子库的研究在干旱地区、湿润及半湿润地区的研究较多，有关半干旱地区土壤种子库的研究少之又少。且国外有关半干旱地区的研究相对分散，集中在半干旱地区几种植物群落的土壤种子库的基本特征的研究及极个别涉及生态恢复的过程（Arthur do Nascimento Oliveira et al.，2019；Snyman，2015，2005）。国内对于半干旱地区土壤种子库的研究非常少。半干旱地区降雨量相对较少，地表植被稀疏，生态环境脆弱，该地区面临着各种生态环境问题，包括水土流失、草场退化等问题。在半旱区开展有关土壤种子库的研究，揭示在现存的环境条件下的土壤种子库的特征，结合其特征设计相关的植被恢复方案，这对半干旱区的生态问题的改善及解决具有重要价值。

通过文献计量在线分析平台及 Citespace 软件的使用，较为全面地反映了国内外有关土壤种子库的学科发展过程及研究方向。这为土壤种子库的研究提供了一定的价值参考。结合本文的分析结果，建议今后能进一步完善研究问题的构架，补齐土壤种子库在半干旱地区研究缺陷的短板，提高我国在该领域的科研影响力，提高自身的科研水平，加强国家间的研究合作关系，旨在将研究成果向实际应用领域的转换。

第三章　荒漠草原区不同林龄柠条林土壤种子库研究

柠条（*Caragana Korshinskill*），豆科锦鸡儿属，主要分布于我国北方地区各省份，是主要的水土保持植物及固沙造林植物。从 20 世纪 70 年代开始，为治理退化荒漠草原，宁夏实施生态工程，主要以种植抗旱树种柠条为主，所以在宁夏地区，柠条已经成了造林面积最大、使用数量最多的树种。而盐池县地处黄土高原向鄂尔多斯台地（沙地）、半干旱区向干旱区、干草原向荒漠草原、农区向牧区四个过渡带上，导致该地区生态系统不稳定、环境非常脆弱，常年受风蚀严重，加之不合理的利用，致使荒漠草原生态系统严重退化，为治理退化荒漠草原，盐池县采用“人工种植柠条林+封育措施”的生态措施，目前人工柠条林建植面积已达 60 万 hm^2，且已取得显著成效。

第一节　研究区概况和研究方法

一、研究区概况

本文选取宁夏盐池县为研究区，盐池县位于宁夏回族自治区东部，北纬 37°04′~38°10′，东经 106°30′~107°41′，海拔在 1295~1951m。盐池县北连毛乌素沙地，南连黄土高原，是一个典型的过渡性地带，环境脆弱，常年受风蚀严重，造成盐池县荒漠草原生态系统严重退化，荒漠化已成为鄂尔多斯缓坡丘陵区的主要地貌类型。盐池县总面积 8661.3km^2，属典型中温带大陆性气候，冬冷夏热、干旱少雨、风沙大、蒸发强。年平均气温 8.1℃，年平均降雨量 250~350mm，80%以上降雨量分布于 5~9 月，全年主风向为干燥的西风和西北风。盐池县土壤以灰钙土为主，其次是黑垆土和风沙土。盐池县植被类型有灌丛、草原、草甸、沼泽、荒漠等植被类型，还显示了从南向北逐渐演替和相互交错的过渡性特征。盐池县内没有天然森林，只有人工林，主要为北沙柳灌丛和小叶锦鸡儿灌丛（张维江，2004）。

（一）地质地貌

盐池县位于宁夏东北部，是宁夏-内蒙古-陕西三省（自治区）交界处。盐池县北连毛乌素沙地，南连黄土高原，是一个典型的过渡性地带。全县地势南高北低，南为黄土丘陵区、北为鄂尔多斯缓坡丘陵区，其中南部黄土丘陵区面积为 1688km^2，占全县总面积的 19.5%，海拔 1600~1900m。北部鄂尔多斯缓坡丘陵区面积约为 6972km^2，占全县面积的 80.5%，海拔在 1600m 以下。由于不合理的利用，加之春旱和春季大风，促使了荒漠化的进程，导致北部鄂尔多斯丘陵区荒漠草原退化严重，其荒漠化在一段期间内成为北部荒漠草原的主要地貌类型。同时由于特殊地形和降雨条件，盐池县也分布有一定数量的湿地，主要有哈巴湖、四儿滩、二道湖、苟池和骆驼井五大湿地（张维江，2004）。

（二）气候特征

该研究区是典型中温带大陆性气候。盐池县位于贺兰山和六盘山以东，按中国气候分区属于东部季风区，但远离海洋的特点导致暖湿气流不易吹到，而来自西伯利亚-蒙古的高压寒湿气流因北面地势开阔畅行而下，在盐池县形成了典型中温带大陆性气候，其特点是冬冷夏热、干旱少雨、风沙大、蒸发强。年平均气温 8.1℃，年日照时数为 2863h，年平均无霜期为 160d，年平均降雨量在 250~350mm，80%以上降雨量分布于 5~9 月，年均蒸发量为 2139mm，全年主风向为干燥的西风和西北风，年平均风速为 2.8m/s，大风（风速大于 17m/s）主要发生在春季，北部大风日数为 24.2d，南部大风日数为 45.8d（张维江，2004）。

（三）土壤类型

盐池县土壤以风沙土、灰钙土和黑垆为主，还有黄土、白浆土、盐土。风沙土主要分布于鄂尔多斯缓坡丘陵区，占全县总面积的 38%。灰钙土又可分为普通灰钙土、淡灰钙土、侵蚀灰钙土，占全县总面积的 33%左右，主要分布于县中、北部等地，其土壤有机质含量约 1%，厚层为 15~30cm。黑垆土主要分布于黄土高原丘陵区，约占全县总面积的 7%，占盐池县面积的 86.5%，又可分为淡黑垆土和黑垆土。

盐池县土壤结构松散，肥力低，而研究区的土壤不仅土壤结构松散、肥力低，而且土壤含沙量大，易受风蚀而沙化。研究区土壤有机质含量为 0.66%，水解氮含量为 27.15ppm[①]，速效磷含量为 4.26ppm（张维江，2004）。

（四）植被状况

盐池县植被在区系上属于亚欧草原区亚洲中部亚区-中部草原区的过渡带。盐池县植被类型有灌丛、草原、草甸、沼泽、荒漠等植被类型，显示了从南向北逐渐演替和相互交错的过渡性特征。全县共记录种子植物 331 种，分属 57 科，221 属。其中禾本科 46 种、菊科 39 种、豆科 36 种、藜科 24 种，蔷薇科、茄科、十字花科、百合科均有 10 种以上的植物，其主要物种有：猪毛蒿、白草（*Pennisetum centrasiaticum*）、草木樨状黄芪（*Astragalus melilotoides*）、糙隐子草（*Cleistogenes*

① 1ppm=10^{-6}

squarrosa）、狗尾草（*Setaria viridis*）、蒺藜（*Tribulus terrestris*）、苦豆子（*Sophora alopecuroides*）、蒙古虫实（*Corispermum mongolicum*）、蒙疆苓菊（*Jurinea mongolica*）、米口袋（*Gueldeastaedtia multiflora*）、牛枝子（*Lespedeza potaninii*）、披针叶野决明（*Thermopsis lanceolata*）、乳浆大戟（*Euphorbia esula*）、砂珍棘豆（*Oxytropis racemosa*）、雾冰藜（*Bassia dasyphylla*）、小画眉草（*Eragrostis minor*）、远志（*Polygala tenuifolia*）。盐池县内没有天然森林，只有人工林，主要为北沙柳灌丛和小叶锦鸡儿灌丛（张维江，2004）。

二、研究内容

（一）不同林龄柠条林地上植被特征

在半固定沙丘（未种植柠条林前的样地）、2005 年种植的人工柠条林（7a 柠条林）样地、1996 年种植的人工柠条林（16a 柠条林）样地、1987 年种植的人工柠条林（25a 柠条林）样地、1975 年柠条林（37a 柠条林）样地以及对照天然草地上，对地上植被进行物种组成、密度、高度、盖度、频度的调查，同时记录样方所在的具体位置、微地形等，阐述了各样地地上植被物种组成、生活型组成和物种多样性特征，进而研究退化荒漠草原区种植柠条林后地上植被的演替过程，从而为种植柠条林恢复荒漠草原提供理论参考。

（二）不同林龄柠条林土壤种子库特征

在半固定沙丘（未种植柠条林前的样地）、2005 年种植的人工柠条林（7a 柠条林）样地、1996 年种植的人工柠条林（16a 柠条林）样地、1987 年种植的人工柠条林（25a 柠条林）样地、1975 年柠条林（37a 柠条林）样地以及对照天然草地上，采用土壤种子库萌发法对不同林龄柠条林土壤种子库分别进行物种组成、密度和多样性的研究，为揭示地上植被动态变化过程提供科学依据，进而为从土壤种子库角度来评价种植柠条林对退化荒漠草原治理效果提供理论参考，同时为利用土壤种子库恢复退化荒漠草原提供科学依据。

（三）柠条林土壤种子库与地上植被间的耦合关系

基于不同林龄柠条林土壤种子库特征和地上植被特征，采用 Jaccard 相似性系数和 Sorenson 相似性系数来研究不同林龄柠条林土壤种子库和地上植被间物种组成耦合关系。同时采用 Pearson 相关性、线性和非线性回归分析，对土壤种子库密度和地上植被植株数的耦合关系进行分析。为明确显示柠条林和土壤种子库物种组成和密度间的直观对比分析，我们还做了土壤种子库和地上植被物种组成以及数量级密度比较对照分析。

（四）不同水分梯度对土壤种子库的激发效应

在干旱半干旱荒漠草原区，水分是限制植被生长和种子库种子萌发的因子，同时也是决定植被恢复进度和方向的重要环境因子，因此在研究区研究水分对土壤种子库的激发效应具有重要意义。本文采用水分控制实验，人工模拟不同日降雨量对土壤种子库的激发效应、不同年降雨量对土壤种子库的激发效应，阐述了不同水分梯度对土壤种子库物种组成和种子萌发数量的影响，以期为干旱半干旱区利用水分来激发土壤种子库治理退化荒漠草原提供理论指导。

三、研究方法

（一）地上植被调查

经调查，盐池县杨寨子各个年代的人工柠条林在种植前均为半固定沙丘，种植人工柠条前地上基本没有植被，且土壤基质条件基本相同。故在 2012 年 8 月中旬，在盐池县杨寨子选择不同林龄的人工柠条林为研究对象，即：建植 7a、16a、25a、37a 人工柠条林（分别标记为：7a、16a、25a、37a），以半固定沙丘（标记为：沙丘）和邻近未被沙化的天然草地（标记为：CK）作为对照。采用典型取样法对研究样地进行地上植物的物种组成、密度、高度、盖度、频度的调查，同时记录样方所在的具体位置、微地形等，其中分盖度采用方格针刺法。每个样地设置 1m×1m 样方 10 个，5 个样地，共 50 个样方。

（二）土壤种子库取样与萌发

2013 年 4 月，在半固定沙丘（标记为：沙丘）、建植 7a、16a、25a、37a 人工柠条林（分别标记为：7a、16a、25a、37a）及邻近未被沙化的天然草地（标记为：CK）上，随机布置 2 条长 10m 的样线（Holmes，2002；杨允菲等，1995），在每条样线上等距离（1m）用自制土壤种子库采样器（20cm×20cm×10cm），分 0~2cm、2~5cm、5~10cm 三层采集土壤，分别装入土袋，共 360 个样品。每个样地的取样面积为 $0.8m^2$，取样体积为 $0.08m^3$，取样总面积为 $4.8m^2$，取样总体积为 $0.48m^3$。均带回实验室（张玲等，2004），全部用于土壤种子库萌发实验。

室内土壤种子萌发试验（林金安，1993），即：幼苗萌发法来估计种子库中可萌发物种的种子数量和组成，在草原生态系统中，幼苗萌发法通常可以检测出土壤种子库中 90%以上的物种（Ter Heerdt et al.，1996）。具体方法为在温室内的太阳光下晒干土样，然后用筛子将土样中的凋落物、根、石头等杂物筛掉。将土样均匀地平铺在萌发用的花盆（大小为：42cm×28cm×15cm）中，土样厚度控制在 1~2cm，用无种子的毛细沙做基质置于花盆底部，约 10cm。萌发时间为 2013

年5~9月，共萌发5个月，开始萌发后，对可以辨认的幼苗迅速进行鉴定，鉴定后去除。无法鉴定的幼苗继续生长，直至可以鉴定出为止。在萌发的后两个月内翻动土样，以促进种子萌发。至2013年9月底已连续4周没有新幼苗萌发，并检查土样内没有剩余种子时，结束实验。为了保持土壤的湿润，每天浇水若干次。

（三）不同水分梯度对土壤种子库的激发效应

2013年4月，在研究样地上，采用样线法（Holmes，2002；杨允菲等，1995）随机布置6条长10m的样线，在每条样线上等距离（1m）用自制土壤种子库采样器（20cm×20cm×10cm），采集0~5cm土壤，装入土袋，共60个样品。均带回实验室，全部用于土壤种子库萌发实验。

萌发时间为2013年7~9月，共萌发12周，开始萌发后，对可以辨认的幼苗迅速进行鉴定，鉴定后去除。无法鉴定的幼苗继续生长，直至可以鉴定出为止。

本研究通过人工模拟不同日降雨量对土壤种子库的激发效应和人工模拟不同年降雨量对土壤种子库的激发效应，来测定不同降雨梯度对土壤种子库的物种组成和萌发总量的影响。不同日降雨量分别按1mm、3mm、5mm、10mm、20mm、30mm对6个处理组施水，不同年降雨量分别按表3-1对6个处理组施水，每个处理组均有5个重复。

表3-1　不同降雨梯度时间与降雨量分配表　（单位：mL/盆）

降雨量/mm	第1周	第2周	第3周	第4周	第5周	第6周	第7周	第8周	第9周	第10周	第11周	第12周
190	100	500	1000	1000	1000	1500	1000	1000	500			
230	200	500	1000	1000	1500	1500	1500	1000	500	500		
270	300	500	1000	1500	1500	2000	1500	1000	1000	500		
310	400	500	1000	1500	1500	2000	1500	1500	1000	1000	500	
350	500	1000	1000	1500	2000	2000	1500	1500	1500	1000	500	
390	600	1000	1000	1500	2000	2000	1500	1500	1500	1000	1000	1000

四、数据处理

（一）种子密度

将萌发试验统计的每块样地的土壤种子库的萌发数量换算成$1m^2$种子库的数量。

（二）重要值

重要值（IV）=（相对盖度+相对频度+相对密度+相对高度）/400

（三）物种多样性指数

选择丰富度指数、Shannon-Wiener 多样性指数、Simpson 多样性指数、Pielou 均匀度指数对地上植被和土壤种子库进行物种多样性分析（邹蜜等，2013；闫德民等，2013；刘瑞雪等，2013；翟付群等，2013；马克平等，1995b；Clarke et al.，1993；Pielou，1975；Shannon et al.，1963）。

丰富度指数：$R=S$

Shannon-Wiener 多样性指数：$H=-\sum_{i=1}^{S}(P_i \ln P_i)$（$P_i=n_i/N$）

Simpson 多样性指数：$D=1-\sum_{i=1}^{S}P_i^2$

Pielou 均匀度指数：$E=H/\ln S$

式中，S 为物种总数，P_i 为第 i 个物种的相对重要值，n_i 为第 i 个物种的重要值，N 为群落中所有物种的重要值之和。

（四）Jaccard 相似性系数、Sorenson 相似性系数

利用 Jaccard 相似性系数和 Sorenson 相似性系数，计算地上植被各林龄间群落相似性，进而推算地上植被群落演替过程中物种替换率。同时也用来计算土壤种子库物种组成与地上植被物种组成的相似性与差异性，进而推算土壤种子库和地上植被物种组成的耦合关系。

Jaccard 相似性系数：$C_j=\dfrac{j}{a+b-j}$（Pierce and Cowling，1991）

Sorenson 相似性系数：$C_s=2j/(a+b)$（Clarke，1993）

式中，a 为某样地地上植被的物种总数，b 为相应样地土壤种子库的物种总数，j 为该样地地上植被和土壤种子库共有物种的数量。

（五）方差分析

采用方差分析，对各林龄间地上植被物种多样性、土壤种子库密度和土壤种子库物种多样性间的差异性做了比较，同时利用最小显著差数法（LSD）检验数据之间的显著性，并用字母法标注。

（六）Pearson 相关性分析

我们用 Pearson 相关性（Leck et al.，1979）来研究土壤种子库密度和地上植被植株数间的耦合关系。其数学计算公式为：

$$r=\frac{N\sum x_i y_i-\sum x_i\sum y_i}{\sqrt{N\sum x_i^2-\left(\sum x_i\right)^2}\sqrt{N\sum y_i^2-\left(\sum y_i\right)^2}}$$

式中，Pearson 相关系数（r）是一种最常用的线性相关系数，用来反映两个变量 x 和 y 的线性相关程度，r 值介于－1 与 1 之间，绝对值越大表明相关性越强。其中，x_i 为土壤种子库密度，y_i 为地上植被株数，N 为样本数。

（七）线性与非线性回归分析

回归分析及其回归模型（闫春鸣等，2012）是研究两个变量间的定量关系。本文采用线性函数 $y=a+bx$、对数函数 $y=a\ \ln(x)+b$、多项式函数 $y=ax^2+bx+c$、幂函数 $y=ax^b$ 和指数函数 $y=ae^{bx}$ 分别研究土壤种子库密度和地上植被植株数间的耦合关系。

（八）土壤种子库和地上植被物种组成和数量级密度比较对照表

以上均采用 SPSS19.0、Microsoft Excel 2003、ORIGIN7.5 软件对数据分析和作图（刘庆艳，2013）。

第二节　不同林龄柠条林地上植被特征

群落多样性是指群落中包含的物种数目和个体在种间的分布特征。对群落物种多样性的研究是度量一个群落结构和功能复杂性的重要指标，也是植物生态学研究的热点之一，尤其是对群落物种组成与结构、物种多样性功能和群落演替动态方面的研究可以让我们更好地认识和了解群落的结构类型、组织水平、发展阶段、稳定程度和生境差异，对生态系统功能运行和维持提供种源基础和支撑条件（周伶等，2012；杨勇等，2012；张晶晶等，2011；黄忠良等，2000）。有研究报道：生物多样性是维持草地生态系统持续生产和稳定发展的物质基础（李永宏，1995）。国内关于东北草原（杨允菲等，1996，1994）、内蒙古草原（宝音陶格涛等，2009；刘景玲等，2006；杨持等，1996）、科尔沁沙地（左小安等，2009；张继义等，2004；常学礼等，2000）等地区草地群落多样性的研究较多，关于荒漠草原的研究则集中于放牧对荒漠草原物种多样性的影响（杜茜和马琨，2007；杜茜等，2006）和封育对荒漠草原物种多样性的影响（魏乐等，2011；闫瑞瑞等，2007），对于从物种多样性方面评价种植人工柠条林对退化荒漠草原治理效果的系统研究却几乎没有。

本研究选择封育恢复 7a、16a、25a、37a 的人工柠条林，以邻近未沙化的天然草地作为对照，研究了不同林龄柠条林下地上植被物种组成、数量特征以及多样性特征，以揭示干旱半干旱荒漠草原地区利用人工柠条林对退化荒漠草原治理过程中地上植被的动态变化规律，为利用人工柠条林恢复退化荒漠草原提供理论参考。

一、不同林龄柠条林地上植被群落特征

在所有样地中共有植物35种，分属10科31属，其中菊科7种、豆科7种，所占比例最高，其次是禾本科6种，藜科4种，旋花科3种，大戟科、萝藦科、蒺藜科各2种，百合科、远志科各1种（表3-2）。

表 3-2　不同林龄柠条林主要物种及其重要值

物种	科属	生活型	CK	7a	16a	25a	37a
阿尔泰狗娃花 *Heteropapus altaicus*	菊科狗哇花属	P	—	1.91	1.27	3.31	2.30
白草 *Pennisetum centrasiaticum*	禾本科狼尾草属	P	3.95	5.13	1.99	9.87	0.94
糙隐子草 *Cleistogenes squarrosa*	禾本科隐子草属	P	—	—	3.83	2.55	3.02
草木樨状黄芪 *Astragalus melilotoides*	豆科黄芪属	P	—	—	2.97	—	—
地锦 *Euphorbia humifusa*	大戟科大戟属	A	1.69	6.02	2.71	—	—
地梢瓜 *Cynanchum thesioides*	萝藦科鹅绒藤属	P	—	—	1.12	—	—
骆驼蓬 *Peganum harmala*	蒺藜科蒺藜属	P	—	—	0.70	—	—
狗尾草 *Setaria viridis*	禾本科狗尾草属	A	1.65	6.54	5.76	1.14	7.94
蒺藜 *Tribulus terrestris*	蒺藜科蒺藜属	A	1.14	—	1.31	—	—
苦豆子 *Sophora alopecuroides*	豆科槐属	S	10.44	4.99	3.31	3.78	5.09
老瓜头 *Cynanchum komarouii*	萝藦科鹅绒藤属	P	—	7.88	3.03	7.24	8.84
蒙古虫实 *Corispermum mongolicum*	藜科虫实属	A	—	13.85	5.14	—	—
蒙古韭 *Allium mongolicum*	百合科葱属	P	—	4.06	—	—	4.05
蒙疆苓菊 *Jurinea mongolica*	菊科苓菊属	P	—	—	0.69	—	—
米口袋 *Gueldeastaedtia multiflora*	豆科米口袋属	P	—	—	0.45	1.15	—
柠条锦鸡儿 *Caragana korshinskii*	豆科锦鸡儿属	S	—	—	0.66	10.10	—
牛枝子 *Lespedeza potaninii*	豆科胡枝子属	S	6.69	4.10	7.55	4.75	2.58
披针叶野决明 *Thermopsis lanceolata*	豆科黄华属	P	—	—	—	—	2.33
火媒草 *Olgaea leucophylla*	菊科猬菊属	P	4.21	1.56	3.01	2.30	1.42
乳浆大戟 *Euphorbia esula*	大戟科大戟属	P	5.87	1.61	—	1.89	—
沙蓬 *Agriophyllum squarrosum*	藜科沙蓬属	A	—	—	2.97	—	—
沙生冰草 *Agropyron desertorum*	禾本科冰草属	P	—	5.74	8.55	2.49	—
沙生针茅 *Stipa glareosa*	禾本科针茅属	P	—	—	3.79	—	1.41
砂蓝刺头 *Echinops gmelini*	菊科蓝刺头属	A	—	1.86	2.00	—	—
砂珍棘豆 *Oxytropis racemosa*	豆科棘豆属	P	3.64	4.35	2.75	1.66	—
山苦荬 *Lxeris chinensis*	菊科苦荬菜属	P	—	—	1.44	0.79	1.58
田旋花 *Convolvulus arvensis*	旋花科旋花属	P	—	—	1.27	—	—

续表

物种	科属	生活型	CK	7a	16a	25a	37a
菟丝子 *Cuscuta chinensis*	旋花科菟丝子属	A	6.14	—	1.54	—	10.38
雾冰藜 *Bassia dasyphylla*	藜科雾冰藜属	A	—	—	0.83	—	—
小画眉草 *Eragrostis minor*	禾本科画眉草属	A	—	—	4.33	—	—
鸦葱 *Scorzonera austriaca*	菊科鸦葱属	P	—	2.37	1.85	—	—
银灰旋花 *Convolumlus ammannii*	旋花科旋花属	P	—	—	2.15	—	1.11
远志 *Polygala tenuifolia*	远志科远志属	P	—	1.45	—	1.32	—
猪毛蒿 *Artemisia scoparia*	菊科蒿属	A	54.90	19.82	18.50	42.89	42.12
紫翅猪毛菜 *Salsola beticolor*	藜科藜属	A	1.20	6.74	2.94	2.78	3.79

注：S. 灌木或半灌木；P. 多年生草本；A. 一年生草本；“—”表示未出现此植物，下同

半固定沙丘地上植被盖度<1%，仅零星分布有沙蓬（*Agriophyllum squarrosum*）、狗尾草等，故没有做以下数据分析。7a 柠条林共有 18 种植物，以猪毛蒿-蒙古虫实为主要群落，重要值分别为 19.82、13.85，伴生有老瓜头（*Cynanchum komarouii*）、紫翅猪毛菜（*Salsola beticolor*）、狗尾草等。16a 柠条林物种数明显增至 31 种植物，优势种是猪毛蒿，重要值为 18.50，其次是沙生冰草（*Agropyron desertorum*）和牛枝子，并且在所有样地中出现的 6 种禾本科植物在该样地均有出现。25a 柠条林共鉴定出 17 种植物，优势种还是猪毛蒿，其优势度已显著上升，重要值为 42.89，其次是柠条锦鸡儿（*Caragana korshinskii*）和白草。37a 柠条林共有 16 种植物，猪毛蒿为主要群落，伴生有狗尾草和苦豆子。天然草地有 12 种植物，优势种是猪毛蒿和苦豆子，重要值分别为 54.90、10.44，伴生有牛枝子、乳浆大戟。随林龄的增加，物种数目先增加后减少，在 16a 时物种数目达到最大值（31 种），且各样地物种数目均高于天然草地 12 种。优势种随林龄增加没有显著变化，均为猪毛蒿，但其重要值在不同林龄变化显著，分别为 19.82、18.50、42.89 和 42.12，呈现出先下降再迅速上升的趋势，但均低于天然草地 54.90，说明种植柠条可增加荒漠草原区物种数目、对调节物种种间优势度具有显著作用，且 16a 的柠条林地上植被物种最丰富。

植物生活型组成分析（表 3-2）表明：所有样地中共有 3 种灌木或半灌木（苦豆子、柠条锦鸡儿和牛枝子），在 5 个样地中均有出现 2~3 种。随林龄的增加，多年生草本物种数分别为：10 种、17 种、11 种和 10 种，一年生草本物种数为：6 种、11 种、3 种和 4 种，均表现为先增加后下降的趋势，且各样地多年生草本均高于一年生草本和灌木或半灌木。在种植柠条林初期（16 年内）多年生草本较一年生草本增加的快，种植柠条林后期（16 年后）一年生草本较多年生草本降低的快。种植柠条林的样地和天然草地相比，不论是多年生草本还是一年生草本，物种数目均高于天然草地。说明种植柠条林对退化荒漠草原地上植被生活型组成稳定性具有显著的生态效应，其生态效应优于天然草地自然演替形成的群落。

二、不同林龄柠条林植物群落 α-多样性分析

α-多样性是反映群落中物种丰富度和物种在各群落中分布均匀程度的常用重要指标。由图 3-1 可知：物种丰富度指数随林龄增加呈现出先增大后下降的趋势，且在 0.05 水平上差异显著，除建植 25 年的柠条林外，其他林龄样地物种丰富度指数均高于天然草地。随林龄增加，Shannon-Wiener 多样性指数和 Simpson 多样性指数呈先上升后下降的趋势，7a 柠条林和 16a 柠条林间 Shannon-Wiener 多样性指数和 Simpson 多样性指数差异不明显，其他样地间均存在显著差异（$P<0.05$），与对照天然草地相比，Shannon-Wiener 多样性指数和 Simpson 多样性指数差异最显著。Pielou 均匀度指数在林龄初期样地间，表现为物种分布均匀性较好，且初期样地间均匀性差异不显著，后期样地间物种分布均匀性降低，且各样地间均匀度存在显著差异（$P<0.05$），但各样地物种分布均匀度均高于天然草地。

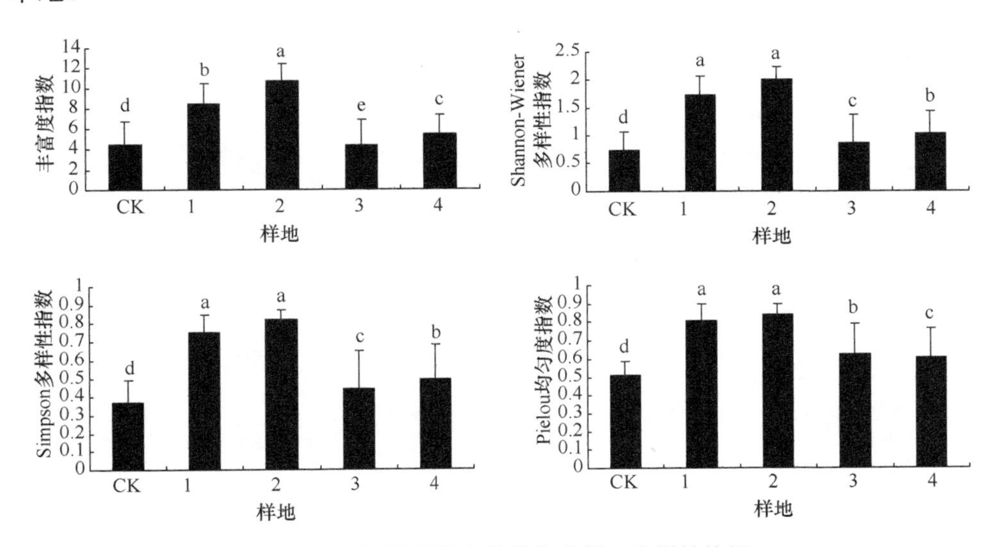

图 3-1　不同林龄柠条林植物群落 α-多样性特征

不同字母表示样地间在 0.05 水平上存在显著差异。其中样地 1 为 7a 柠条林；样地 2 为 16a 柠条林；样地 3 为 25a 柠条林；样地 4 为 37a 柠条林

从 α-多样性各项指标综合可知：在整个过程中，16a 柠条林丰富度指数、Shannon-Wiener 多样性指数、Simpson 多样性指数、Pielou 均匀度指数均达到最高，其次是 7a 柠条林，说明种植柠条林初期对荒漠草原区地上植被生态系统稳定性具有显著生态效应，在 16a 时达到退化荒漠草原恢复的最佳状态，种植柠条林后期群落物种多样性均有下降的趋势。

三、不同林龄柠条林植物群落 β-多样性分析

β-多样性的测度能体现群落物种与时空尺度的紧密结合，可用于分析不同生境间的梯度变化规律，对于评价存在明显生态梯度地区的变化规律更为有效。β-多样性表示了沿环境梯度物种的替代程度，或物种周转速率、物种替代速率和生物变化速率等，可以直观地反映出不同群落间物种组成的差异（Wilson and Shmida，1984；Whittaker，1972）。从表 3-3 可知：7a 柠条林和 16a 柠条林群落相似性系数为 0.6122，16a 柠条林和 25a 柠条林群落相似性系数是 0.6250，25a 柠条林和 37a 柠条林群落相似性系数为 0.6667，说明从建植柠条林初期到建植柠条林末期，相邻生态系统之间表现出渐变的特征，物种替代率相对不高。7a 柠条林和 16a 柠条林群落相似性系数是 0.6122，7a 柠条林和 25a 柠条林相似性系数是 0.6857，而 7a 柠条林和 37a 柠条林群落相似性系数却为 0.5882，表明后期物种替换率高，生态系统中物种约有 42%的物种被其他新物种所替代。

表 3-3　不同林龄柠条林植物群落 β-多样性分析

样地编号	CK	7a	16a	25a	37a
CK	1.0000				
7a	0.6667	1.0000			
16a	0.5116	0.6122	1.0000		
25a	0.6207	0.6857	0.6250	1.0000	
37a	0.5714	0.5882	0.5957	0.6667	1.0000

四、讨论与小结

（一）讨论

从不同林龄地上植被群落特征分析表明，种植柠条可增加荒漠草原区植物种类、对调节种间优势度也有积极影响，且种植柠条后地上植被生活型组成稳定性显著提高，其生态效应优于天然草地群落。同时，α-多样性分析认为，种植柠条后，尤其是种植柠条初期，其物种丰富度显著增加，物种多样性也在 0.05 水平上表现出显著增加，且 Pielou 均匀度指数也表明不同林龄柠条林地上植被群落物种分布较天然草地均匀。王占军等（2005a）在宁夏从不同恢复措施对物种结构和多样性影响的角度研究认为，种植柠条林对退化草地的植被恢复有积极的作用；何全发等（2007）运用关联分析法对干旱风沙区种植柠条对退化沙地改良效果的研究也表明，人工柠条林对退化沙地土壤改良及植被的恢复具有

积极的作用；刘凯等（2013）从人工柠条林土壤渗透性的角度分析认为，人工柠条林对当地沙化土壤渗透性、土壤结构、土壤养分均有改良作用，这些都与本文研究结果一致。因此，本研究认为：种植柠条林对研究区干旱半干旱荒漠草原区退化荒漠草原具有显著的生态恢复效应，其生态效应优于天然草地自然演替形成的群落。

Margalef（1963）和 Odum（1969）研究认为：物种多样性最高值常出现在演替的中期，演替随时间的延长呈现先升高后降低的趋势。而本研究数据也表明，种植柠条前期地上植被群落物种丰富度逐渐增加，物种多样性也在逐渐增加，群落物种分布逐渐均匀；但随着林龄的增加，物种丰富度又逐渐降低、多样性变差、分布没有前期均匀。同时 Hunt 等（2003）对北美人工林的研究也表明：种植人工林后，在其幼龄期物种丰富度会逐渐升高，但随着林龄的增加，成熟林时物种丰富度则又会逐渐降低。陈云云等（2004）的研究也与本文基本一致，其研究认为：随着人工柠条林种植年限的增长，物种丰富度首先增加，然后降低，并趋于稳定。β-多样性分析表明，从建植柠条林初期到建植柠条林末期，相邻生态系统之间表现出渐变的特征，这充分论证了在干旱半干旱荒漠草原区人工种植柠条后，地上植被物种处于逐渐替代的过程。

在该地区人工柠条林建植 20 年左右（16 年至 25 年间）时，物种丰富度可高达 31 种，其中禾本科 6 种在此阶段均有出现，各物种重要值分布均为 0.45~18.50，分布均匀程度最佳，表明在建植柠条 20 年左右时已形成亚顶极群落。多年生禾本科植物增加，标示草地质量有明显改善（郑翠玲等，2005），说明在柠条林建植 20 年左右时，柠条林对退化荒漠草原区草地质量的提高作用最显著。究其原因可能是：在建植人工柠条后，植被的覆盖降低了地表的风速，促进了土壤养分的积累，物种数目增多阻止了半固定沙丘的沙化，但是在种植柠条约 20 年后，柠条冠幅的增大对土壤水分、养分的大量吸收与消耗，使得其他物种群落开始衰落。因此，建议研究区在人工柠条林建植 20 年左右时，对其进行平茬处理。有研究表明，柠条灌木林的合理平茬时间在 11~15 年（程积民等，2009），不同于本研究结果的可能原因是黄土丘陵区的自然条件优于荒漠草原区。因此，具体平茬时间还要考虑当地地形、气候等环境因子，结合当地实际情况确立合理的平茬期。

（二）小结

（1）在退化荒漠草原区，种植柠条林后比未种植前的半固定沙丘地上植被物种数目明显增加，种植柠条林对干旱半干旱荒漠草原区退化荒漠草原具有显著的生态恢复效应。

（2）不同林龄柠条林物种多样性存在显著差异。随柠条林林龄的增加物种数先增加后下降，Shannon-Wiener 多样性指数、Simpson 多样性指数和 Pielou 均匀度指数也随林龄增加先上升后下降，在 0.05 水平上存在显著差异。

（3）种植柠条林后，相邻生态系统之间地上植被物种逐渐被新物种替代，而建林末期与初期相比物种组成发生了较大变化，约有 42%的物种被其他物种替代。

（4）16a 柠条林地上植被物种数最丰富（31 种），Shannon-Wiener 多样性指数和 Simpson 多样性指数最高，物种分布均匀度也最好，建议研究区在建植 20 年左右时，对其进行平茬处理。

第三节 不同林龄柠条林土壤种子库特征

土壤种子库被认为是潜在的植物群落，其密度、物种多样性和时空分布格局等特征均对退化生态系统的恢复及未来植被的恢复状况至关重要（Alvarez-Buylla and Martínez-Ramos，1990；Coffin and Lauenroth，1989；Johnson and Bradshaw，1979），它是植被恢复和重建的一个重要种源，几乎决定着植被恢复的进度和方向（Jalili et al.，2003）。因此，对土壤种子库中物种组成、密度和多样性的研究，可为揭示植被演替机制提供科学依据，是退化荒漠草原治理效果评价的重要指标。国内外学者在不同区域对不同植被类型的土壤种子库的众多方面做了大量研究（Hammerstrom et al.，2003；沈有信等，2003），而对于从土壤种子库方面评价种植人工柠条林对退化荒漠草原治理效果的系统研究却几乎没有。本研究选择封育恢复的半固定沙丘，7a、16a、25a、37a 的退化荒漠草原人工柠条林恢复区，以邻近未沙化的天然草地作为对照，研究了不同林龄柠条林下土壤种子库的物种组成、萌发数量特征和物种多样性等重要指标，揭示了在干旱半干旱荒漠草原区土壤种子库对退化荒漠草原治理的作用，为建植人工柠条林恢复退化荒漠草原提供理论参考。

一、不同林龄柠条林土壤种子库物种组成及密度特征

不同林龄柠条林土壤种子库物种组成及种子密度特征（表 3-4）分析表明：在研究区的所有样地中共有植物 33 种，分属 13 科 27 属。其中禾本科物种数最多，有 10 种，藜科 7 种，其次是豆科 3 种，菊科、大戟科和萝藦科均为 2 种，车前科、蒺藜科、蔷薇科、石竹科、苋科、旋花科、远志科各 1 种。造林前半固定沙丘土壤种子库可萌发种子数为 661.25 粒/m^2，有 13 种植物，其优势种是狗尾草和止血马唐（*Digitaria ischaemum*），分别占 70.13%和 13.42%。建植 7a 柠条林土壤种子库的数量是 12 290.00 粒/m^2，有 21 种植物在该样地种子库中出现，主要物种是猪毛蒿。建植 16a 柠条林土壤种子库的种子数有所下降，为 10 553.75 粒/m^2，但

表 3-4 不同林龄柠条林土壤种子库物种组成及种子密度（均值）

物种	科属	沙丘		7a		16a		25a		37a		CK	
		组成/%	密度/（粒/m^2）	组成/%	密度/（粒/m^2）	组成/%	密度/（粒/m^2）	组成/%	密度/（粒/m^2）	组成/%	密度/（粒/m^2）	组成/%	密度/（粒/m^2）
车前 *Plantago asiatica*	车前科车前属	—	—	—	—	—	—	0.01	1.25	—	—	—	—
地锦 *Euphorbia humifusa*	大戟科大戟属	0.19	1.25	0.19	23.75	0.06	6.25	0.03	5.00	0.06	3.75	0.04	8.75
乳浆大戟 *Euphorbia esula*	大戟科大戟属	—	—	0.02	2.50	0.01	1.25	—	—	—	—	0.01	1.25
苦豆子 *Sophora alopecuroides*	豆科槐属	—	—	0.02	2.50	0.04	3.75	0.02	3.75	—	—	0.01	1.25
狭叶米口袋 *Gueldenstaedtia stenophylla*	豆科米口袋属	—	—	—	—	0.18	18.75	0.04	6.25	0.02	1.25	—	—
牛枝子 *Lespedeza potaninii*	豆科胡枝子属	—	—	0.06	7.50	2.55	268.75	0.06	8.75	0.12	7.50	0.02	3.75
锋芒草 *Tragus racemosus*	禾本科锋芒草属	—	—	—	—	0.75	78.75	0.96	152.50	2.94	183.75	—	—
狗尾草 *Setaria viridis*	禾本科狗尾草属	70.13	463.75	1.13	138.75	2.27	240.00	0.96	152.50	1.00	62.50	0.25	50.00
九顶草 *Enneapogon borealis*	禾本科冠芒草属	—	—	—	—	1.40	147.50	—	—	0.08	5.00	—	—
虎尾草 *Chloris virgata*	禾本科虎尾草属	0.19	1.25	0.01	1.25	0.01	1.25	—	—	0.06	3.75	0.01	1.25
小画眉草 *Eragrostis minor*	禾本科画眉草属	0.76	5.00	3.25	400.00	4.18	441.25	1.09	173.75	5.03	315.00	0.20	38.75
金色狗尾草 *Setaria glauca*	禾本科狗尾草属	—	—	0.70	86.25	1.07	112.50	0.08	12.50	1.14	71.25	—	—
牛筋草 *Eleusine indica*	禾本科䅟属	4.35	28.75	0.27	33.75	0.01	1.25	0.03	5.00	0.06	3.75	0.11	22.50
沙生针茅 *Stipa glareosa*	禾本科针茅属	—	—	—	—	0.28	30.00	0.03	5.00	0.02	1.25	0.01	1.25
止血马唐 *Digitaria ischaemum*	禾本科马唐属	13.42	88.75	1.45	178.75	2.62	276.25	0.57	90.00	2.40	150.00	0.86	170.00
蒺藜 *Tribulus terrestris*	蒺藜科蒺藜属	—	—	0.05	6.25	0.08	8.75	0.02	2.50	—	—	0.03	5.00
山苦荬 *Lxeris chinensis*	菊科苦荬菜属	—	—	0.07	8.75	—	—	0.01	1.25	0.08	5.00	0.01	1.25
猪毛蒿 *Artemisia scoparia*	菊科蒿属	3.40	22.50	90.78	11156.25	82.27	8682.50	93.81	14907.50	83.23	5210.00	97.85	19362.50
刺沙蓬 *Salsola ruthenica*	藜科猪毛菜属	0.57	3.75	0.05	6.25	0.02	2.50	0.03	5.00	0.08	5.00	0.01	1.25
灰绿藜 *Chenopodium glaucum*	藜科藜科	5.67	37.50	0.39	47.50	0.32	33.75	0.37	58.75	0.98	61.25	0.35	70.00
毛果绳虫实 *Corispermum tylocarpum*	藜科虫实属	0.19	1.25	—	—	—	—	—	—	—	—	—	—

续表

物种	科属	沙丘		7a		16a		25a		37a		CK	
		组成/%	密度/（粒/m^2）	组成/%	密度/（粒/m^2）	组成/%	密度/（粒/m^2）	组成/%	密度/（粒/m^2）	组成/%	密度/（粒/m^2）	组成/%	密度/（粒/m^2）
蒙古虫实 *Corispermum mongolicum*	藜科虫实属	0.38	2.50	0.07	8.75	—	—	—	—	0.02	1.25	0.01	2.50
沙蓬 *Agriophyllum squarrosum*	藜科沙蓬属	—	—	0.58	71.25	0.04	3.75	—	—	—	—	0.05	10.00
雾冰藜 *Bassia dasyphylla*	藜科雾冰藜属	—	—	—	—	—	—	—	—	—	—	0.03	5.00
紫翅猪毛菜 *Salsola beticolor*	藜科猪毛菜属	0.38	2.50	0.72	88.75	1.02	107.50	1.86	295.00	1.32	82.50	0.08	15.00
鹅绒藤 *Cynanchum chinense*	萝藦科鹅绒藤属	—	—	—	—	—	—	—	—	—	—	0.01	1.25
老瓜头 *Cynanchum komarouii*	萝藦科鹅绒藤属	—	—	0.02	2.50	—	—	—	—	0.02	1.25	—	—
委陵菜 *Potentilla chinensis*	蔷薇科委陵菜属	—	—	—	—	0.07	7.50	—	—	0.02	1.25	—	—
繁缕 *Stellaria media*	石竹科繁缕属	—	—	—	—	0.33	35.00	—	—	—	—	—	—
反枝苋 *Amaranthus retroflexus*	苋科苋属	—	—	0.05	6.25	0.02	2.50	0.01	1.25	0.04	2.50	0.08	15.00
菟丝子 *Cuscuta chinensis*	旋花科菟丝子属	0.38	2.50	0.09	11.25	0.25	26.25	0.02	3.75	1.22	76.25	0.01	1.25
远志 *Polygala tenuifolia*	远志科远志属	—	—	—	—	0.15	16.25	—	—	—	—	—	—
未知		—	—	—	—	—	—	—	—	0.08	5.00	—	—

物种数增至25种，9种禾本科植物在该样地出现，占12.59%。有研究表明多年生禾本植物增加，则标示草地质量有明显改善，说明建植16a柠条林土壤种子库的物种多样性对地上植被的恢复有显著影响。建植 25a 柠条林土壤种子库密度为15 891.25粒/m^2，是人工柠条林种子库达到最大值的时期，但物种均匀度很低，其中猪毛蒿占93.81%。建植37a柠条林单位面积土壤种子库数量为6260.00粒/m^2，明显低于其他人工柠条林样地，可能是与地上植被的物种数和盖度明显降低有关。

荒漠草原区人工柠条林单位面积土壤种子库可萌发种子数为11 248.75粒，变动于6262.00~15 891.25粒/m^2，建林初期土壤种子库种子数迅速增加，后有一个小幅度下降，中期土壤种子库种子数再上升，达到最大值，后又迅速下降。造林前半固定沙丘土壤种子库可萌发种子数为 661.25 粒/m^2，造林后土壤种子库的平均种子数是造林前的17倍。说明建植人工柠条林对土壤种子库具有显著富集种子的作用。

荒漠草原区人工柠条林土壤种子库密度均低于天然草地19 788.75粒/m^2，但天然草地种子库物种数仅为22种，均低于建植16a柠条林物种数和建植37a柠条林土壤种子库物种数，说明人工干扰下对土壤种子库的物种组成有正效应，对土壤种子库的数量增加有负效应。

二、不同林龄柠条林土壤种子库物种垂直分布格局

土壤种子库垂直分布格局是对土壤种子库种子分类研究的一个重要指标。土壤种子库表层土中的种子组成短暂种子库，土壤种子库深层土中的种子库组成持久种子库，而持久种子库则是地上植被遭遇严重破坏后，该地区是否可以恢复的重要种质资源库。因此，对土壤种子库垂直分布格局的研究是研究退化荒漠草原地区土壤种子库的必要指标。对不同林龄柠条林土壤种子库物种数垂直分布格局（图3-2）分析表明：随林龄的增加，种子库中的物种数整体上表现为先迅速增大，再小幅度下降，再小幅度增大。各样地分别为：13种、21种、25种、20种和23种。其中0~2cm从半固定沙丘到各林龄柠条林物种数分别为：10种、18种、21种、20种和20种，表现为先增大后下降的趋势，而2~5cm和5~10cm土壤种子库物种数的变化趋势与0~10cm变化趋势一致，均为先迅速增大，再后幅度下降，再小幅度增大。与对照天然草地相比，柠条林各样地0~2cm物种数都高于天然草地，而2~5cm和5~10cm，除建龄25a柠条林外，其他样地的物种数也均高于天然草地。各样地仅在2~10cm出现的物种数分别为：3种、3种、4种、0种、3种和4种，说明在各样地均有3种左右的物种种子库组成相应样地的持久种子库，荒漠草原区持久种子库的物种组成多样性低。

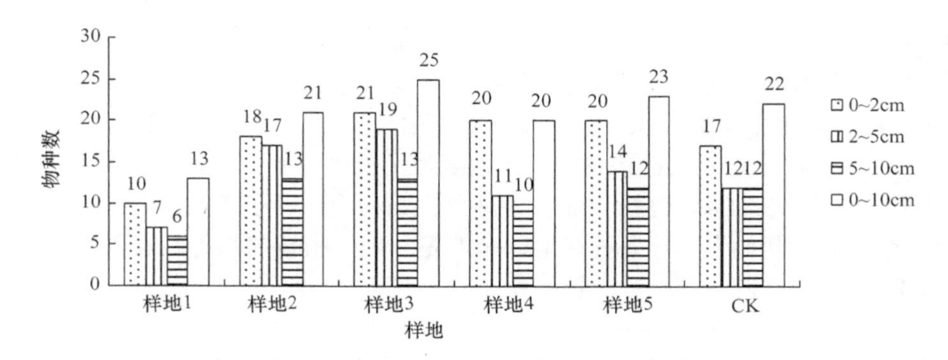

图 3-2　不同林龄柠条林土壤种子库物种数垂直分布格局

样地 1 为半固定沙丘；样地 2 为 7a 柠条林；样地 3 为 16a 柠条林；样地 4 为 25a 柠条林；样地 5 为 37a 柠条林

三、不同林龄柠条林土壤种子库数量垂直分布格局

由表 3-5 可知，不同林龄柠条林土壤种子库萌发总数，表现为 25a 柠条林>7a 柠条林>16a 柠条林>37a 柠条林，7a 柠条林土壤种子库种子数与 16a 土壤种子库种子数间不存在显著差异，其他样地间存在显著差异，表明建林后，土壤种子库种子数是先增大后下降的趋势。不同林龄柠条林土壤种子库数量在垂直方向上，主要分布于 0~2cm。在各个样地土壤种子库种子数目均表现为 0~2cm 土壤种子库>2~5cm 土壤种子库>5~10cm 土壤种子库。在半固定沙丘上 0~2cm 土壤种子库数目为：227.500 粒/m^2，占 0~10cm 的 34.40%，与其他样地 0~2cm 土壤种子库种子数间存在显著差异（$P<0.05$），而 2~10cm 土壤种子库数目占 0~10cm 土壤种子库数目的 66.66%，表明半固定沙丘土壤种子库的种子主要集中于 2cm 以下，表层 0~2cm 土壤种子数较少。建植 7a、16a、25a、37a 柠条林 0~2cm 土壤种子库数目分别为：9665.000 粒/m^2、8216.250 粒/m^2、12 981.250 粒/m^2 和 4986.250 粒/ m^2，分别占 0~10cm 土壤种子库种子数的 78.64%、77.85%、81.69%和 79.65%，表明各个林龄的土壤种子库主要集中于表层 0~2cm 的土壤中，且各个样地间也存在显著差异，说明建植柠条林后对表层 0~2cm 土壤种子库富集有积极作用，且不同林龄柠条林对土壤种子库的种子富集作用的强弱不同，表现为：25a 柠条林>16a 柠条林>7a 柠条林>37a 柠条林。各个样地与天然草地相比，不论在萌发总数还是各个垂直分层带上，天然草地土壤种子库的数量明显高于建林后的任何一个样地，且与其他样地间存在不同程度的差异性。表明通过种植人工柠条林来恢复退化的荒漠草原，从土壤种子库角度来讲，对土壤种子库的种子富集作用效果没有自然演替形成的天然草地好。

四、不同林龄柠条林土壤种子库物种多样性特征

物种多样性和环境稳定性的提高是恢复退化区的研究目的，所以，许多学者

表 3-5　不同林龄柠条林土壤种子库数量垂直分布格局

样地编号	不同土层土壤种子库萌发数量/（粒/m^2）			萌发总数/（粒/m^2）
	0~2cm	2~5cm	5~10cm	
沙丘	227.500±84.85 d	246.250±15.91 d	187.500±127.27 b	661.250±196.22 e
7a	9 665.000±1 834.94 b	1 651.250±302.28 b	973.750±47.73 ab	12 290.000±2 184.96 c
16a	8 216.250±1 568.00 b	1 395.000±144.95 bc	942.500±102.53 ab	10 553.750±1 815.49 c
25a	12 981.250±97.22 a	1 556.250±362.39 b	1 353.750±680.59 ab	15 891.250±220.97 b
37a	4 986.250±15.91 c	931.250±199.75 c	342.500±148.49 b	6 260.000±332.34 d
CK	15 203.750±924.54 a	2 407.500±91.92 a	2 177.500±1 074.80 a	19 788.75±242.18 a

注：不同小写字母表示样地间在 0.05 水平上存在显著差异，下同

为了解群落恢复演替过程与恢复机制，研究出一条恢复和重建的有效途径，并做了很多与群落恢复相关的土壤种子库物种多样性研究（沈有信等，2003；曾彦军等，2003）。对土壤种子库物种多样性的研究是对退化荒漠草原恢复性研究的重要手段之一（赵丽娅等，2006）。对不同林龄柠条林土壤种子库物种多样性特征研究（图 3-3）表明：土壤种子库物种丰富度随林龄的增大呈现先迅速增大后下降的趋势，16a 柠条林土壤种子库物种数最大，平均为 22 种，且各林龄物种丰富度与建

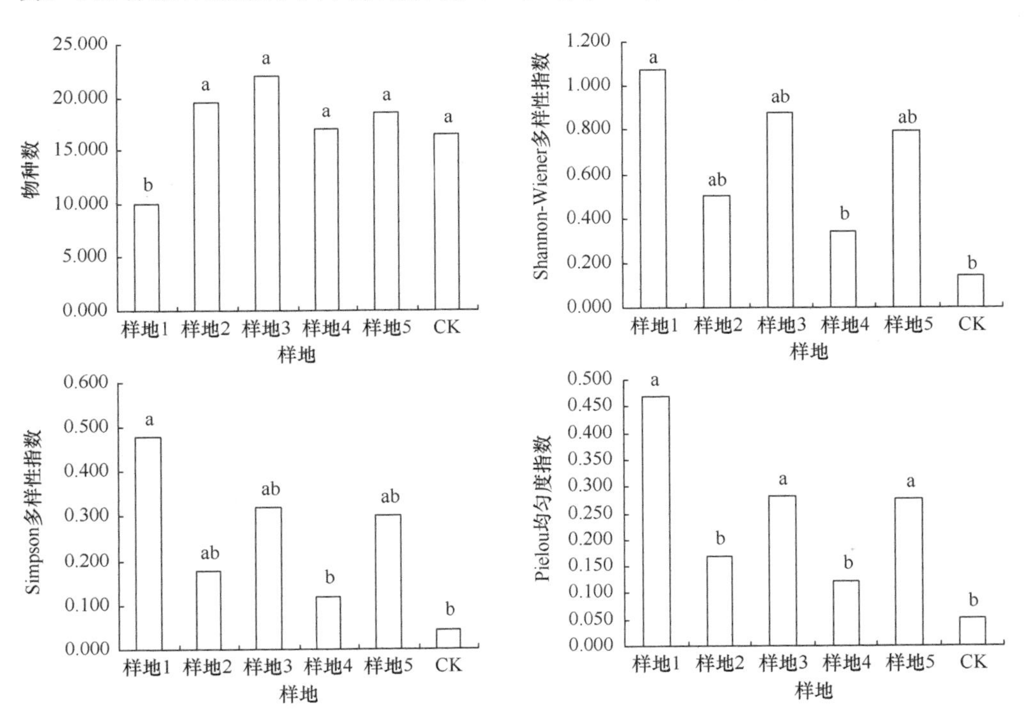

图 3-3　不同林龄柠条林土壤种子库多样性特征

不同字母表示样地间在 0.05 水平上存在显著差异。样地 1 为半固定沙丘；样地 2 为 7a 柠条林；样地 3 为 16a 柠条林；样地 4 为 25a 柠条林；样地 5 为 37a 柠条林

林前半固定沙丘间存在显著差异，与天然草地间不存在显著差异（0.05 水平上）。Shannon-Wiener 多样性指数和 Simpson 多样性指数变化趋势一致，均为随林龄增大多样性波动的变化，且各林龄间存在不同程度的差异。由 Pielou 均匀度指数可以看出，各样地处于 2 个差异水平上，且随林龄的增大，均匀度指数波动性变化。各林龄样地与天然草地相比，天然草地的物种数（16.500）均低于各个林龄柠条林物种数，Shannon-Wiener 多样性指数和 Simpson 多样性指数两个丰富度指标也均最低，具体为：0.146 和 0.042，Pielou 均匀度指数也最低，为 0.052。表明自然演替的天然草地物种多样性程度均低于建林后各林龄，说明建植柠条林对退化荒漠草原土壤种子库的物种多样性有正生态效应。

五、讨论与小结

（一）讨论

土壤种子库物种总数和种子密度的恢复是退化荒漠草原恢复的一个重要依据（Clarke，1993）。6 个样地土壤种子库萌发的物种总数为 33 种，其中一、二年生草本植物为 20 种，占物种总数的 60.6%，这可能是由于一、二年生植物主要靠种子繁殖且生活史较短，而多年生植物生活史较长（侯志勇等，2009）。多年生植物在干旱情况下普遍采用无性繁殖方式，虽然形成种子但是种子数较少，从而使得土壤种子库中一、二年生植物种子较多年生草本植物种子数多，多年生草本在土壤种子库组成上很难占据较大比重。地上植被共有物种 35 种，其中土壤种子库和地上植被共有植物 18 种，分别为：猪毛蒿、地锦（*Euphorbia humifusa*）、狗尾草、蒺藜、苦豆子、老瓜头、蒙古虫实、米口袋、牛枝子、乳浆大戟、沙蓬、沙生针茅（*Stipa glareosa*）、山苦荬、远志、菟丝子（*Cuscuta chinensis*）、小画眉草、雾冰藜、紫翅猪毛菜。仅出现在土壤种子库中的物种数为 15 种，仅出现在地上植被群落中的物种数为 17 种，地上植被和土壤种子库的相似性为 53%，说明研究区地上植被和土壤种子库在物种组成上存在差异性。已有研究表明，地上植被和土壤种子库在种类组成上存在显著差异。同时也有研究表明，地上植被和土壤种子库之间也存在相当高的相似性。目前对土壤种子库和地上植被间关系的研究还没有得出一个统一的结论，造成这种结果的原因也很多（赵丽娅等，2006）。

从土壤种子库的种子密度可知，种植人工柠条林对土壤种子库具有显著富集种子的作用。荒漠草原区人工柠条林土壤种子库平均密度为 11 248.75 粒/m^2，造林前半固定沙丘的土壤种子库密度为 661.25 粒/m^2，造林后是造林前的 17 倍。不同林龄柠条林土壤种子库中猪毛蒿种子密度占样地种子密度的 82.27%~93.81%，这可能是由采集用于土壤种子库萌发的土样在前一年（2012 年）是丰水年（355.60mm）有关（刘凯，2013）。丰富的降雨使得前期地上植被猪毛蒿大量萌发，后期雨量也非常充足，又使得猪毛蒿结实量大大增加有关，进一步说明了土壤种子库种子组成、密度与该区降雨量的时间分布相关。这与朱道光等（2013）的研究结论：水分空间梯度变化是影响土壤种子库的组成和数量、空间分布、种子库和地表植被的关联性以及植物种子结实量等的主要原因之一相一致。

不同林龄柠条林土壤种子库的垂直分布规律为，柠条林对表层 0~2cm 土壤种子库具有极显著的富集作用。这与大多数研究结果都一致（刘华等 2011；曾彦军等，2003）。同时半固定沙丘土壤种子库的种子主要集中于 2cm 以下，表层 0~2cm 种子数较少，这主要是因为半固定沙丘表面沙土的流动性大于各林龄柠条林，增加了种子进入更深层土壤的机会（窦红霞等，2008），可以看出这与地上植被的沙蓬、狗尾草、沙生冰草均为多年生植被有关。而建林后 0~2cm 土壤种子库种子数随林龄的增加先增大后下降的趋势，为：25a 柠条林>16a 柠条林>7a 柠条林>37a 柠条林，这可能是与建林初期柠条林生长逐渐茂盛，减少了地表的风速，促进了土壤养分的积累，地上植被物种数目增多，存储到种子库的种子也增多。而建林 20 年后柠条冠幅增大，对土壤水分、养分的大量吸收和消耗，使得其他地上物种群落开始衰退，导致后期土壤种子库种子数减少。目前在这方面的研究较少，以后还要加强土壤种子库、地上植被与土壤理化成分间的耦合分析。

对土壤种子库物种多样性特征的研究是对退化荒漠草原恢复研究的另一重要手段（刘华等 2011；曾彦军等，2003）。许多学者为了解群落恢复演替过程与恢复机制，研究出一条恢复和重建的有效途径，做了很多与群落恢复相关的土壤种子库物种多样性研究（张智婷等，2009；仝川等，2008；李雪华等，2007）。不同林龄柠条林土壤种子库的 Shannon-Wiener 多样性指数、Simpson 多样性指数和 Pielou 均匀度指数变化趋势一致，均随林龄的增加呈波动性变化。这与包秀霞等（2010）研究的土壤种子库物种多样性越高，物种丰富度越大，物种均匀性降低的研究结果相反，这可能是由于包秀霞的研究是在自然状态下，而本研究则是在人工种植的柠条林内，受一定的人工干扰有关。各样地均有 3 种左右的物种种子组成相应样地的持久种子库，说明荒漠草原区持久种子库的物种组成多样性低。同时本研究对土壤种子库物种多样性的研究也表明，自然演替的天然草地物种多样性程度低于建林后各林龄，说明建植柠条林对退化荒漠草原土壤种子库的物种多样性有正生态效应，与王占军等（2005b）在宁夏退化草原从物种多样性和生产力角度研究的种植柠条林对退化草原的植被恢复有积极的作用的结论相一致。

（二）小结

（1）研究区的所有样地土壤种子库共有植物 33 种，分属 13 科 27 属，其中禾本科物种数最多，有 10 种，藜科 7 种，其次是豆科 3 种，菊科、大戟科和萝藦科均为 2 种，车前科、蒺藜科、蔷薇科、石竹科、苋科、旋花科、远志科各 1 种。

（2）种植人工柠条林对土壤种子库具有显著富集种子的作用。荒漠草原区人工柠条林土壤种子库平均密度为11 248.75粒/m^2，造林前半固定沙丘的土壤种子库密度为661.25粒/m^2，造林后是造林前的17倍，且不同林龄柠条林土壤种子库主要分布于0~2cm，占0~10cm的80%左右。

（3）不同林龄柠条林土壤种子库数量组成存在显著差异，表现为：25a柠条林土壤种子库数量>7a柠条林土壤种子库数量>16a柠条林土壤种子库数量>37a柠条林土壤种子库数量。造成随林龄增加土壤种子库数量呈波动性变化的原因研究较少，可能与地上植被和土壤理化成分有关，以后在这方面的研究工作还有待加强。

（4）对不同林龄柠条林土壤种子库物种多样性的研究表明：建植柠条林对退化荒漠草原土壤种子库的物种多样性有正生态效应。自然演替的天然草地物种多样性均低于建林后各林龄土壤种子库的物种多样性。

第四节　柠条林土壤种子库与地上植被间的耦合关系

土壤种子库中种子经过萌发来补充地上植被，地上植被通过种子雨形成土壤种子库。土壤种子库和地上植被间互为“源”与“汇”的关系。国内外学者在不同区域对不同植被类型的土壤种子库和地上植被分别做了大量研究，同时对土壤种子库与地上植被间的耦合关系也做了大量研究，研究结果有两种。

（1）土壤种子库和地上植被间存在显著相关性（赵丽娅等，2004；Arroyo et al.，1999；Morin Payette，1988）；

（2）土壤种子库和地上植被间不存在显著相关性（Welling et al.，2004；Staniforth et al.，1998；Diemer and Prock，1993）。然而对退化荒漠草原恢复过程中土壤种子库和地上植被间耦合关系的研究却几乎没有。

本研究就退化荒漠草原恢复过程中土壤种子库和地上植被间的耦合关系究竟是显著相关还是显著不相关做了研究，以期为退化荒漠草原恢复治理提供理论参考。

一、不同林龄柠条林土壤种子库和地上植被基本特征

不同林龄柠条林土壤种子库和地上植被基本特征（表3-6）表明，随林龄的增大，地上植被物种数先增大后减少，成单峰曲线，建植16a柠条林物种数最多可达31种，最少为16种，变化范围较大。而土壤种子库物种数则在22种左右，随林龄的增加，物种数基本没有变化。地上植被盖度随林龄的增加先增大后减少，变化趋势同物种数变化趋势，但最大值出现在25a柠条林（71.70%）。地上植被植株数变化趋势和地上植被盖度变化趋势完全相同，在25a柠条林地上植被植株数最大，可达354.9株/m^2。随林龄的增加，土壤种子库种子密度变化范围在6260粒

$/m^2$~15 891 粒$/m^2$，土壤种子库中储存的种子数远远大于地上植被的植株数，但是随林龄的增加，种子库中的种子数与地上植被的植株数的倍数在减小，种子库数量分别是地上植被植株数的 245 倍、125 倍、50 倍、45 倍和 11 倍。

表 3-6　不同林龄柠条林土壤种子库和地上植被基本特征

	沙丘	7a	16a	25a	37a	CK
地上植被						
植被盖度/%	<1	39.8	61.9	71.7	49.8	69.5
物种数	5	18	31	17	16	12
密度/（株/m^2）	2.7	98.1	210.7	354.9	585.8	368.2
土壤种子库						
物种总数	13	21	25	20	23	22
0~2cm 种子库物种数	10	18	21	20	20	17
2~5cm 种子库物种数	7	17	19	11	14	12
5~10cm 种子库物种数	6	13	13	10	12	12
种子库总密度/（粒/m^2）	661±196 e	12 290±2 184 c	10 553±1 815 c	15 891±220 b	6 260±332 d	19 788±242 a
0~2cm 种子库密度	227±84 d	9 665±1 834 b	8 216±1 568 b	12 981±97 a	4 986±15 c	15 203±924 a
2~5cm 种子库密度	246±15 d	1 651±302 b	1 395±144 bc	1 556±362 b	931±199 c	2 407±91 a
5~10cm 种子库密度	187±127 b	973±47 ab	942±102 ab	1 353±680 ab	342±148 b	2 177±1 074 a

在整体上柠条林与天然草地相比，天然草地地上植被物种数小于柠条林平均物种数，而天然草地土壤种子库物种数与柠条林土壤种子库物种数相近。天然草地地上植被密度与柠条林地上植被密度相近，而天然草地土壤种子库密度远远大于柠条林土壤种子库平均密度。表明，地上植被物种数与地上植被密度间无直接关系，同时也表明土壤种子库物种数与土壤种子库密度间也没有直接关系。

二、不同林龄柠条林土壤种子库和地上植被物种组成耦合关系

不同林龄柠条林地上植被有 35 个物种，土壤种子库有 33 种，共有种有 18 种，仅出现在地上植被中的植物有 17 种，仅出现在土壤种子库中的植物有 15 种(表 3-7)。柠条林土壤种子库和地上植被物种组成间 Jaccard 相似性系数和 Sorenson 相似性系数分别为：36.00%和 52.94%。柠条林与天然草地相比，Jaccard 相似性系数和 Sorenson 相似性系数恰好分别相等。柠条林与半固定沙丘相比，其 Jaccard 相似性系数和 Sorenson 相似性系数均大于半固定沙丘（20.00%和 33.33%）。以上数据表明，种植人工柠条林后，对半固定沙丘的地上植被和土壤种子库物种组成间相似性有显著增加作用，使其地上植被和土壤种子库物种组成相似性接近于自然演替的天然草地。

各林龄间土壤种子库和地上植被在物种组成上表现出不同程度的相似性。随林龄的增加，土壤种子库和地上植被之间的共有物种数呈先增大后减少的趋势，16a 柠条林共有种最多，达到 11 种，其 Jaccard 相似性系数和 Sorenson 相似性系数

表 3-7　不同林龄柠条林土壤种子库和地上植被 Jaccard 相似性系数和 Sorenson 相似性系数

样地	地上植被	土壤种子库	共有种	Jaccard 相似性系数/%	Sorenson 相似性系数/%
沙丘	5	13	3	20.00	33.33
7a	18	21	9	30.00	46.15
16a	31	25	11	24.44	39.29
25a	17	20	7	23.33	37.84
37a	16	23	7	21.88	35.90
CK	12	22	9	36.00	52.94
合计	35	33	18	36.00	52.94

分别为 24.44%和 39.29%。7a 柠条林 Jaccard 相似性系数和 Sorenson 相似性系数（30.00%和 46.15%）均高于其他林龄柠条林，说明建植 7a 柠条林土壤种子库和地上植被物种组成相似性均高于其他林龄柠条林。

三、不同林龄柠条林土壤种子库密度和地上植被植株数耦合关系

由不同林龄柠条林土壤种子库密度和地上植被植株数间 Pearson 相关性分析（表 3-8）可知，不同林龄柠条林土壤种子库密度和地上植被植株数间的 P 值分别为：0.927、0.098、0.804、0.565、0.365，均大于 0.05，表明在 0.05 水平上，各林龄柠条林土壤种子库密度和地上植被植株数间均不存在显著相关性。综合来看，不同林龄柠条林土壤种子库密度和地上植被植株数间在 0.05 水平上也不存在显著相关性（$r=-0.211$，$P>0.05$，$N=40$）。

表 3-8　不同林龄柠条林土壤种子库密度和地上植被植株数间 Pearson 相关性分析

样地	Pearson 相关性系数	显著性（双侧）	N
沙丘	0.033	0.927	10
7a	0.552	0.098	10
16a	−0.09	0.804	10
25a	0.207	0.565	10
37a	0.322	0.365	10
CK	0.254	0.479	10
合计	−0.211	0.192	40

不同林龄柠条林土壤种子库密度和地上植被植株数间线性与非线性回归分析（表 3-9，图 3-4）可知：由 R^2、F、P 值可知，指数函数（R^2=0.083、F=3.455、P=0.071）为模拟土壤种子库密度和地上植被植株数间耦合关系的最佳曲线，但其 P 值仍大于 0.05。模拟的描述土壤种子库密度和地上植被植株数的线性函数、对数函数、多项式函数、幂函数、指数函数的 P 值分别为：0.192、0.521、0.210、

表 3-9　不同林龄柠条林土壤种子库密度和地上植被植株数间相关模型参数统计

函数	拟合方程	R^2	F	P
线性函数	$y=-2.6679x+12\,135$	0.044	1.766	0.192
对数函数	$y=-392.46\ln(x)+13\,363$	0.011	0.419	0.521
多项式函数	$y=-0.0092x^2+5.799x+11\,092$	0.081	1.630	0.210
幂函数	$y=15\,209x^{-0.0668}$	0.033	1.309	0.260
指数函数	$y=11\,948e^{-0.0004x}$	0.083	3.455	0.071

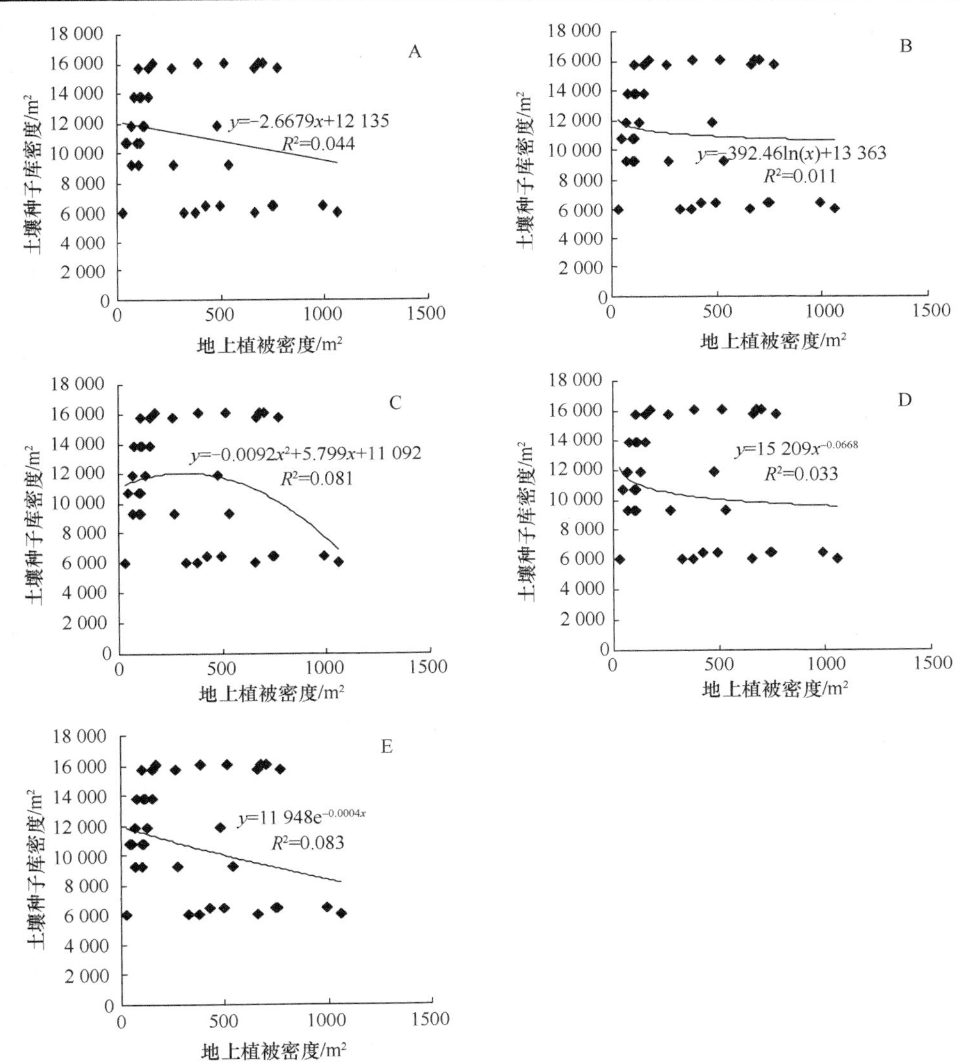

图 3-4　不同林龄柠条林土壤种子库密度和地上植被植株数间回归模型

A. 线性函数；B. 对数函数；C. 多项式函数；D. 幂函数；E. 指数函数

0.260、0.071。即在 $P<0.05$ 水平上，线性函数、对数函数、多项式函数、幂函数、指数函数均不能用来表达土壤种子库密度和地上植被植株数间的相关性。回归分析表明，土壤种子库密度和地上植被植株数间不存在显著相关性。

四、柠条林土壤种子库和地上植被物种组成和数量级密度比较

柠条林土壤种子库和地上植被物种组成和数量级密度比较（图 3-5）表明，在物种组成上研究区共出现 50 个物种。在地上和土壤种子库中均出现的物种有 18 种，分别是：猪毛蒿、狗尾草、菟丝子、蒙古虫实、地锦、牛枝子、紫翅猪毛菜、小画眉草、苦豆子、沙生针茅、蒺藜、老瓜头、山苦荬、乳浆大戟、沙蓬、远志、米口袋、雾冰藜。仅在地上出现的物种有 17 种，分别是白草、沙生冰草、糙隐子草、砂珍棘豆、银灰旋花（*Convolumlus ammannii*）、蒙古韭（*Allium mongolicum*）、火媒草（*Olgaea leucophylla*）、阿尔泰狗娃花（*Heteropapus altaicus*）、田旋花（*Convolvulus arvensis*）、鸦葱（*Scorzonera austriaca*）、柠条锦鸡儿、砂蓝刺头（*Echinops gmelini*）、地梢瓜（*Cynanchum thesioides*）、披针叶野决明、蒙疆苓菊、草木樨状黄芪、骆驼蓬（*Peganum harmala*）。仅在土壤种子库中出现的物种有 15 种，分别是止血马唐、锋芒草（*Tragus racemosus*）、灰绿藜（*Chenopodium glaucum*）、金色狗尾草（*Setaria glauca*）、九顶草（*Enneapogon borealis*）、牛筋草（*Eleusine indica*）、繁缕（*Stellaria media*）、反枝苋（*Amaranthus retroflexus*）、刺沙蓬（*Salsola ruthenica*）、虎尾草（*Chloris virgata*）、委陵菜（*Potentilla chinensis*）、车前（*Plantago asiatica*）、鹅绒藤（*Cynanchum chinense*）、毛果绳虫实（*Corispermum tylocarpum*）、未知 1 种。从仅在地上出现的数量级较大的前三位物种为：白草、沙生冰草和糙隐子草。说明仅在地上出现的物种中，禾本科中种子易被风吹走的占了多数。这可能是由于多年生禾本科植物既有有性繁殖又有无性繁殖，尤其是在极端环境下，无性繁殖在整个生活史中占有重要地位，并且禾本科植物通过有性繁殖产生的种子，有的是易被风吹走的种子，这就使得禾本科植物中易被风吹走的种子在土壤种子库中很难保存下来。而禾本科中止血马唐、锋芒草为一年生植物，只能依靠有性繁殖，且其种子又不易被风吹走，易在种子库中保存下来。

在数量上，土壤种子库中储存的种子数量远远大于当年地上植被的植株数，种子库种子密度数量级远远高于当年地上植被植株数。优势种猪毛蒿在土壤种子库中的密度是地上植被植株数的近 100 倍。表明土壤种子库是一个多年积累的过程，而地上植被的植株数仅是土壤种子库中小部分种子萌发组成的，还有相当大数量的种子并没有萌发，而继续保存在土壤种子库中，这就使得地上植被的植株数和土壤种子库密度不在一个数量级上，而土壤种子库中种子库密度远远大于当年地上植被植株。

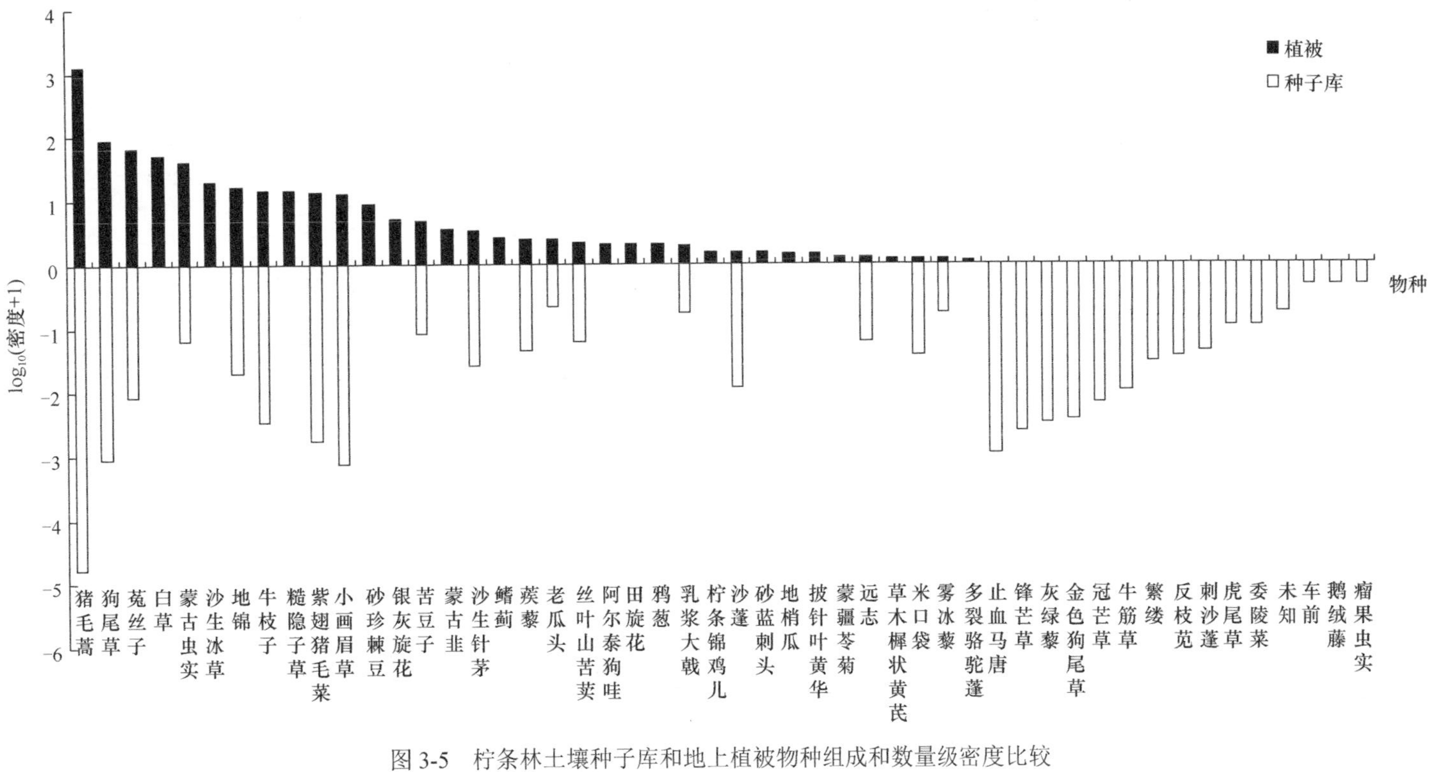

图 3-5 柠条林土壤种子库和地上植被物种组成和数量级密度比较

五、讨论与小结

（一）讨论

地上植被经过一个生长季形成种子，种子成熟后以种子雨的形式散落到土壤中，从而形成土壤种子库。土壤种子库则在一定的适宜环境下（例如：适宜的水分和温度），通过种子萌发来补充地上植被的植株数。即：土壤种子库和地上植被间互为“源”与“汇”的关系。众多科学家在不同区域做了大量的关于土壤种子库和地上植被间耦合关系的研究。无论是在物种组成上，还是在种子库密度和地上植被植株数上，其研究结论分为两种：①土壤种子库和地上植被间存在显著相关性；②土壤种子库和地上植被间不存在显著相关性，而存在显著差异。在物种组成上，Hall 和 Swaine（1980）对森林的研究、刘瑞雪等（2013）对丹江口水库消落带的研究、安树青等（1996）对宝华山的研究都认为：土壤种子库和地上植被在物种组成上不存在显著相关性，尤其是在植被群落演替后期，其土壤种子库物种组成和地上植被间存在显著差异。Roach（1983）对非洲大草原、O'Connor 和 Pickett（1992）对两个相邻的苔原生境的研究则认为：土壤种子库和地上植被在物种组成上存在显著相关性。在土壤种子库密度和地上植被植株数间的耦合关系上，赵丽娅等（2003）对科尔沁围封沙质草甸的研究、李锋瑞等（2003）对科尔沁放牧和围封草地的研究都认为：土壤种子库密度和地上植被间存在显著相关性。而曾彦军等（2003）对干旱荒漠草原区、刘庆艳（2013）对三江平原沟渠的研究则认为：土壤种子库密度和地上植被间不存在显著相关性。造成上述结果的直接原因是：有的植物在地上形成植株，在地下也存有种子；有的植物在地上没有形成植株，但是在地下却存有种子；也有的植物在地上有植株，而在地下却没有存储种子；还有的植物在研究区内没有植株，也没有种子。

刘华等（2011）对不同封育年限宁夏荒漠草原的土壤种子库的研究也表明封育 6a 时，土壤种子库和地上植被的物种相似性最大，这与本研究的研究结果一致。这表明不同林龄柠条林土壤种子库和地上植被在物种组成上存在不同程度的相似性。柠条林整体表现为土壤种子库和地上植被物种组成存在相似性，但相似性并不高，在研究区共鉴定出 50 种植物，而共有植物仅为 18 种，物种组成差异较大，但仍存在着密切的关系。李红艳等（2007）运用非度量多维标度排序的方法对干旱半干旱草地的研究也认为，地上植被和土壤种子库具有较低的相似性。综合来看，土壤种子库物种组成和地上植被间的相似性远远大于未种植柠条林前的半固定沙丘，而恰好等于自然演替的天然草地，这进一步表明，种植人工柠条林后，对半固定沙丘的地上植被和土壤种子库物种组成间相似性有显著增加作用，使其地上植被和土壤种子库物种组成相似性接近于自然演替的天然草地。

造成地上植被物种组成不同于土壤种子库物种组成的原因主要有三点。首先，与物种自身的繁殖对策有关（Rasheed，1999）。多年生草本植物其繁殖对策有无性繁殖和有性繁殖两种，而在极端环境下采用无性繁殖，而在环境条件较好时则通过有性繁殖，例如，本研究中的白草、沙生冰草、糙隐子草等是多年生草本植物，在干旱半干旱荒漠草原区采用无性繁殖的概率大于有性繁殖的概率，即使在丰水年，通过有性繁殖产生了种子，而这些植物的种子又极易被风吹走，所以就造成了土壤种子库中物种组成和地上植被间的相似性低。其次，可能与部分物种的结实量和结实质量有关。例如，本研究做的柠条林下的土壤种子库，而在土壤种子库中柠条的种子基本没有，这与柠条所结种子的受虫害率高达 83.29%（王刚等，1995）有关，同时柠条的种子较大，即使没有被虫蛀，而被动物取食的概率往往也大于研究区内的其他小种子（Hulme，1994），导致几乎没有完好无损的柠条种子进入土壤种子库，使得土壤种子库中基本没有存贮柠条的种子。再次，实验误差的存在。在荒漠草原区地上植物分布极不均匀，土壤种子库中种子的水平分布更是不易确定，可能取样面积并没有达到相关物种的最小取样面积，导致实验土样遗漏了部分物种或取样面积中该物种的密度较小。

从 Pearson 相关性分析和回归分析表明，柠条林土壤种子库密度和当年地上植被植株数间不存在显著相关性。从柠条林土壤种子库和地上植被数量级密度比较可知，土壤种子库中种子数远远大于地上植被的植株数，且土壤种子库密度的数量级也大于地上植被植株数的数量级。刘庆艳（2013）认为种子库中储存的种子数量远远大于地上植被的植株数，种子密度的数量级通常高于地上植被，这与本文的研究结果一致。造成土壤种子库密度远远大于地上植被植株数的原因可能是土壤种子库密度是一个多年积累的过程，而当年地上植被则是土壤种子库中部分种子萌发的结果，而种子库中大部分的种子并没有萌发。

（二）结论

（1）研究区共出现 50 种植物，在地上和土壤种子库中均出现的物种有 18 种，仅在地上出现的物种有 17 种，仅在土壤种子库中出现的物种有 15 种。仅在地上出现的禾本科植物均为多年生植物，仅在土壤种子库中出现的禾本科植物均为一年生植物，说明植物的生活型对土壤种子库物种组成和地上植被物种组成影响较大。

（2）荒漠草原区不同林龄柠条林土壤种子库物种组成和地上植被间耦合关系随林龄的不同而不同。种植柠条林可显著增加土壤种子库和地上植被间物种组成的相似性，使其地上植被和土壤种子库物种组成相似性接近于自然演替的天然草地，但整体上却表现为研究区柠条林土壤种子库和地上植被间物种组成具有较低的相似性。

（3）研究区柠条林土壤种子库密度和当年地上植被植株数间不存在显著相关性。在 0.05 水平上，线性函数、对数函数、多项式函数、幂函数、指数函数均不能用来表达土壤种子库密度和地上植被植株数间的相关性。

第五节　不同水分梯度对土壤种子库的激发效应

土壤种子库被认为是潜在的植物群落，其密度、物种多样性和时空分布格局等特征均对退化生态系统的恢复及未来植被的恢复状况至关重要（Alvarez-Buylla，1990；Coffin and Lauenroth，1989；Johnson and Bradshaw，1979）。土壤种子库是植被恢复和重建的一个重要种源，几乎决定着植被恢复的进度和方向（Jalili et al.，2003）。水分作为影响植物种子萌发和植物生长的主要限制性因子（Arndt，2006；张景光等，2005），尤其是在年平均降雨量在 250~350mm 的干旱半干旱荒漠草原区，水分对土壤种子库的激发效应，远比光照、温度、海拔、坡度、坡向等环境因子影响力大（于顺利等，2003；Gross，1990）。因此在干旱半干旱区研究水分对土壤种子库的激发效应，对治理退化荒漠草原意义重大。而国内外学者在此方面的系统研究十分稀少，故本文选择典型荒漠草原区宁夏盐池县杨寨子为研究样地，人工模拟不同日降雨量对土壤种子库的激发效应和不同年降雨量对土壤种子库的激发效应，以期为退化荒漠草原治理提供理论指导。

一、人工模拟不同日降雨量对土壤种子库的激发效应

由表 3-10 不同日降雨量对土壤种子库的激发效应可知：不同日降雨量对激发土壤种子库物种组成差异显著，随日降雨量的增加，激发的土壤种子库物种数先增加后下降。在日降雨量为 1mm 时，可激发土壤种子库中远志 1 种种子的萌发；在 3mm 日降雨量时，可激发土壤种子库中 3 种种子的萌发，分别为牛枝子、小画眉草和紫翅猪毛菜；在日降雨量为 5mm 时，可激发土壤种子库中 4 种种子的萌发，分别为狗尾草、灰绿藜、牛枝子和菟丝子；在 10mm 日降雨量时，可激发土壤种子库中 5 种种子的萌发，分别为狗尾草、牛枝子、沙生针茅、小画眉草和猪毛蒿；在日降雨量为 20mm 时，可激发土壤种子库中 13 种种子的萌发，分别为狗尾草、灰绿藜、蒺藜、苦豆子、牛枝子、沙蓬、沙生针茅、山苦荬、菟丝子、小画眉草、猪毛蒿、紫翅猪毛菜和未知 1 种；而在日降雨量升为 30mm 时，可萌发物种数开始下降，变为 8 种，分别为：狗尾草、灰绿藜、苦豆子、牛枝子、沙生针茅、小画眉草、远志和猪毛蒿。综合来看，不同植物种子对自身种子萌发所需水量不同。有的植物仅需很少的水分即可萌发，例如本研究中的远志，即使在 1mm 降雨量时

即可激发其在土壤种子库中的种子萌发，而有的植物种子萌发就需要较多的水分，例如蒺藜、苦豆子只有在日降雨量达到20mm时，才激发其土壤种子库中种子的萌发，这与该植物种子的特性有关，蒺藜和苦豆子的种子种皮厚而硬，在较少水分下很难使种子的种皮破裂，水分很难到达种子内部。同时也有一些物种种子的可萌发范围很广，例如牛枝子在3mm、5mm、10mm、20mm和30mm均有种子萌发，小画眉草在3mm、10mm、20mm、30mm也均有萌发。

表3-10　不同日降雨量对激发土壤种子库物种组成和密度的影响（单位：粒/m^2）

物种	科属	生活型	1mm	3mm	5mm	10mm	20mm	30mm
狗尾草 *Setaria viridis*	禾本科狗尾草属	A	—	—	10	95	25	55
灰绿藜 *Chenopodium glaucum*	藜科藜属	A	—	—	5	—	25	40
蒺藜 *Tribulus terrestris*	蒺藜科蒺藜属	A	—	—	—	—	5	—
苦豆子 *Sophora alopecuroides*	豆科槐属	S	—	—	—	—	5	5
牛枝子 *Lespedeza potaninii*	豆科胡枝子属	S	—	10	65	75	10	40
沙蓬 *Agriophyllum squarrosum*	藜科沙蓬属	A	—	—	—	—	5	—
沙生针茅 *Stipa glareosa*	禾本科针茅属	P	—	—	—	5	15	5
山苦荬 *Lxeris chinensis*	菊科苦荬菜属	P	—	—	—	—	5	—
菟丝子 *Cuscuta chinensis*	旋花科菟丝子属	A	—	—	10	—	35	—
小画眉草 *Eragrostis minor*	禾本科画眉草属	A	—	20	—	110	205	605
远志 *Polygala tenuifolia*	远志科远志属	P	5	—	—	—	—	10
猪毛蒿 *Artemisia scoparia*	菊科蒿属	A	—	—	—	45	250	315
紫翅猪毛菜 *Salsola beticolor*	藜科藜属	A	—	5	—	—	10	—
未知			—	—	—	—	10	—
物种总数/种			1	3	4	5	13	8
土壤种子库总密度/（粒/m^2）			5	35	90	330	605	1075

不同日降雨量不仅对激发土壤种子库物种组成的效应有差异，对激发土壤种子库种子萌发数量也存在差异。日降雨量在1mm、3mm、5mm、10mm、20mm、30mm时，其种子萌发数量分别是5粒/m^2、35粒/m^2、90粒/m^2、330粒/m^2、605粒/m^2、1075粒/m^2。表现为：随日降雨量的增加，土壤种子库中种子的萌发总数增加。日降雨量在20mm时，即可激发研究区内13种物种萌发，可一次性激发土壤种子库中605粒/m^2种子萌发。日降雨量在30mm时，仅可激发研究区内8种物种萌发，而可激发每平方米1075粒土壤种子库内种子萌发。说明在研究区内，若想使土壤种子库可萌发物种数、可萌发种子数量均达到最大，则应考虑采用交替施加不同梯度的水分。

由不同年降雨量对土壤种子库的激发效应（表3-11）可知：年降雨量在190mm、230mm、270mm、310mm、350mm、390mm时，可激发土壤种子库物种数分别为：13种、15种、14种、16种、12种和13种。6个年降雨量水平可激发土壤种子库物种数均在14种左右，表明不同年降雨量对激发土壤种子库物种组成差异不显著。年降雨量在190mm、230mm、270mm、310mm、350mm、390mm

时，激发土壤种子库中可萌发种子数分别为：1085 粒/m²、5975 粒/m²、2905 粒/m²、2140 粒/m²、6800 粒/m²、1405 粒/m²，表现为：年降雨量在 190~390mm，土壤种子库内可萌发种子数呈波动的变化，其变化趋势受优势种的影响较大。年降雨量为 190mm、230mm、270mm、350mm 时，其优势种猪毛蒿的密度为 490 粒/m²、5465 粒/m²、2210 粒/m²、6300 粒/m²，其他物种萌发数量为 595 粒/m²、510 粒/m²、695 粒/m²、500 粒/m²，而年降雨量在 310mm、390mm 时，其优势种小画眉草的萌发数量为 815 粒/m²、995mm 粒/m²，其他物种的萌发数量为：1325 粒/m²、410 粒/m²。表明年降雨量在 310mm 时，土壤种子库各物种间可萌发种子数较其他年降雨量均匀。

表 3-11　不同年降雨量对激发土壤种子库物种组成和密度的影响（单位：粒/m²）

物种	科属	生活型	190mm	230mm	270mm	310mm	350mm	390mm
草木樨状黄芪 *Astragalus melilotoides*	豆科黄芪属	P	—	—	—	—	—	—
地锦 *Euphorbia humifusa*	大戟科大戟属	A	—	20	—	5	30	—
锋芒草 *Tragus racemosus*	禾本科锋芒草属	A	20	10	—	—	5	5
狗尾草 *Setaria viridis*	禾本科狗尾草属	A	140	140	110	335	75	60
九顶草 *Enneapogon borealis*	禾本科冠芒草属	P	10	—	5	65	—	25
灰绿藜 *Chenopodium glaucum*	藜科藜属	A	40	55	20	30	30	20
蒺藜 *Tribulus terrestris*	蒺藜科蒺藜属	A	—	—	15	—	—	—
苦豆子 *Sophora alopecuroides*	豆科槐属	S	—	10	5	15	—	10
蒙古虫实 *Corispermum mongolicum*	藜科虫实属	A	5	5	5	—	40	—
蒙古韭 *Allium mongolicum*	百合科葱属	P	—	—	—	5	30	—
米口袋 *Gueldeastaedtia multiflora*	豆科米口袋属	P	—	—	—	5	—	—
牛筋草 *Eleusine indica*	禾本科䅟属	A	20	35	65	40	—	10
牛枝子 *Lespedeza potaninii*	豆科胡枝子属	S	35	80	100	65	130	20
沙蓬 *Agriophyllum squarrosum*	藜科沙蓬属	A	—	—	—	—	—	—
沙生针茅 *Stipa glareosa*	禾本科针茅属	P	155	5	30	65	—	15
砂珍棘豆 *Oxytropis racemosa*	豆科棘豆属	P	5	—	—	—	10	—
山苦荬 *Lxeris chinensis*	菊科苦荬菜属	P	5	—	10	10	—	5
菟丝子 *Cuscuta chinensis*	旋花科菟丝子属	A	—	5	10	—	—	—
小画眉草 *Eragrostis minor*	禾本科画眉草属	A	135	35	230	815	85	995
远志 *Polygala tenuifolia*	远志科远志属	P	—	10	—	20	5	25
止血马唐 *Digitaria ischaemum*	禾本科马唐属	A	25	85	90	305	60	70
猪毛蒿 *Artemisia scoparia*	菊科蒿属	A	490	5465	2210	350	6300	145
紫翅猪毛菜 *Salsola beticolor*	藜科藜属	A	—	15	—	10	—	—
物种总数/种			13	15	14	16	12	13
土壤种子库总密度/（粒/m²）			1085	5975	2905	2140	6800	1405

二、讨论与小结

（一）讨论

不同日降雨量对激发土壤种子库物种组成和种子萌发总数均存在显著差异。随日降雨量的增加，激发的土壤种子库物种数先增加后下降。随日降雨量的增加，土壤种子库中种子的萌发总数增加。王增如等（2008）认为不同的水分处理对土壤种子库的影响，不仅表现在不同水分下物种数有显著差异，萌发的幼苗数量上也存在着显著影响（$P<0.05$），这与本研究结果一致。不同年降雨量对激发研究区内土壤种子库物种组成差异不显著，而对激发土壤种子库内可萌发种子数则成波动式的变化。其中年降雨量在310mm时，土壤种子库各物种间可萌发种子数较其他年降雨量均匀。徐海量等（2008a）对塔里木河下游土壤种子库的研究认为，水分供应的差异不仅造成种子萌发数量的差异，而且也导致种子库中种子的萌发种类也产生差异，这与本文的研究结果不一致。导致不一致的原因可能是本实验设计的人工模拟的不同年降雨量分别为190mm、230mm、270mm、310mm、350mm、390mm，6 个降雨量均在干旱区半干旱区降雨范围之内，其降雨量也符合研究区内植物的生活习性，而徐海量（2008a）的研究则是以研究区土壤饱和含水率28%为基准，分别设置5.6%~33.6%范围内的不同水分梯度，这就使的水分梯度不在研究区正常降雨范围内，尤其是在土壤含水量一直维持 33.6%时，其土壤种子库一直处于水淹状态，其不同的水分梯度下萌发种类一定会存在差异。

不同植物种子对自身种子萌发所需水量不同。有的植物仅需很少水分即可萌发，有的植物需要很多的水分才可萌发，还有的植物种子可萌发范围较广。有研究表明，5mm 的降雨量就可使紫翅猪毛菜、雾冰藜、虎尾草、冠芒草等一年生植物开花结实，正常完成生活史（闫建成等，2013），例如，研究区内远志在日降雨量为 1mm 时即可萌发，估计在 5mm 降雨量时就可完成生活史。而苦豆子只有日降雨量达到 20mm 以上才能萌发，这可能是由于苦豆子的种皮厚而坚硬，种子只有在吸收足够多的水分下，才能形成足够大的膨胀压，胀破种皮，使种子萌发（张勇等，2005；Leck and Leck，1998）。而牛枝子在 3~30mm 日降雨量时均有萌发，种子萌发对水分的需求范围较广。造成上述结果的原因是，荒漠草原区植物种子在外表和生理形态上均存在很大差异（刘志民等，2004），不同植物种子的吸水能力和对水分的响应速度也不同，因而植物种子在萌发机制上存在着不同的需水规律（渠晓霞，2005；Gutterman，1993）。

为治理退化荒漠草原、恢复地上植被，建议研究区应考虑采用交替施加不同梯度的水分来激发土壤种子库中的种子萌发。因采用同一水分供给，并不能使所有的物种萌发处于最佳水分需求（王增如等，2008）。选择不同梯度的水分，可以使土壤种子库萌发数量和萌发种类均达到最大值，是研究土壤种子库恢复潜力的重要基础（Eichberg et al.，2006），更是对退化区的植被恢复与重建具有指导意义。

（二）小结

（1）不同日降雨量对激发土壤种子库物种组成和种子萌发总数均存在显著差异。随日降雨量的增加，激发的土壤种子库物种数先增加后下降，日降雨量为20mm时，可激发土壤种子库内13个物种萌发。随日降雨量的增加，土壤种子库中种子的萌发总数增加。

（2）不同植物种子对自身种子萌发所需水量不同。有的植物仅需很少水分即可萌发，有的植物需要很多的水分才可萌发，还有的植物种子可萌发范围较广。例如研究区内远志在日降雨量为1mm时即可萌发，而苦豆子只有日降雨量达到20mm以上才能萌发，而牛枝子在3~30mm日降雨量时均有萌发。

（3）不同年降雨量对激发研究区内土壤种子库物种组成差异不显著，而对激发土壤种子库内可萌发种子数则成波动式的变化。其中年降雨量在310mm时，土壤种子库各物种间可萌发种子数较其他年降雨量均匀。

（4）为治理退化荒漠草原、恢复地上植被，建议研究区应考虑采用交替施加不同梯度的水分来激发土壤种子库中的种子萌发。

第六节　结　　论

本文对荒漠草原区不同林龄柠条林地上植被、土壤种子库、土壤种子库和地上植被间耦合关系，以及不同水分梯度对土壤种子库的激发效应做了比较系统的研究，主要结论有以下几点。

（1）研究区共出现50种植物，土壤种子库共有物种33种，地上植被共有植物35种。其中地上和土壤种子库中均出现的物种有18种，仅在地上出现的物种有17种，仅在土壤种子库中出现的物种有15种。

（2）不同林龄柠条林地上植被物种多样性存在显著差异。随林龄的增加，物种多样性各指数均先增大后下降，且在0.05水平上存在显著差异。16a柠条林较其他林龄地上植被物种多样性好、均匀度指数高，建议研究区在建植20年左右时，对其进行平茬处理。

（3）种植人工柠条林对土壤种子库具有显著富集种子的作用。荒漠草原区人工柠条林土壤种子库平均密度为11 248.75粒/m^2，造林前半固定沙丘的土壤种子库密度为661.25粒/m^2，造林后是造林前的17倍，且不同林龄柠条林土壤种子库主要分布于0~2cm，占0~10cm的80%左右。

（4）研究区柠条林土壤种子库和地上植被间在物种组成上具有较低的相似性，

但种植柠条林又可增加土壤种子库和地上植被间物种组成的相似性，使其地上植被和土壤种子库物种组成相似性接近于自然演替的天然草地。

（5）研究区柠条林土壤种子库密度和当年地上植被植株数间不存在显著相关性。线性函数、对数函数、多项式函数、幂函数、指数函数均不能用来表达研究区土壤种子库密度和地上植被植株数间的相关性（$P<0.05$）。

（6）不同日降雨量对激发土壤种子库物种组成和种子萌发总数均存在显著差异。随日降雨量的增加，激发的土壤种子库物种数先增加后下降，但土壤种子库中种子的萌发总数增加。不同年降雨量对激发研究区内土壤种子库物种组成差异不显著，而对激发土壤种子库内可萌发种子数则成波动式的变化。不同植物种子对自身种子萌发所需水量不同，因此为治理退化荒漠草原、恢复地上植被，建议研究区应考虑采用交替施加不同梯度的水分来激发土壤种子库中的种子萌发。

（7）种植柠条林对干旱半干旱荒漠草原区退化荒漠草原具有显著的生态恢复效应。在退化荒漠草原区，种植柠条林后比未种植前的半固定沙丘地上植被物种数、植株数均明显增加。同时建植柠条林对退化荒漠草原土壤种子库的物种多样性有正生态效应。自然演替的天然草地物种多样性均低于建林后各林龄土壤种子库的物种多样性。

第四章　荒漠草原区半固定沙丘不同微地形单元土壤种子库时空分布特征

微地形一般指小尺度的地形变化，目前国内外专家学者对于微地形的定义、尺度等还没有确定一个准确答案，地形与地貌在定义上不完全相同，对地貌的定义一定要在一个整体上，而对于地形的定义则偏向局部（由田，2013；邝高明，2012），Kikuchi（2001）、Nagamatsu 和 Mirura（1997）等将丘陵地区微地形分为顶坡、上部边坡、谷头凹地、下部边坡、麓坡、泛滥性阶地和谷床 7 类。

第一节　研究区概况、研究目的和研究方法

一、研究区概况

研究区位于毛乌素沙地西南缘的农牧交错带宁夏东部盐池县（37°04′~38°10′ N，106°30′~107°47′ E），年平均气温 7.7℃，最高气温 38.1℃，最低气温–29.6℃，不小于 10℃的年积温 3430.3℃·d，年日照时数 2867.9·h，平均日照率 65%；年降雨量为 289.4mm，天然草地面积 55.7 万 hm^2，占全县土地面积的 64.30%。盐池县全县地势南高北低，海拔 1295~1951m，南北明显分为黄土丘陵和鄂尔多斯缓坡丘陵两大地貌单元（侯瑞萍等，2004）。

二、研究目的及意义

植物和环境之间存在一定的相互关系，这是植物群落的本质特征之一（赵同谦等，2004）。在区域至全球尺度上，地带性气候条件是决定植物种、生活型或植被类型分布的主导因素（梁天刚，2009；朱宝文等，2008），而在同一气候区，地形通过地貌过程，对植被产生直接作用（王国良，2010；沈泽昊等，2000），地形的高低起伏是影响植被格局的重要因子之一（王晶等，2011；赵荟等，2010），这种形态的变化控制了资源因子的空间再分配（梁倍等，2013；秦松等，2007）。因此，地形是为土壤种子库和植物群落提供生境多样性的重要环境梯度之一，植被格局与地形格局密切相关（胡相明等，2006）。

土壤种子库是植被潜在更新能力的重要组成部分，可以为群落的演替、更新以及退化生态系统的恢复提供稳定的繁殖体（徐海量等，2008b；邢福等，2008；

Jobbágy et al.，2002）。如果退化生态系统拥有丰富的种子库资源，在植被恢复过程中就会成为重要的种子来源，因此，研究退化生态系统种子库对于其植被恢复和管理具有非常重要的意义。

但目前关于荒漠草原区半固定沙丘微地形条件下土壤种子库、土壤种子库与地上植被的关系及土壤种子库季节变化的研究甚少。因此本研究通过对荒漠草原区半固定沙丘微地形单元地上植被、土壤种子库、土壤种子库与地上植被的相互关系及土壤种子库季节变化关系的研究，探讨微小地形变化对其的影响，并为生态系统退化后的植被自然恢复、演替，以及生态系统建设及种群灭绝等提供理论依据。

三、研究内容

（一）地上植被特征

通过野外调查及室内实验分析法，对宁夏盐池荒漠草原区半固定沙丘不同微地形地上植被物种组成、盖度、分盖度、频度、物种生活性及α-多样性等变化进行对比分析。

（二）土壤种子库的空间分布特征

通过随机法采样，采用室内萌发法，对宁夏盐池荒漠草原区半固定沙丘不同微地形单元土壤种子库不同季节（春、夏、秋、冬）物种组成、土壤种子库储量、土壤种子库物种生活型及α-多样性等变化进行对比，对不同季节土壤种子库物种相似性及其多样性变化进行分析。

（三）土壤种子库的时间分布特征

通过随机法采样，采用室内萌发法，对宁夏盐池荒漠草原区半固定沙丘不同微地形单元土壤种子库不同土层物种组成、土壤种子库储量、物种生活型及α-多样性等变化进行对比分析。

（四）土壤种子库与地上植被的关系

对宁夏荒漠草原区半固定沙丘不同微地形单元地上植被与不同季节土壤种子库物种的相似性等进行对比分析。

四、研究方法

（一）采样时间

于2013年3月、2013年6月、2013年9月、2013年12月（分别代表春、夏、秋、冬四个季节），在盐池县荒漠草原区选取同一地貌单元不同位置的两个半固定沙丘（两个坡均为逆风坡，海拔梯度相差不大，土壤理化性质及植被盖度相似），按照地形特点将每个沙丘划分为 5 个微地形单元，即顶坡、上部坡位、中部坡位、下部坡位和底坡，按照不同的划分等级，对地上植被和土壤种子库进行采样调查（图 4-1）。

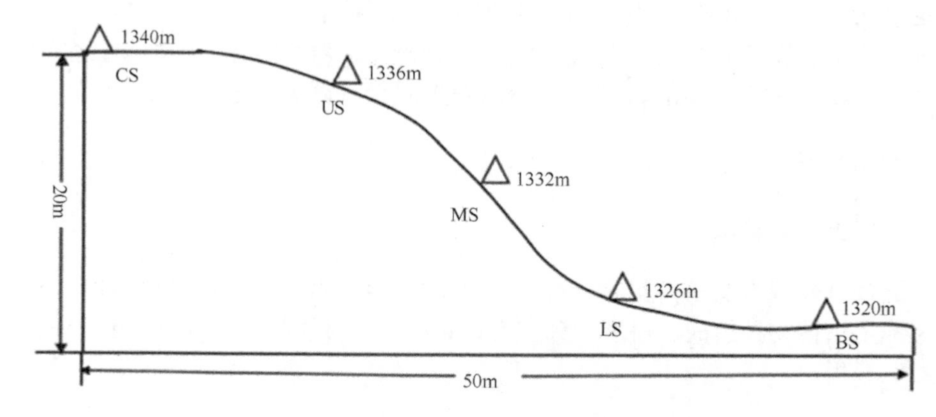

图 4-1　半固定沙丘区分模式图

CS. 顶坡；US. 上部坡位；MS. 中部坡位；LS. 下部坡位；BS. 底坡，下同。
△代表取样点；每个坡位处的阿拉伯数字代表海拔高度

（二）地上植被调查方法

在顶坡、上部坡位、中部坡位、下部坡位和底坡每个微地形单元划分一个 20m×10m 的大样方，在大样方内用探针支架框随机圈定十个 1m×1m 的小样方，对样方内的地上植被进行贴地采集并装入密封袋，在实验室对植被进行分类除杂并统计不同植物数目及总数（刘庆艳等，2014）。

（三）土壤种子库研究方法

在顶坡、上部坡位、中部坡位、下部坡位和底坡每个微地形单元采用随机法分别取 20cm×20cm×10cm 的土样 20 份，采样深度为 0~2cm、2~5cm、5~10cm。采回土样自然风干后用孔径为 5mm 筛子过滤出杂物和草根，将土样置于 40cm×32cm×12cm 发芽盆内（盆内底部装有 5cm 厚经 120℃高温处理的细沙，土样厚度约为 1cm），于 2013 年 6 月至 2014 年 9 月在宁夏大学温室进行培养（温室温度为 18~33℃），并保持土壤适宜湿度。开始萌发后，可以辨认的幼苗迅速进行鉴定，鉴定后去除。无法鉴定的幼苗继续生长，直至开花，鉴定出为止。在萌发的后两个月内翻动土样，以促进种子萌发，直到无种子萌发为止（马妙君等，2009）。

五、数据处理

（一）生活型

参照所采用的生活型系统，将记录到的植物分为一年生草本植物、多年生草本植物和灌木 3 种类型，分别计算每一类型植物占物种总数的百分比（孙建华等，2005）。

（二）盖度

总盖度=地上植被地表遮盖占据的地表面积/总地表面积×100%（梁天刚等，2009）；分盖度=单个植被地表遮盖占据的地表面积/总地表面积×100%（王国良等，2010）。

（三）密度及储量

地上群落的密度指 $1m^2$ 内植物的株数或丛数（株/m^2），以及单位面积土壤中所包含的有活力的种子数量（粒/m^2）（侯瑞萍等，2004）。

（四）α-多样性的测度方法

1. 物种丰富度指数

物种丰富度指数是用来判断生态系统或群落稳定性的重要指标之一，本实验中采用 Margalet 丰富度指数来计算物种丰富度，计算公式如下（王炜等，2010）：

$$R=(S-1)/\ln N$$

式中，R 为 Margalet 丰富度指数，S 为种子库中物种总数，N 为种子库中所有种的种子总数。

2. 物种多样性指数

本实验中采用 Simpson 多样性指数及 Shannon-Wiener 多样性指数来计算物种多样性，计算公式如下：

$$\text{Shannon - Wiener多样性指数：} H=-\sum_{i=1}^{S}(P_i \ln P_i)$$

$$\text{Simpson多样性指数：} D=1-\sum_{i=1}^{S}P_i^2$$

式中，H 为 Shannon-Wiener 多样性指数，P_i 为第 i 种植物的种子数占种子库中总种子数的比例，D 为 Simpson 多样性指数。

3. 物种均匀度

物种均匀度可以反映各个物种数目分配的均匀程度，是全部物种个体数目在一个群落或生境中的分配状况，本实验中采用均匀性系数来计算物种均匀度，计算公式如下（吕贻忠等，2006）：

$$E=H/\ln S$$

式中，E 为均匀性系数。

4. 频度

频度是指群落中某种植物出现的样方数占整个样方数的百分比（韩有志和卜政权，2003）。

（五）相似性的测定方法

本实验中分别采用群落相似性系数来表征土壤种子库与地上植被及不同季节土壤种子库中物种的相似性（刘济明，1999）：

$$S_c=2w/(a+b)$$

式中，S_c 为群落相关性系数，w 为土壤种子库与地上植被共有物种数，a 和 b 分别表示不同样地中共有种。

（六）数据统计方法

本试验中涉及的数据均是在 Excel·2003、SPSS·16.0 和 SigmaPlot·12.0 软件中完成。

第二节　半固定沙丘不同微地形单元地上植被特征

一、半固定沙丘不同微地形单元地上植被物种组成特征

在研究区的五个不同微地形单元地上共出现 19 种植物（表 4-1），分属 7 科，其中豆科植物最多，有 5 种，占物种总数的 26.32%；其次是禾本科和藜科各有 4 种，分别占物种总数的 21.05%；再次为菊科有 3 种，占物种总数的 15.79%；其他科植物各有 1 种，分别占物种总数的 5.26%*。

半固定沙丘不同微地形单元地上植被中，顶坡和上部坡位地上植物种类相同；与上部坡位相比，中部坡位增加了少花米口袋（*Gueldenstaedtia verna*）、猪毛蒿、

* 由于数据修约可能导致百分比加和非 100%，全书同

表 4-1　地上植被物种组成、分盖度、频度及密度

科	植物种	分盖度/%					频度/%					密度/（株/m^2）				
		CS	US	MS	LS	BS	CS	US	MS	LS	BS	CS	US	MS	LS	BS
禾本科	狗尾草 *Setaria viridis*	11.30	11.80	12.90	13.60	14.10	50.85	5.20	42.96	40.41	33.94	69	119	123	200	194
	小画眉草 *Eragrostis minor*	7.20	7.00	6.90	6.80	5.90	24.04	20.33	15.56	13.44	11.40	43	97	100	153	169
	冰草 *Agropyron cristatum*	1.00	1.60	2.80	3.30	3.90	7.83	8.31	6.18	5.32	4.51	22	24	28	38	40
	赖草 *Leymus secalinus*	1.00	2.00	2.40	2.80	3.10	5.52	9.50	7.83	5.93	3.56	11	22	29	47	50
豆科	苜蓿 *Medicago sativa*	—	—	—	—	2.70	—	—	—	—	0.48	—	—	—	—	5
	苦豆子 *Sophora alopecuroides*	1.20	2.50	3.00	4.90	4.20	0.46	0.48	0.95	1.18	1.43	2	5	7	8	9
	少花米口袋 *Gueldenstaedtia verna*	—	—	2.30	3.50	4.30	—	—	2.87	3.80	4.04	—	—	21	23	24
	披针叶野决明 *Thermopsis lanceolata*	—	—	—	2.10	3.30	—	—	—	0.48	0.71	—	—	—	1	5
	胡枝子 *Lespedeza bicolor*	—	—	—	2.60	3.70	—	—	—	0.95	1.43	—	—	—	5	7
菊科	窄叶小苦荬 *Ixeridium gramineum*	1.00	1.30	2.80	3.60	4.70	2.30	1.90	2.14	2.61	3.09	6	13	20	29	30
	猪毛蒿 *Artemisia scoparia*	—	—	—	1.70	2.30	—	—	—	2.61	3.33	—	—	—	39	40
	火媒草 *Olgaea leucophylla*	—	—	—	—	2.10	—	—	—	—	0.24	—	—	—	—	2
藜科	棉蓬 *Corispermum hyssopifolium*	4.30	6.70	7.70	9.70	11.60	2.29	3.33	4.28	4.75	4.99	5	7	10	11	12
	沙蓬 *Agriophyllum squarrosum*	6.70	8.50	10.80	12.10	13.30	1.38	3.80	4.23	5.22	5.46	3	6	11	11	13
	猪毛菜 *Salsola collina*	—	—	—	1.30	2.10	—	—	—	1.66	1.90	—	—	—	12	15
	尖头叶藜 *Chenopodium acuminatum*	—	—	1.20	1.90	2.80	—	—	1.90	2.38	2.85	—	—	11	14	17
葡萄科	地锦 *Parthenocissus tricuspidata*	0.90	1.00	1.10	1.70	2.40	2.76	2.38	2.85	3.56	3.80	10	12	17	19	21
旋花科	菟丝子 *Cuscuta chinensis*	—	—	1.66	1.71	2.23	—	—	1.90	1.90	2.14	—	—	9	9	12
大戟科	乳浆大戟 *Euphorbia esula*	—	—	—	1.80	2.20	—	—	—	0.48	0.71	—	—	—	2	4
	植物种数/株											9	9	13	17	19
	覆盖度/%	28.00	42.50	59.50	74.00	81.50										

注：“—”为未出现此植物，下同

尖头叶藜（*Chenopodium acuminatum*）2 种植物；与中部坡位相比，下部坡位增加了披针叶野决明、胡枝子（*Lespedeza bicolor*）、猪毛蒿、猪毛菜（*Salsola collina*）和乳浆大戟 5 种植物；与下部坡位相比底坡增加了苜蓿（*Medicago sativa*）和蒺藜（*Tribulus terrestris*）2 种植物。同时在不同微地形单元处，地上植被中均是狗尾草和小画眉草的密度相对较大，占植物总株数的一半以上。

半固定沙丘不同微地形单元不同植被的分盖度、频度及密度存在着明显的差异（表 4-1），禾本科植物的分盖度和频度明显高于其他科的植物，狗尾草尤其突出。豆科植物少花米口袋和藜科植物尖头叶藜在中部坡位开始出现，从顶坡到底坡，其分盖度和频度呈现出增大趋势，即底坡高于下部坡位高于中部坡位；由于菟丝子是寄生植物，因此不统计其分盖度，但其频度增长趋势和少花米口袋相同。披针叶野决明、胡枝子、猪毛蒿、猪毛菜、乳浆大戟只在下部坡位和底坡出现，其分盖度和频度呈现出底坡高于下部坡位的增长趋势，苜蓿和蒺藜只在底坡中出现，其他植被都呈现出 BS>LS>MS>US>CS 的增长趋势，但小画眉草恰恰相反；地上植被密度整体呈现出 BS>LS>MS>US>CS 的趋势。

植被盖度随着坡位的变化呈现出 BS>LS>MS>US>CS 的上升趋势，其中顶坡到下部边坡几乎成直线增长，到底坡时增速略缓（表 4-1）。

二、半固定沙丘不同微地形单元地上植被物种的生活型

半固定沙丘不同微地形单元地上植被中（表 4-2），一年生草本植物出现的频度最高（47.37%~66.67%），多年生草本植物次之（22.22%~42.11%），灌木出现的频度最低（7.69%~11.76%）。从顶坡到底坡，一年生草本植物出现的频度整体呈现下降的趋势，而多年生草本植物在地上植被中出现的频度整体呈现上升的趋势，灌木出现的频度随微地形的变化较小，较稳定。

表 4-2　地上植被的生活型的比例　　（单位：%）

生活型	地上植被				
	CS	US	MS	LS	BS
一年生草本	66.67	66.67	61.54	52.94	47.37
多年生草本	22.22	22.22	30.77	35.29	42.11
灌木	11.11	11.11	7.69	11.76	10.53

三、半固定沙丘不同微地形单元地上植被的生物量

（一）半固定沙丘不同微地形单元地上各科植被地上生物量

半固定沙丘不同微地形单元各科植被地上生物量整体呈现出 BS>LS>MS>

US>CS 的增长趋势（图 4-2），顶坡和上部坡位处禾本科和藜科地上生物量占主要优势，豆科和菊科的地上生物量次之，葡萄科的地上生物量最少；中部坡位处禾本科和藜科地上生物量最大，其次是豆科和菊科，葡萄科和旋花科地上生物量最少；下部坡位和底坡处地上生物量排在前三的为藜科、禾本科、豆科，其次是菊科和大戟科，旋花科再次之，葡萄科最少。

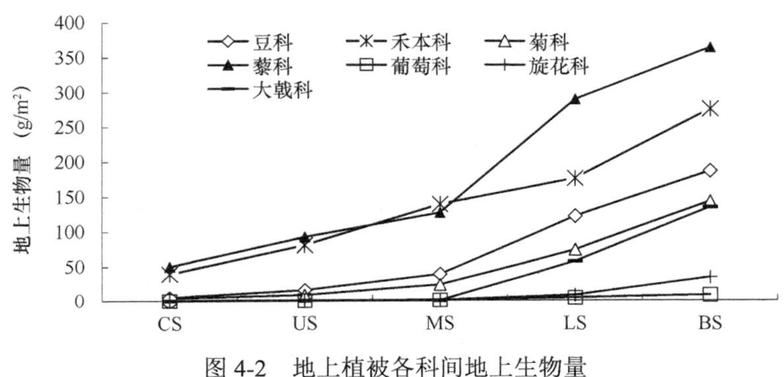

图 4-2　地上植被各科间地上生物量

（二）半固定沙丘不同微地形单元地上植被总生物量及其分配率

对不同微地形单元地上总生物量及其分配率的研究结果表明（图 4-3），不同微地形单元平均地上总生物量呈现出 BS>LS>MS>US>CS 的上升趋势，分配比率也有一定的差异，底坡和下部坡位地上生物量占的分配比率最大，分别占地上总生物量的 45.97%和 29.21%，其次是中部坡位占地上生物总量的 13.16%，上部坡位次之占 7.90%，顶坡最少占 3.86%。

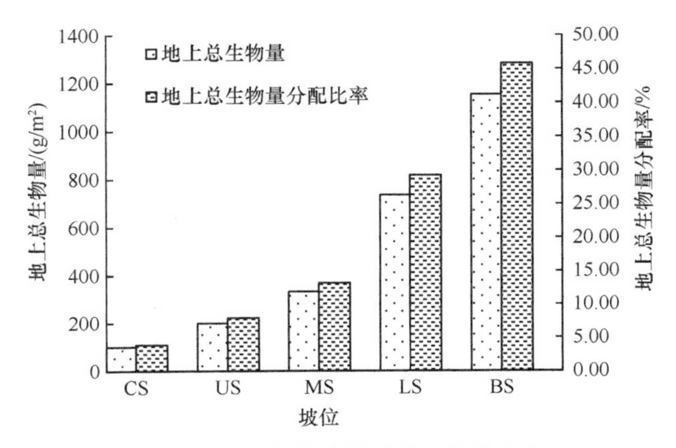

图 4-3　地上植被生物总量及其分配率

四、半固定沙丘不同微地形单元地上植被对应分析

地上植被各个物种在第一维度上分布较集中，而在第二维度上分布的更分散些（图 4-4），这说明了第一维度表达了坡位和地上植被物种这两个变量之间更多的信息；大部分植物都集中在下部坡位，其次是顶坡和上部坡位，再次为中部坡位，而底坡相对较少，这说明下部坡位的生态环境更适合地上植被生长；同时，菟丝子、猪毛菜、胡枝子、披针叶野决明、苜蓿及鳍蓟等偏离各个坡位相对较远，即表明，此半固定沙丘不同微地形单元生态条件相对较不适应这些地上植被的生长，或者外界因素对这些植被的破坏作用较大，使得这些植被不能很好地生长。胡枝子、披针叶野决明、苜蓿等可作为牧草被动物食用，因此外界环境对此类植被的破坏较大，同时鳍蓟、胡枝子、披针叶野决明等属于一年生草本植物，其种子散落后由于风蚀及动物食用等原因使得植物种子在萌发之前已经受到破坏，而禾本科及藜科植物大多数属于多年生草本植物，其受外界环境的破坏较小（李红艳，2005；刘志民等，2002；王仁忠，1996；杨充菲，1990；Sprugel，1981）。

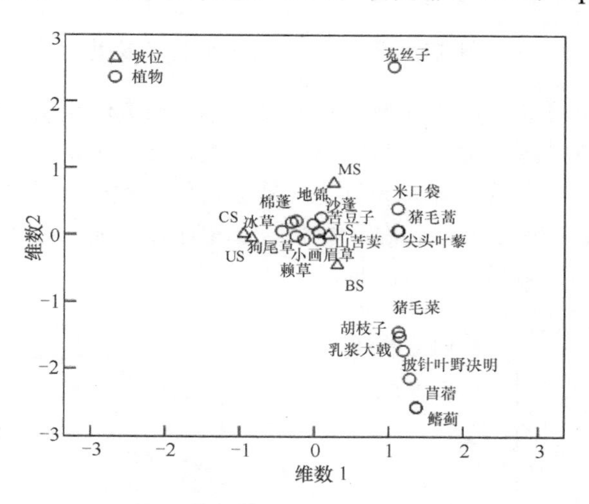

图 4-4　植被和坡位的相关性分析

五、半固定沙丘不同微地形单元地上植被 α-多样性分析

α-多样性是用来测定物种丰富度和均匀度的重要指标（张彦东等，2005），物种丰富度指数是用来判断生态系统或群落稳定性的重要指标之一（邵新庆等，2005），均匀性系数可以清楚地反映出不同物种个体数分配的均匀程度（张志权和黄铭洪，2000），而多样性指数可以清晰地表达出物种的丰富度及均匀度的综合变化情况（Ajmal and Ungarl，1998）。不同微地形半固定沙丘地上植被 α-多样性之

间也有一定的差异（图 4-5），从底坡到顶坡地上植被 Shannon-Wiener 多样性指数整体呈现出减小的趋势，同时底坡和下部坡位、顶坡和上部坡位之间差异不显著，但它们和中部坡位均有显著差异。而地上植被 Simpson 多样性指数却处于波动状态，其中底坡和中部坡位 Simpson 多样性指数最大为 0.83，下部坡位次之；Simpson 多样性指数为 0.81；再次之是顶坡，Simpson 多样性指数为 0.74；上部坡位最小为 0.73。并且顶坡和上部坡位 Simpson 多样性指数差异不显著，但和中部坡位、下部坡位及底坡有显著差异。由顶坡到底坡地上植物物种丰富度指数呈现出增大的趋势，除底坡和下部坡位地上植被物种丰富度指数不显著外，但下部坡位和底坡以及其他几个坡位地上植被物种丰富度指数均有显著差异。地上植被均匀性系数亦处于波动状态，中部坡位最大为 0.82，下部坡位次之为 0.78，再次之为底坡的 0.76，上部坡位最小为 0.73，中部坡位和上部坡位均匀性系数差异不显著，但中部坡位及下部坡位和其他三个坡位均匀性系数之间有显著差异。

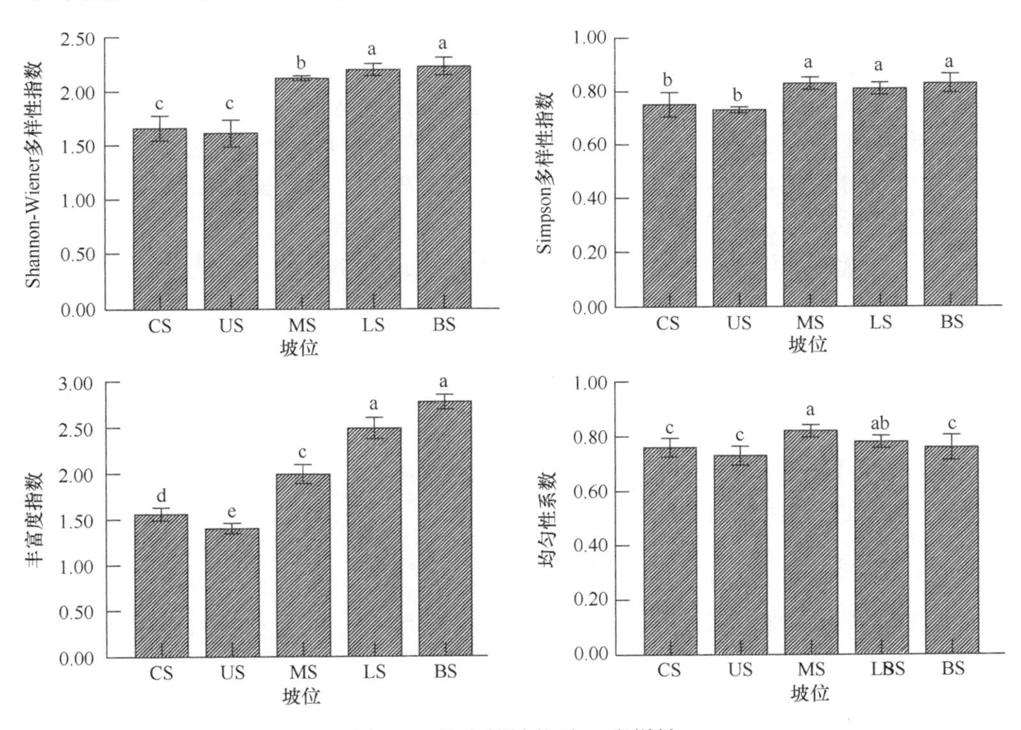

图 4-5　地上植被物种 α-多样性

六、讨论与小结

宁夏盐池荒漠草原区半固定沙丘不同微地形单元地上植被的变化是本地区小生境在局部范围内微小变化的直接表现形式。有研究表明，水分和养分条件较好的微地形单元处植被种类较多，植被动态的变化与空间异质性及生态学过程之间相互作用有着本质的联系，随着植被动态的改变，植被的功能及结构组成也会随之发生相应的变化，因此植被属性的空间异质性也会发生相应变化，主要表现为地上植被的空间分布格局的变化。吕贻忠等（2006）研究发现，在半固定沙丘上，土壤含水量从坡顶到坡底呈现逐渐升高的趋势（岳东霞等，2010；杜建会等，2009；常兆丰等，2004）。本研究中，半固定沙丘不同微地形单元处地上植被的物种数、各物种的分盖度、频度及总盖度均呈现出 BS>LS>MS>US>CS 的增长趋势，与前人研究结果相似。植物群落的生物学特性和环境因子的共同作用导致植物地上生物量的差异，而其中环境因子占主导作用，黄德青等（2011）的研究表明，不同草地类型地上生物量分别与降雨量、土壤平均含水量的累加值呈正相关关系，本研究对半固定沙丘不同微地形单元地上植被总生物量及各科的生物量研究结果也与此相符。综上所述，对盐池荒漠草原半固定沙丘不同微地形地上植被的调查结果可以初步推测，从沙丘顶部到底部，小生境逐渐变好，因此导致地上植被盖度、生物量等从顶坡到底坡呈现出逐渐增加的趋势。

半固定沙丘为盐池常见的微地形，本研究通过对盐池荒漠草原区半固定沙丘不同微地形单元地上植被的调查，得出微地形对荒漠草原区地上植被类型、盖度，单个物种的分盖度、频度，以及地上生物量均有差异，由此探讨盐池荒漠草原区固定沙丘微地形单元的变化对地上植被的影响。主要结论如下：

（1）在半固定沙丘从顶坡到底坡 5 个不同微地形单元处，植被科和种的数目都呈现出 BS>LS>MS>US>CS 的增长趋势；

（2）单个物种分盖度及频度整体也呈现出 BS>LS>MS>US>CS 的增长趋势；

（3）不同微地形单元各科植物地上生物量都呈现出 BS>LS>MS>US>CS 的增长趋势；

（4）不同微地形单元平均地上总生物量呈现出 BS>LS>MS>US>CS 的增大趋势，其分配比率差异性也极其显著；

（5）底坡的生态环境因子更适合地上植被的生长。

第三节　半固定沙丘不同微地形单元土壤种子库特征

一、半固定沙丘不同微地形单元各土层土壤种子库物种组成及储量

（一）3 月不同微地形单元各土层土壤种子库物种组成及储量

2014 年 3 月，荒漠草原区半固定沙丘 5 个微地形单元土壤种子库中共统计到 28 种植物（表 4-3），分属 10 科，其中禾本科植物最多，共 8 种，占物种总数的 28.57%；其次是藜科，共 5 种，占物种总数的 17.86%；再次为豆科和菊科，分别

有 4 种，各占物种总数的 14.29%；大戟科植物有 2 种，占物种总数的 7.14%；蒺藜科、旋花科、萝藦科、百合科及小蘗科植物相对较少，仅有 1 种，分别占物种总数的 3.57%。

表 4-3 3 月土壤种子库物种组成及储量

科	物种	生活型	储量/（粒/m^2）				
			CS	US	MS	LS	BS
禾本科	狗尾草 *Setaria viridis*	E	205.0	185.0	272.5	430.0	502.5
	小画眉草 *Eragrostis minor*	E	65.0	95.0	190.0	210.0	345.0
	赖草 *Leymus secalinus*	P	77.5	80.0	75.0	75.0	180.0
	白草 *Pennisetum centrasiaticum*	E	—	—	5.0	182.5	105.0
	马唐 *Digitaria sanguinalis*	E	—	—	22.5	40.0	82.5
	止血马唐 *Digitaria ischaemum*	E	—	—	20.0	—	12.5
	针茅 *Stipa capillata*	P	—	—	—	—	37.5
	锋芒草 *Tragus racemosus*	E	90.0	—	12.5	—	12.5
豆科	苦豆子 *Sophora alopecuroides*	B	12.5	12.5	27.5	25.0	7.5
	少花米口袋 *Gueldenstaedtia verna*	P	—	—	—	—	20.0
	披针叶野决明 *Thermopsis lanceolata*	P	2.5	5.0	10.0	2.5	30.0
	细枝岩黄耆 *Hedysarum scoparium*	P	35.0	15.0	75.0	432.5	57.5
菊科	猪毛蒿 *Artemisia scoparia*	E	75.0	62.5	75.0	42.5	220
	艾蒿 *Artemisia argyi*	P	—	—	10.0	—	5.0
	风毛菊 *Saussurea japonica*	P	52.5	2.5	67.5	37.5	2.5
	苦苣菜 *Sonchus oleraceus*	E	—	—	2.5	2.5	—
藜科	棉蓬 *Corispermum hyssopifolium*	E	2.5	—	37.5	152.5	125.0
	猪毛菜 *Salsola collina*	E	5.0	—	65.0	172.5	175.0
	雾冰藜 *Bassia dasyphylla*	E	—	—	5.0	10.0	12.5
	灰绿藜 *Chenopodium glaucum*	E	5.0	—	2.5	12.5	140.0
	尖头叶藜 *Chenopodium acuminatum*	E	—	—	62.5	257.5	275.0
蒺藜科	蒺藜 *Tribulus terrester*	E	7.5	—	50.0	72.5	45.0
大戟科	地锦 *Euphorbia humifusa*	E	497.5	60.0	665.0	270.0	322.5
	乳浆大戟 *Euphorbia esula*	P	—	—	20.0	15.0	35.0
旋花科	菟丝子 *Cuscuta chinensis*	E	—	—	—	0	35.0
萝藦科	老瓜头 *Cynanchum komarovii*	B	—	—	2.5	2.5	22.5
百合科	沙葱 *Allium mongolicum*	E	—	—	7.5	—	—
小蘗科	小蘗 *Berberis kawakamii*	B	—	—	5.0	15.0	—
合计			1132.5d	517.5e	1787.5c	2460b	2807.5a

注：E 代表一年生草本植物，P 代表多年生草本植物，B 代表灌木；不同小写字母表示在 0.05 水平下各数值之间差异显著，下同

3 月，半固定沙丘不同微地形单元土壤种子库中，顶坡处有 14 种植物，分属 6 科，其中地锦和狗尾草在土壤种子库中的储量相对较大，分别为 497.5 粒/m^2 和 205.0 粒/m^2，其次是小画眉草、赖草（*Leymus secalinus*）、锋芒草、猪毛蒿和风毛菊（*Saussurea japonica*），分别为 65.0 粒/m^2、77.5 粒/m^2、90.0 粒/m^2、75.0 粒/m^2、52.5 粒/m^2，其他植物在土壤种子库中的储量相对较少；相对于顶坡而言，上部坡位处植物物种相对较少，仅有 9 种，分属 4 科，其中狗尾草在土壤种子库中的储量相对较大为 185.0 粒/m^2，小画眉草、赖草、猪毛蒿和地锦次之，分别为 95.0 粒/m^2、80.0 粒/m^2、62.5 粒/m^2 和 60.0 粒/m^2，其他植物在土壤种子库中的储量相对较少；中部坡位处共统计出 25 种植物，分属 9 科，其中地锦、狗尾草和小画眉草在土壤种子库中的储量相对较大，分别为 665.0 粒/m^2、272.5 粒/m^2 和 190.0 粒/m^2，其次为赖草、细枝岩黄耆（*Hedysarum scoparium*）、猪毛蒿、风毛菊、猪毛菜和尖头叶藜，分别有 75.0 粒/m^2、75.0 粒/m^2、75.0 粒/m^2、67.5 粒/m^2、65.0 粒/m^2 和 62.5 粒/m^2，而其他植物在土壤种子库中的储量相对较小；下部坡位共统计到 21 种植物，分属 8 科，其中狗尾草和细枝岩黄耆在土壤种子库中的储量相对较大，分别为 430.0 粒/m^2 和 432.5 粒/m^2，小画眉草、白草、棉蓬（*Corispermum hyssopifolium*）、猪毛菜、尖头叶藜和地锦次之，分别有 210.0 粒/m^2、182.5 粒/m^2、152.5 粒/m^2、172.5 粒/m^2、257.5 粒/m^2 和 270.0 粒/m^2，其他植物在土壤种子库中的储量相对较小；同时在底坡共有 25 种植物，分属 8 科，其中狗尾草、小画眉草和地锦在土壤种子库中的储量相对较大，分别为 502.5 粒/m^2、354.0 粒/m^2 和 322.5 粒/m^2，赖草、白草、猪毛蒿、棉蓬、猪毛菜、灰绿藜和尖头叶藜次之，其在土壤种子库中的储量都大于 100.0 粒/m^2，而其他植物在土壤种子库中的储量相对较小。同时可以看出，上部坡位处土壤种子库储量总和小于其他坡位，这可能是由于冬季的风蚀作用（邝高明，2012）。通过统计分析，半固定沙丘不同微地形单元土壤种子库密度之间存在着显著差异。

（二）6 月不同微地形单元各土层土壤种子库物种组成及储量

2013 年 6 月，荒漠草原区半固定沙丘 5 个微地形单元土壤种子库中共统计到 16 种植物（表 4-4），分属 7 科，其中禾本科植物最多，共 5 种，占物种总数的 31.25%；其次是豆科和藜科，共 3 种，分别占物种总数的 18.75%，再次为菊科，有 2 种，占物种总数的 12.50%，蒺藜科、大戟科及小檗科植物相对较少，仅有 1 种，各占物种总数的 6.25%。

6 月，半固定沙丘不同微地形单元土壤种子库中，顶坡处共有 7 种植物，分属 5 科，其中狗尾草在土壤种子库中的储量相对较大，为 82.5 粒/m^2，其他植物在土壤种子库中的储量相差不大；上部坡位处植物物种共 10 种，分属 5 科，同顶坡相比上部坡位增加了赖草、苦豆子和苦苣菜（*Sonchus oleraceus*），狗尾草在土壤种子库中的储量相对较大为 100 粒/m^2，其他植物在土壤种子库中的储量相对较少，且

表 4-4　6 月土壤种子库物种组成及储量

科	植物	生活型	储量/（粒/m²）				
			CS	US	MS	LS	BS
禾本科	狗尾草 *Setaria viridis*	E	82.5	100.0	33.5	167.0	75.0
	小画眉草 *Eragrostis minor*	E	58.0	33.5	41.5	133.5	267.0
	赖草 *Leymus secalinus*	P	—	83.5	—	—	—
	针茅 *Stipa capillata*	P	66.0	66.5	33.5	—	25.5
	锋芒草 *Tragus racemosus*	E	—	—	—	—	58.5
豆科	胡枝子 *Lespedeza bicolor*	B	—	—	17.0	41.5	25.5
	苦豆子 *Sophora alopecuroides*	B	—	41.5	50.0	42.5	—
	少花米口袋 *Gueldenstaedtia verna*	P	—	—	—	25.0	25.0
菊科	猪毛蒿 *Artemisia scoparia*	E	41.5	25.0	291.5	1417.0	1983.5
	苦苣菜 *Sonchus oleraceus*	E	—	8.5	17.0	—	41.5
藜科	棉蓬 *Corispermum hyssopifolium*	E	—	—	—	16.5	25.5
	雾冰藜 *Bassia dasyphylla*	E	33.0	33.5	33.5	33.5	50.0
	灰绿藜 *Chenopodium glaucum*	E	33.0	75.0	17.0	25.5	42.0
蒺藜科	蒺藜 *Tribulus terrester*	E	—	—	—	—	25.5
大戟科	乳浆大戟 *Euphorbia esula*	P	—	—	—	8.5	41.5
小蘗科	小蘗 *Berberis kawakamii*	B	41.5	33.5	25.0	8.5	8.5
	合计		355.5e	500.5d	559.5c	1919b	2694.5a

相差不大；中部坡位处亦统计出 10 种植物，分属 5 科，其中猪毛蒿在土壤种子库中的储量相对较大为 291.5 粒/m²，其次为苦豆子有 50 粒/m²，而其他植物在土壤种子库中的储量相对较小，且同上部坡位相比中部坡位增加的胡枝子，但却没有赖草；下部坡位共统计到 11 种植物，分属 6 科，同中部坡位相比下部坡位增加了少花米口袋、棉蓬和乳浆大戟，但却少了针茅（*Stipa capillata*）和苦苣菜两种植物，猪毛蒿在土壤种子库中的储量相对较大为 1417.0 粒/m²，狗尾草和小画眉草次之，分别有 167.0 粒/m² 和 133.5 粒/m²，其他植物在土壤种子库中的储量相对较小；同时在底坡共有 14 种植物，分属 7 科，其中猪毛蒿在土壤种子库中的储量相对较大为 1983.5 粒/m²，而其他植物在土壤种子库中的储量相对较小。通过统计分析，半固定沙丘不同微地形单元土壤种子库储量之间存在着显著差异。

（三）9 月不同微地形单元各土层土壤种子库物种组成及储量

2013 年 9 月，荒漠草原区半固定沙丘五个微地形单元土壤种子库中共统计到 15 种植物（表 4-5），分属 7 科，其中禾本科植物最多，共 4 种，占物种总数的 26.67%；其次是豆科和藜科，分别有 3 种，各占物种总数的 20.00%，再次为菊科和大戟科，共 2 种，各占物种总数的 13.33%，蒺藜科植物较少，仅有 1 种，占物种总数的 6.67%。

表 4-5　9 月土壤种子库物种组成及储量

科	植物	生活型	储量/（粒/m^2）				
			CS	US	MS	LS	BS
禾本科	狗尾草 *Setaria viridis*	E	45.0	55.0	75.0	265.0	355.0
	针茅 *Stipa capillata*	E	17.0	20.0	23.0	30.0	232.0
	小画眉草 *Eragrostis minor*	E	43.0	55.0	67.0	162.0	282.0
	锋芒草 *Tragus racemosus*	E	—	7.0	17.0	33.0	47.0
藜科	棉蓬 *Corispermum hyssopifolium*	E	—	—	—	15.0	25.0
	猪毛菜 *Salsola collina*	E	—	—	—	—	13.0
	雾冰藜 *Bassia dasyphylla*	E	—	—	—	22.0	55.0
菊科	猪毛蒿 *Artemisia scoparia*	P	43.0	65.0	203.0	648.0	1234.0
	风毛菊 *Saussurea japonica*	P	2.0	5.0	12.0	20.0	28.0
豆科	披针叶野决明 *Thermopsis lanceolata*	P	—	—	5.0	13.0	45.0
	苦豆子 *Sophora alopecuroide*	B	—	32.0	400.0	47.0	50.0
	少花米口袋 *Gueldenstaedtia verna*	P	—	—	—	22.0	40.0
蒺藜科	蒺藜 *Tribulus terrestris*	P	10.0	33.0	40.0	70.0	90.0
大戟科	地锦 *Euphorbia humifusa*	E	2.0	8.0	10.0	25.0	32.0
	乳浆大戟 *Euphorbia esula*	P	—	—	23.0	40.0	67.0
	合计		162.0d	280.0d	515.0c	1412.0b	2594.0a

9 月，半固定沙丘不同微地形单元土壤种子库中，顶坡狗尾草、小画眉草和猪毛蒿的密度相对较大，分别为 45.0 粒/m^2、43.0 粒/m^2 和 43.0 粒/m^2；与顶坡相比，上部坡位增加了锋芒草和苦豆子两种植物，狗尾草、小画眉草和猪毛蒿的密度相对较大，分别为 55.0 粒/m^2、55.0 粒/m^2 和 65.0 粒/m^2；与上部坡位相比，中部坡位增加了披针叶野决明和乳浆大戟 2 种植物，猪毛蒿的密度相对较大，为 203.0 粒/m^2；与中部坡位相比，下部坡位中增加了棉蓬、雾冰藜和少花米口袋 3 种植物，狗尾草和猪毛蒿的密度相对较大，分别为 265.0 粒/m^2 和 648.0 粒/m^2；与下部坡位相比，底坡增加了猪毛菜 1 种植物，猪毛蒿的密度相对较大为 1234.0 粒/m^2。通过统计分析，半固定沙丘不同微地形单元土壤种子库密度之间存在着显著差异。

（四）12 月不同微地形单元各土层土壤种子库物种组成及储量

2013 年 12 月，荒漠草原区半固定沙丘五个微地形单元土壤种子库中共统计到 22 种植物（表 4-6），分属 8 科，其中禾本科植物最多，共 6 种，占物种总数的

27.27%；其次是藜科，共 5 种，占物种总数的 22.73%，再次为豆科，共 4 种，占物种总数的 18.18%，菊科植物共 3 种，占物种总数的 13.64%，蒺藜科、旋花科、大戟科和远志科植物较少，仅有 1 种，各占物种总数的 4.55%。

表 4-6　12 月土壤种子库物种组成及储量

科	物种	生活型	储量/（粒/m^2）				
			CS	US	MS	LS	BS
禾本科	狗尾草 *Setaria viridis*	E	380.0	965.0	400.0	847.5	882.5
	小画眉草 *Eragrostis minor*	E	130.0	602.5	177.5	570.0	442.5
	赖草 *Leymus secalinus*	P	27.5	245.0	77.5	297.5	257.5
	马唐 *Digitaria sanguinalis*	E	—	—	127.5	135.0	362.5
	针茅 *Stipa capillata*	P	7.5	12.5	10.0	40.0	—
	锋芒草 *Tragus racemosus*	E	20.0	5.0	97.5	5.0	47.5
豆科	苦豆子 *Sophora alopecuroides*	B	—	17.5	52.5	15.0	45.0
	少花米口袋 *Gueldenstaedtia verna*	P	—	—	5	5.0	17.5
	披针叶野决明 *Thermopsis lanceolata*	P	—	2.5	—	7.5	15.0
	细枝岩黄耆 *Hedysarum scoparium*	B	242.5	365.0	800.0	580.0	317.5
菊科	猪毛蒿 *Artemisia scoparia*	E	12.5	62.5	77.5	50.0	210.0
	风毛菊 *Saussurea japonica*	P	72.5	42.5	10.0	12.5	35.0
	苦苣菜 *Sonchus oleraceus*	E	—	—	2.5	5.0	—
藜科	棉蓬 *Corispermum hyssopifolium*	E	—	5.0	110.0	180.0	170.0
	沙蓬 *Agriophyllum squarrosum*	E	27.5	—	132.5	150.0	67.5
	猪毛菜 *Salsola collina*	E	—	—	62.5	70.0	55.0
	雾冰藜 *Bassia dasyphylla*	E	122.5	190.0	210.0	320.0	1162.5
	灰绿藜 *Chenopodium glaucum*	E	12.5	60.0	75.0	67.5	122.5
蒺藜科	蒺藜 *Tribulus terrester*	E	15.0	57.5	280.0	217.5	165.0
旋花科	菟丝子 *Cuscuta chinensis*	E	—	5.0	—	—	120.0
大戟科	乳浆大戟 *Euphorbia esula*	P	25.0	17.5	40.0	55.0	40.0
远志科	远志 *Polygala tenuifolia*	P	—	—	—	—	10.0
	合计		1095.0d	2655.0c	2747.5c	3630.0b	4545.0a

12 月，半固定沙丘不同微地形单元土壤种子库中，顶坡狗尾草和细枝岩黄耆在土壤种子库中的储量相对较大，分别为 380.0 粒/m^2 和 242.5 粒/m^2，小画眉草和雾冰藜次之，分别有 130.0 粒/m^2 和 122.5 粒/m^2；与顶坡相比，上部坡位增加了苦豆子、披针叶野决明、棉蓬和菟丝子 4 种植物，狗尾草和小画眉草在土壤种子库中的储量相对较大，分别为 965.0 粒/m^2 和 602.5 粒/m^2，上部坡位处土壤种子库总储量远大于顶坡，二者之间有显著差异；与上部坡位相比，中部坡位增加了马唐（*Digitaria sanguinalis*）、少花米口袋、苦苣菜、沙蓬和猪毛菜 5 种植物，狗尾草和

细枝岩黄耆在土壤种子库中的储量相对较大，为 400 粒/m^2 和 800 粒/m^2；与中部坡位相比，下部坡位中增加了披针叶野决明 1 种植物，狗尾草、小画眉草和细枝岩黄耆在土壤种子库中的储量相对较大，分别为 847.5 粒/m^2、570.0 粒/m^2 和 580.0 粒/m^2；与下部坡位相比，底坡增加了菟丝子和远志 2 种植物，狗尾草、小画眉草和雾冰藜在土壤种子库中的储量相对较大，为 882.5 粒/m^2、442.5 粒/m^2 和 1162.5 粒/m^2。通过统计分析，除上部坡位和中部坡位外半固定沙丘不同微地形单元土壤种子库密度之间存在着显著差异。

二、半固定沙丘不同微地形单元地上植被对应分析及物种生活型比例

（一）3 月不同微地形单元土壤种子库植被对应分析

3 月土壤种子库中的植被在维数 1 和维数 2 分布的分散程度相差不大（图 4-6），这说明了第一维度和第二维度所表达的坡位和植物物种这两个变量之间的信息相差不大。大部分植物都集中在底坡，其次是上部坡位，顶坡、中部坡位和下部坡位相差不大，这表明 3 月底坡的生态环境因子更适合土壤种子库中的种子生存，其次是上部坡位。同时，针茅、灰绿藜、少花米口袋、老瓜头、锋芒草及小蘖（*Berberis kawakamii*）等偏离各个坡位相对较远，即说明，所研究的半固定沙丘微地形单元生态条件相对较不适应土壤种子库中这些种子的生存，或者说，外界因素对这些植被种子的破坏作用较大。这可能是由于在冬季盐池风沙较大，使土壤种子库中的种子受到风蚀，以及人为因素及动物啃食破坏等原因造成的（刘建立等，2005；李锋瑞等，2003）。

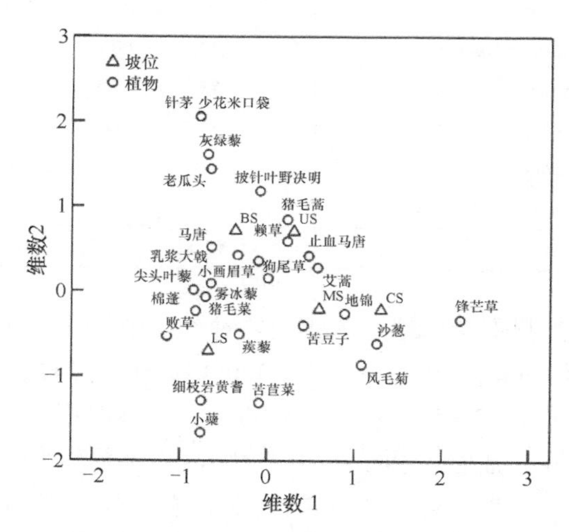

图 4-6　3 月土壤种子库植被物种与坡位对应分析图

（二）6月不同微地形单元土壤种子库植被对应分析

6月土壤种子库中的植被在维数1和维数2分布的分散程度相差不大（图4-7），这说明了第一维度和第二维度所表达的6月土壤种子库中植物物种与坡位间的信息相差不大。大部分植物都集中在底坡和下部坡位，中部坡位次之，而顶坡和上部坡位处土壤种子库中种子分布的较少。这说明6月底坡和下部坡位的生态环境因子更适合土壤种子库中的种子生存，其次是中部坡位。同时赖草和猪毛菜等植被偏离各个坡位相对较远，即说明，所研究的半固定沙丘微地形单元生态条件相对较不适应土壤种子库中这些种子的生存。

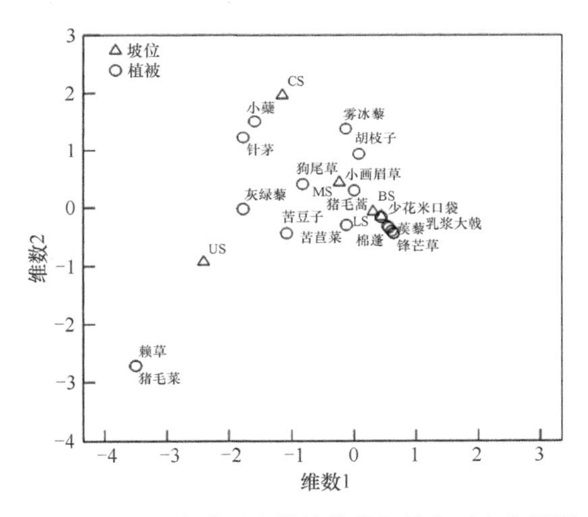

图4-7　6月土壤种子库植被物种与坡位对应分析图

（三）9月不同微地形单元土壤种子库植被对应分析

9月土壤种子库中的植被在维数1比维数2上更分散一些（图4-8），这说明在第一维度能更多地表达出9月土壤种子库中种子的生存状况。大部分植物都集中在底坡、下部坡位及中部坡位，顶坡和上部坡位土壤种子库中种子分布的较少，这说明9月底坡、下部坡位和中部坡位的生态环境因子更适合土壤种子库中的种子生存。针茅和猪毛菜等植被偏离各个坡位相对较远，即说明，所研究的半固定沙丘微地形单元生态条件相对较不适应土壤种子库中这些种子的存活和生长。

（四）12月不同微地形单元土壤种子库植被对应分析

12月土壤种子库中的植被在维数1比维数2上更分散一些（图4-9），这说明在第一维度能更多地表达出12月土壤种子库中种子生存状况。大部分植物都集中在下部坡位，其次是底坡，中部坡位再次之，顶坡和上部坡位处土壤种子库中种

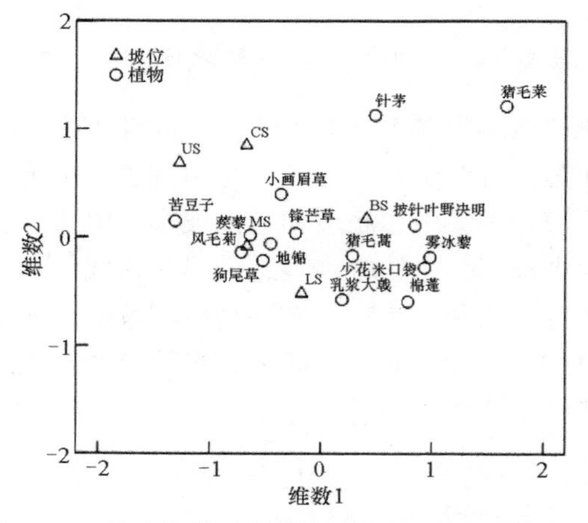

图 4-8　9 月土壤种子库植被物种与坡位对应分析图

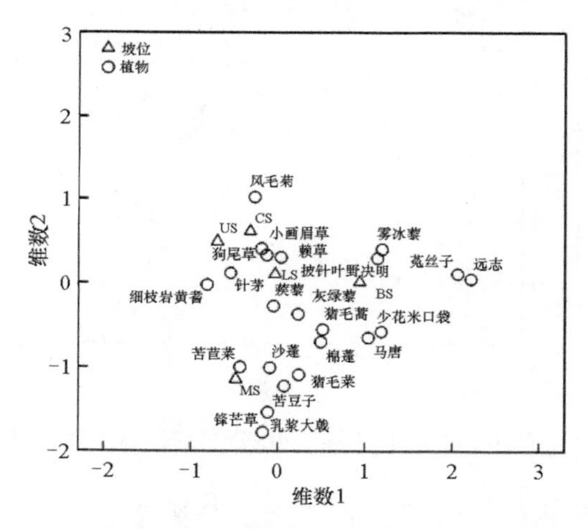

图 4-9　12 月土壤种子库植被物种与坡位对应分析图

子分布的较少，这说明 12 月下部坡位的生态环境因子更适合土壤种子库中的种子存活和生长，其次是底坡，再次之为中部坡位。12 月土壤种子库中的植物种子在 5 个不同微地形单元处整体都比较集中，这可能是由于 12 月地上植被中的种子脱落时间不久，受外界的影响较小，此时土壤种子库中的种子更能反映出地上植被特征（张红梅等，2002；杨跃军等，2001；马克平等，1995a）。

三、半固定沙丘不同微地形单元各土层土壤种子库物种生活型比例及物种数

（一）不同微地形单元各土层土壤种子库物种生活型比例

半固定沙丘不同微地形各土层土壤种子库中（表 4-7），3 月，一年生草本植物

表 4-7　各土层土壤种子库物种生活型比例

月份	生活型	CS			US			MS			LS			BS		
		0~2cm	2~5cm	5~10cm	0~2cm	2~5cm	5~10cm	0~2cm	2~5cm	5~10cm	0~2cm	2~5cm	5~10cm	0~2cm	2~5cm	5~10cm
3 月	E	50.00%	62.50%	66.67%	50.00%	60.00%	50.00%	58.33%	61.54%	75.00%	66.67%	73.33%	80.00%	62.50%	58.82%	100.00%
	P	25.00%	25.00%	25.00%	25.00%	0.00%	50.00%	25.00%	23.08%	16.67%	16.67%	6.67%	13.33%	25.00%	29.41%	0.00%
	B	25.00%	12.50%	8.33%	25.00%	40.00%	0.00%	16.67%	15.38%	8.33%	16.67%	20.00%	6.67%	12.50%	11.76%	0.00%
6 月	E	71.43%	80.00%	66.67%	60.00%	66.67%	71.43%	60.00%	57.14%	55.56%	54.55%	62.50%	83.33%	64.29%	66.67%	80.00%
	P	14.29%	20.00%	33.33%	20.00%	33.33%	28.57%	10.00%	14.29%	22.22%	18.18%	12.50%	0.00%	21.43%	25.00%	10.00%
	B	14.29%	0.00%	0.00%	20.00%	0.00%	0.00%	30.00%	28.57%	22.22%	27.27%	25.00%	16.67%	14.29%	8.33%	10.00%
9 月	E	71.43%	100.00%	100.00%	60.00%	83.33%	75.00%	54.55%	62.50%	60.00%	57.14%	58.33%	57.14%	60.00%	57.14%	66.67%
	P	28.57%	0.00%	0.00%	30.00%	0.00%	0.00%	36.36%	25.00%	20.00%	35.71%	33.33%	28.57%	33.33%	35.71%	22.22%
	B	0.00%	0.00%	0.00%	10.00%	16.67%	25.00%	9.09%	12.50%	20.00%	7.14%	8.33%	14.29%	6.67%	7.14%	11.11%
12 月	E	54.55%	62.50%	66.67%	53.33%	54.55%	54.55%	63.16%	71.43%	66.67%	63.16%	66.67%	61.54%	63.64%	78.57%	64.29%
	P	36.36%	25.00%	22.22%	33.33%	27.27%	27.27%	26.32%	21.43%	25.00%	26.32%	16.67%	30.77%	27.27%	7.14%	21.43%
	B	9.09%	12.50%	11.11%	13.33%	18.18%	18.18%	10.53%	7.14%	8.33%	10.53%	16.67%	7.69%	9.09%	14.29%	14.29%

出现的频度最高（50.00%~100.00%），多年生草本植物次之（0.00%~50.00%），灌木出现的频度最低；6月，一年生草本植物出现的频度最高（54.55%~83.33%），多年生草本植物和灌木出现的频度相差不大；9月，一年生草本植物出现的频度最高（54.55%~100.00%），占所有植被的一半以上，多年生草本植物次之（0.00%~36.36%），灌木出现的频度最低；12月，一年生草本植物出现的频度亦是最高（53.33%~78.57%），多年生草本植物次之（7.14%~36.36%），灌木出现的频度最低。

3月，5~10cm土层中一年生草本植物出现的频度整体上高于0~2cm及2~5cm土层，且一年生草本植物出现的频度由顶坡到底坡整体呈现出上升的趋势，同时，多年生草本植物及灌木出现的频度在各个土层处于波动状态；6月，一年生草本植物、多年生草本植物及灌木在各个土层及坡位出现的频度都呈现出波动状态，下部坡位5~10cm土层中一年生草本植物出现的频度最高为83.33%，而下部坡位0~2cm土层一年生草本植物出现的频度却最低为54.55%，而多年生草本植物在上部坡位2~5cm土层出现的频度最高为33.33%，其在下部坡位5~10cm土层出现的频度为0，同时在中部坡位2~5cm土层灌木出现的频度最高为28.5%；9月，从顶坡到底坡一年生草本植物出现的频度整体呈现出下降的趋势，而多年生草本植物从顶坡到底坡却逐渐增加，同时灌木出现的频度亦处于波动状态，且5~10cm土层中一年生草本植物出现的频度普遍高于0~2cm土层及2~5cm土层，而0~2cm土层中多年生草本植物出现的频度却高于2~5cm及5~10cm土层；12月，一年生草本植物出现的频度波动不大，较平稳，而多年生草本植物及灌木出现的频度处于微小的波动状态，在12月2~5cm土层中一年生草本植物出现的频度整体上略高于0~2cm土层及2~5cm土层，而多年生草本植物在0~2cm土层中出现的频度却略高于2~5cm及5~10cm土层，灌木在各个土层之间的变化不大，相对较稳定。

（二）不同微地形单元各土层土壤种子库物种数

半固定沙丘不同微地形单元各土层土壤种子库中（图4-10），3月至12月，土壤种子库各土层物种数由0~2cm到5~10cm整体呈现出下降的趋势，并且由顶坡到底坡土壤种子库物种数整体呈现出上升的趋势，3月和12月各土层土壤种子库物种数较6月和9月大。顶坡0~2cm土层中，12月土壤种子库中物种数最大，其次是3月，6月最小，2~5cm及5~10cm土层中，3月土壤种子库中物种数最大，其次是12月，同样6月最小；上部坡位处，在0~2cm、2~5cm及5~10cm土层中，12月土壤种子库中物种数均最大，其次是9月，而3月最小；中部坡位处，3月在各土层中土壤种子库物种数均最大，其次是12月；下部坡位处，在各土层中3月土壤种子库中物种数最大，其次是12月，9月再次，6月最小；底坡同上部坡位。

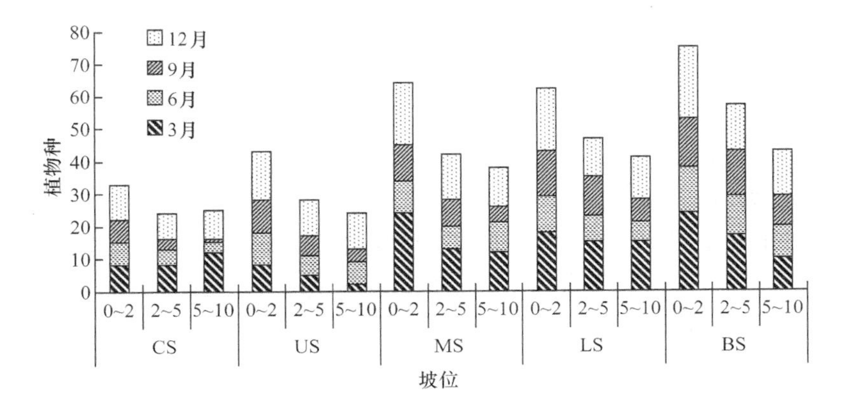

图 4-10 各土层土壤种子库物种数

四、半固定沙丘不同微地形单元各土层土壤种子库物种 α-多样性分析

（一）3 月不同微地形单元各土层土壤种子库物种 α-多样性

1. 3 月不同微地形单元各土层土壤种子库物种丰富度指数

3 月，半固定沙丘不同微地形单元土壤种子库物种丰富度指数之间存在一定差异（图 4-11）。同一坡位，顶坡和下部坡位处，5~10cm 土层土壤种子库物种丰富度指数最大，而上部坡位、中部坡位及底坡处土壤种子库物种丰富度指数随着采样深度的增加逐渐减小。同一采样深度，0~2cm 土层，中部坡位土壤种子库物种丰富度指数最大，其次是底坡，再次之为下部坡位，顶坡处最小；2~5cm 土层，土壤种子库物种丰富度指数除上部坡位略有下降外，由顶坡到底坡整体呈现出

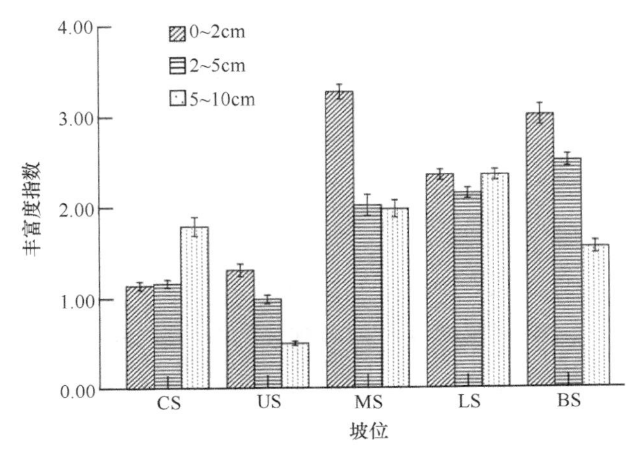

图 4-11 3 月不同微地形单元土壤种子库物种丰富度指数

增加的趋势；5~10cm 土层土壤种子库物种丰富度指数处于波动状态，下部坡位处最大，其次是中部坡位，再次之为顶坡，上部坡位最小。

通过两因素方差分析可知（表 4-8），中部坡位土壤种子库物种丰富度指数平均值最大，下部坡位次之，上部坡位最小，各坡位间土壤种子库物种丰富度指数差异显著；0~2cm 土层土壤种子库物种丰富度指数平均值最大，2~5cm 次之，0~2cm 土层和 2~5cm、5~10cm 土层物种丰富度指数之间存在显著差异。

表 4-8　土壤种子库物种多丰富度指数统计分析表

坡位	物种丰富度指数	深度/cm	物种丰富度指数
CS	1.36±0.11d	0~2	2.22±0.19a
US	0.93±0.07e	2~5	1.77±0.09b
MS	2.42±0.14a	5~10	1.63±0.09b
LS	2.28±0.11b		
BS	1.87±0.13c		

注：同列不同小写字母表示在 0.05 水平下各数值之间差异显著，下同

2. 3 月份不同微地形单元各土层土壤种子库物种 Simpson 多样性指数

3 月，不同微地形单元半固定沙丘土壤种子库物种 Simpson 多样性指数之间存在一定差异性（图 4-12）。同一微地形单元，土壤种子库物种 Simpson 多样性指数随着采样深度的增加逐渐减小。同一采样深度，从顶坡到底坡土壤种子库 Simpson 多样性指数逐渐增大。

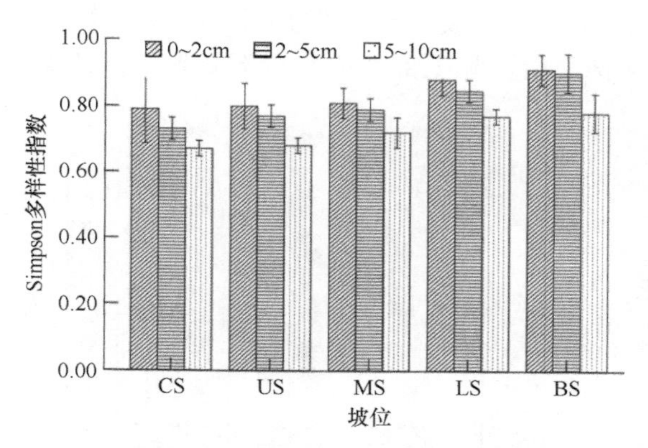

图 4-12　3 月不同微地形单元土壤种子库物种 Simpson 多样性指数

通过两因素方差分析可知（表 4-9），底坡土壤种子库物种 Simpson 多样性指数平均值最大，下部坡位次之，顶坡最小。底坡和下部坡位土壤种子库 Simpson 多样性指数平均值差异不显著；底坡和中部坡位、上部坡位及顶坡有显著差异；

但中部坡位及顶坡和上部坡位的差异性不显著。0~2cm 土层土壤种子库物种 Simpson 多样性指数平均值最大，2~5cm 次之；0~2cm 和 2~5cm 之间 Simpson 多样性指数平均值差异不显著，但 0~2cm、2~5cm 与 5~10cm 之间物种 Simpson 多样性指数平均值之间存在显著差异。

表 4-9　土壤种子库物种 Simpson 多样性指数平均值统计分析表

坡位	Simpson 多样性指数	深度/cm	Simpson 多样性指数
CS	0.73±0.03c	0~2	0.84±0.06a
US	0.75±0.02bc	2~5	0.81±0.05a
MS	0.77±0.03b	5~10	0.72±0.03b
LS	0.84±0.05a		
BS	0.86±0.04a		

3. 3 月不同微地形单元各土层土壤种子库物种 Shannon-Wiener 多样性指数

3 月，半固定沙丘不同微地形单元土壤种子库物种 Shannon-Wiener 多样性指数之间存在一定差异（图 4-13）。同一微地形单元，土壤种子库物种 Shannon-Wiener 多样性指数随着采样深度的增加逐渐减小。同一采样深度，除上部坡位略有减小外，从顶坡到底坡土壤种子库 Shannon-Wiener 多样性指数整体呈现出上升的趋势。

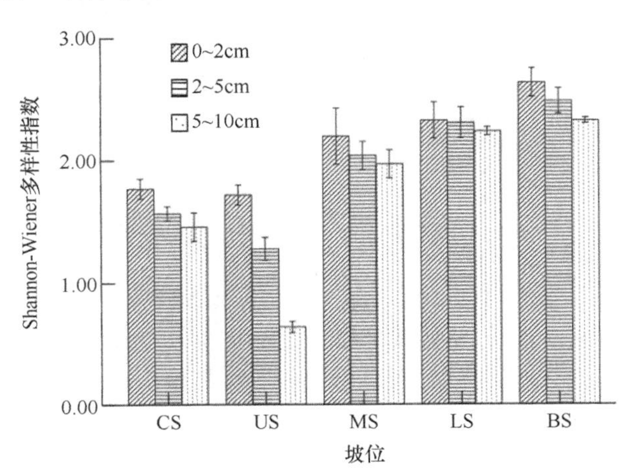

图 4-13　3 月不同微地形单元土壤种子库物种 Shannon-Wiener 多样性指数

通过两因素方差分析可知（表 4-10），从顶坡到底坡，土壤种子库物种 Shannon-Wiener 多样性指数平均值逐渐增加，且微地形单元之间土壤种子库物种 Shannon-Wiener 多样性指数平均值之间差异性显著。0~2cm 土层土壤种子库物种 Shannon-Wiener 多样性指数平均值最大，2~5cm 次之，5~10cm 土层最小，且各土层土壤种子库物种 Shannon-Wiener 多样性指数平均值之间存在显著差异。

表 4-10　土壤种子库物种 Shannon-Wiener 多样性指数统计分析表

坡位	Shannon-Wiener 多样性指数	深度/cm	Shannon-Wiener 多样性指数
CS	1.60±0.14d	0~2	2.13±0.20a
US	1.21±0.10e	2~5	1.94±0.15b
MS	2.07±0.111c	5~10	1.73±0.13c
LS	2.29±0.13b		
BS	2.49±0.15a		

4.3 月不同微地形单元各土层土壤种子库物种均匀性系数

3 月，半固定沙丘不同微地形单元土壤种子库物种均匀性系数之间存在一定差异性（图 4-14），同一微地形单元，土壤种子库物种均匀性系数随着采样深度的增加逐渐增大。同一采样深度，从顶坡到底坡土壤种子库物种均匀性系数整体呈现出上升的趋势。

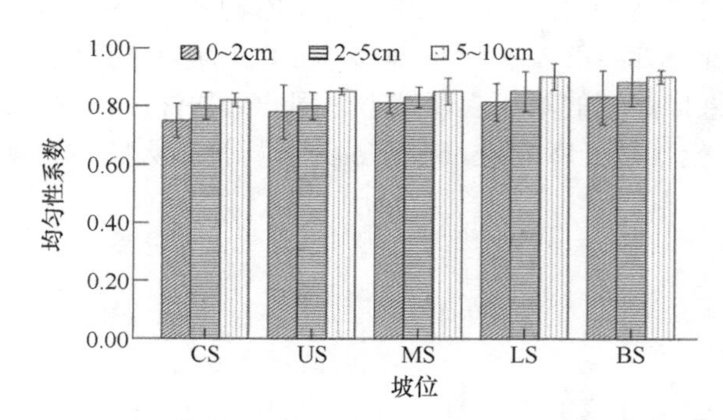

图 4-14　3 月不同微地形单元土壤种子库物种均匀性系数

通过两因素方差分析可知（表 4-11），从顶坡到底坡，土壤种子库物种均匀性系数平均值逐渐增加，顶坡和上部坡位、上部坡位和中部坡位土壤种子库物种均匀性系数差异性不显著，底坡和下部坡位差异性亦不显著。5~10cm 土层土壤种子库物种均匀性系数平均值最大，2~5cm 次之，0~2cm 土层最小，0~2cm 土层和

表 4-11　土壤种子库物种均匀性系数平均值差异显著性分析表

坡位	均匀性系数	深度/cm	均匀性系数
CS	0.79±0.06c	0~2	0.80±0.07b
US	0.81±0.06c	2~5	0.83±0.08ab
MS	0.83±0.05bc	5~10	0.86±0.06a
LS	0.85±0.07ab		
BS	0.87±0.07a		

2~5cm 土层、2~5cm 土层和 5~10cm 土层之间土壤种子库物种均匀性系数平均值差异不显著。

（二）6 月不同微地形单元各土层土壤种子库物种 α-多样性

1. 6 月不同微地形单元各土层土壤种子库物种丰富度指数

6 月，半固定沙丘不同微地形单元土壤种子库物种丰富度指数之间存在一定差异性（图 4-15），同一微地形单元，土壤种子库物种丰富度指数随着采样深度的增加逐渐减小。同一采样深度，从顶坡到底坡土壤种子库物种丰富度指数整体呈现出上升的趋势。

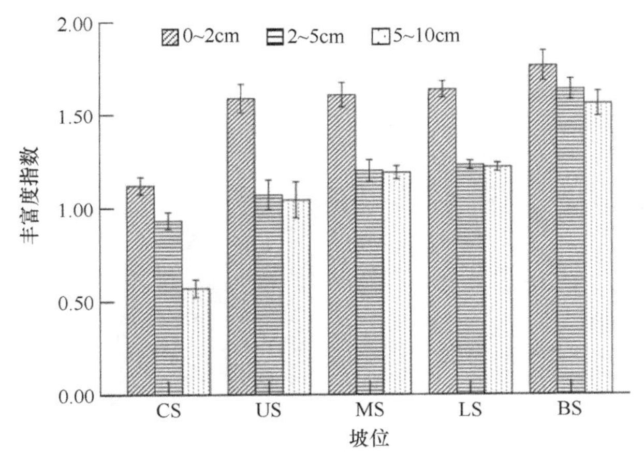

图 4-15　6 月不同微地形单元土壤种子库物种丰富度指数

通过两因素方差分析可知（表 4-12），从顶坡到底坡，土壤种子库物种丰富度指数平均值逐渐增加，上部坡位和中部坡位土壤种子库物种丰富度指数差异性不显著，但其和其他坡位有显著差异。0~2cm 土层土壤种子库物种丰富度指数平均值最大，2~5cm 次之，5~10cm 土层最小，0~2cm、2~5cm 和 5~10cm 土层之间土壤种子库物种丰富度指数平均值存在显著差异。

表 4-12　土壤种子库物种多丰富度指数统计分析表

坡位	物种丰富度指数	深度/cm	物种丰富度指数
CS	0.74±0.06d	0~2	1.55±0.12a
US	1.22±0.09c	2~5	1.20±0.10b
MS	1.33±0.10b	5~10	1.11±0.07c
LS	1.37±0.10b		
BS	1.65±0.11a		

2. 6 月不同微地形单元各土层土壤种子库物种 Simpson 多样性指数

6 月，半固定沙丘不同微地形单元土壤种子库物种 Simpson 多样性指数处于波动状态（图 4-16）。同一微地形单元，顶坡处随着采样深度的增加土壤种子库物种 Simpson 多样性指数逐渐减小；上部坡位和中部坡位处，0~2cm 土层土壤种子库物种 Simpson 多样性指数最大，5~10cm 土层次之，2~5cm 土层最小；下部坡位处，2~5cm 土层土壤种子库 Simpson 多样性指数最大，5~10cm 土层次之，0~2cm 土层最小；底坡处随着采样深度的增加，土壤种子库物种 Simpson 多样性指数先略有下降再增大。同一采样深度，0~2cm、5~10cm 和 2~5cm 土层，从顶坡到底坡土壤种子库物种 Simpson 多样性指数处于波动状态，上部坡位处最大，其次是底坡，再次之为中部坡位，下部坡位最小。

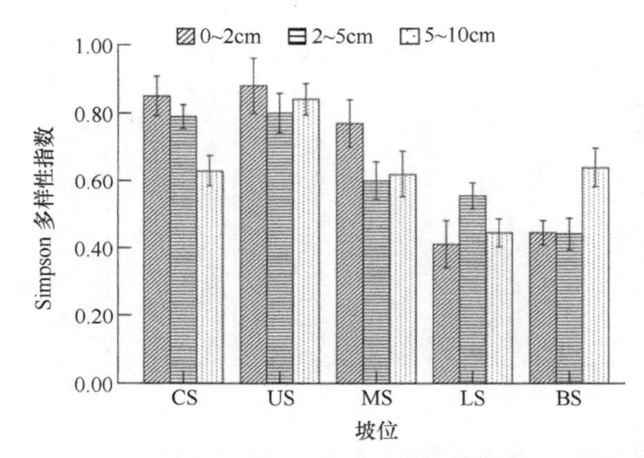

图 4-16　6 月不同微地形单元土壤种子库物种 Simpson 多样性指数

通过统计分析可知（表 4-13），上部坡位土壤种子库物种 Simpson 多样性指数平均值最大，顶坡次之，下部坡位最小，顶坡和中部坡位土壤种子库物种 Simpson 多样性指数差异不显著，但其与其他各坡位及各坡位间差异显著。2~5cm 土层土壤种子库物种 Simpson 多样性指数平均值最大，0~2cm 次之，0~2cm、2~5cm 及 5~10cm 土层物种 Simpson 多样性指数平均值之间差异不显著。

表 4-13　土壤种子库物种 Simpson 多样性指数统计分析表

坡位	Simpson 多样性指数	深度/cm	Simpson 多样性指数
CS	0.69±0.06b	0~2	0.66±0.05a
US	0.84±0.07a	2~5	0.67±0.06a
MS	0.66±0.06b	5~10	0.63±0.06a
LS	0.45±0.03d		
BS	0.50±0.03c		

3. 6 月不同微地形单元各土层土壤种子库物种 Shannon-Wiener 多样性指数

6 月，半固定沙丘不同微地形单元土壤种子库物种 Shannon-Wiener 多样性指数处于波动状态（图 4-17）。同一微地形单元，顶坡处随着采样深度的增加土壤种子库物种 Shannon-Wiener 多样性指数逐渐减小；上部坡位和中部坡位处，0~2cm 土层土壤种子库物种 Shannon-Wiener 多样性指数最大，5~10cm 土层次之，2~5cm 土层最小；下部坡位处，2~5cm 土层土壤种子库 Shannon-Wiener 多样性指数最大，0~2cm 土层次之，5~10cm 土层最小；底坡处随着采样深度的增加，土壤种子库物种 Shannon-Wiener 多样性指数先略减小再增大。同一采样深度，0~2cm 土层中，上部坡位土壤种子库 Shannon-Wiener 多样性指数平均值最大，顶坡次之，下部坡位最小；2~5cm 土层中土壤种子库 Shannon-Wiener 多样性指数平均值除上部坡位有所增大外，从顶坡到底坡整体呈现出下降的趋势；5~10cm 土层土壤种子库物种 Shannon-Wiener 多样性指数处于波动状态，上部坡位处最大，其次是底坡，再次之为中部坡位，下部坡位最小。

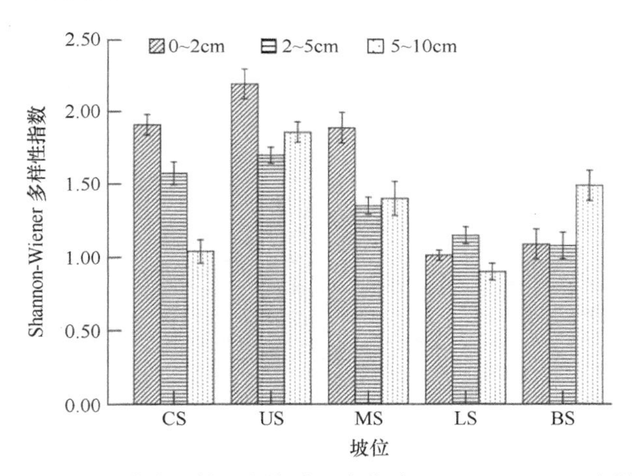

图 4-17　6 月不同微地形单元土壤种子库物种 Shannon-Wiener 多样性指数

通过统计分析可知（表 4-14），上部坡位土壤种子库物种 Shannon-Wiener 多样性指数平均值最大，中部坡位次之，下部坡位最小，各坡位间土壤种子库物种

表 4-14　土壤种子库物种 Shannon-Wiener 多样性指数统计分析表

坡位	Shannon-Wiener 多样性指数	深度/cm	Shannon-Wiener 多样性指数
CS	1.31±0.11c	0~2	1.62±0.12a
US	1.92±0.16a	2~5	1.45±0.11b
MS	1.54±0.12b	5~10	1.34±0.09c
LS	1.02±0.09e		
BS	1.22±0.09d		

Shannon-Wiener 多样性指数差异显著。0~2cm 土层土壤种子库物种 Shannon-Wiener 多样性指数平均值最大，2~5cm 土层次之，5~10cm 土层最小，各土层土壤种子库物种 Shannon-Wiener 多样性指数平均值之间差异性显著。

4. 6 月不同微地形单元各土层土壤种子库物种均匀性系数

6 月，半固定沙丘不同微地形单元土壤种子库物种 Shannon-Wiener 多样性指数处于波动状态（图 4-18）。同一微地形单元，顶坡处随着采样深度的增加土壤种子库物种均匀性系数逐渐减小；上部坡位处，5~10cm 土层土壤种子库物种均匀性系数最大，0~2cm 和 2~5cm 土层相同；中部坡位处，0~2cm 土层土壤种子库均匀性系数最大，5~10cm 土层次之，2~5cm 土层最小；下部坡位处，2~5cm 土层土壤种子库均匀性系数最大，5~10cm 土层次之，0~2cm 土层最小；底坡处随着采样深度的增加土壤种子库物种均匀性系数逐渐增大。同一采样深度，0~2cm 和 2~5cm 土层中，土壤种子库均匀性系数平均值从顶坡到底坡整体呈现出下降的趋势；5~10cm 土层土壤种子库物种均匀性系数处于波动状态，上部坡位处最大，其次是顶坡，再次之为中部坡位，下部坡位最小。

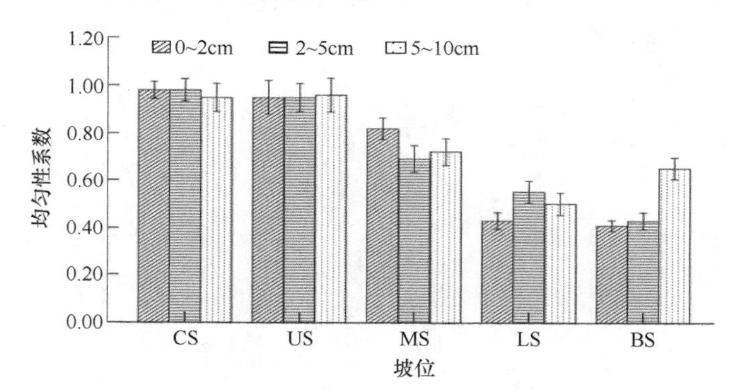

图 4-18　6 月不同微地形单元土壤种子库物种均匀性系数

通过统计分析可知（表 4-15），上部坡位土壤种子库物种均匀性系数平均值最大，顶坡次之，下部坡位最小，顶坡和上部坡位、下部坡位和底坡之间土壤种子

表 4-15　土壤种子库物种均匀性系数统计分析表

坡位	均匀性系数	深度/cm	均匀性系数
CS	0.94±0.08a	0~2	0.72±0.07a
US	0.95±0.08a	2~5	0.76±0.06a
MS	0.74±0.06b	5~10	0.75±0.06a
LS	0.49±0.03c		
BS	0.50±0.03c		

库均匀性系数平均值差异不显著。2~5cm 土层土壤种子库物种均匀性系数平均值最大，5~10cm 土层次之，0~2cm 土层最小，各土层土壤种子库物种均匀性系数平均值之间差异性不显著。

（三）9 月不同微地形单元各土层土壤种子库物种 α-多样性

1. 9 月不同微地形单元各土层土壤种子库物种丰富度指数

9 月，半固定沙丘不同微地形单元土壤种子库物种丰富度指数之间存在一定差异性（图 4-19）（顶坡 5~10cm 土层中只有一种植物因此不计算其物种多样性）。在同一采样深度，随着海拔的降低，土壤种子库物种丰富度指数呈现出 BS>LS>MS>US>CS 的趋势。同一坡位土壤种子库物种丰富度指数呈现出 0~2cm>2~5cm>5~10cm 的趋势。

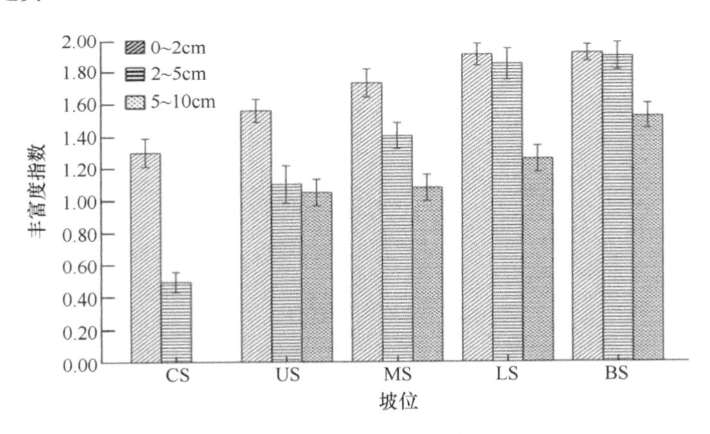

图 4-19　9 月不同微地形单元土壤种子库物种丰富度指数

通过两因素方差分析可知（表 4-16），底坡土壤种子库物种丰富度指数平均值最大，下部边坡次之，顶坡最小，各坡位间土壤种子库物种丰富度指数差异显著。0~2cm 土层土壤种子库物种丰富度指数平均值最大，2~5cm 次之，各采样深度间土壤种子库物种丰富度指数存在显著差异。

表 4-16　土壤种子库物种多丰富度指数统计分析表

坡位	物种丰富度指数	深度/cm	物种丰富度指数
CS	0.59±0.05e	0~2	1.65±0.12a
US	1.24±0.10d	2~5	1.36±0.10b
MS	1.41±0.11c	5~10	0.98±0.08c
LS	1.67±0.11b		
BS	1.78±0.13a		

2. 9 月不同微地形单元各土层土壤种子库物种 Simpson 多样性指数

由图 4-20 可知，9 月，半固定沙丘不同微地形单元土壤种子库 Simpson 多样性指数，0~2cm 土层中，上部坡位处物种 Simpson 多样性指数最大，其次是顶坡，再次是底坡，中部坡位和下部坡位处物种 Simpson 多样性指数相对比较小；2~5cm 土层处，中部坡位土壤种子库物种 Simpson 多样性指数最大，其次是上部坡位，再次之为底坡，顶坡和下部坡位坡处土壤种子库物种 Simpson 多样性指数相对较小；5~10cm 土层中土壤种子库物种多样性指数呈现出 LS>BS>US>MS>CS 的趋势。顶坡、上部坡位处土壤种子库物种 Simpson 多样性指数大小为 0~2cm>2~5cm>5~10cm；下部坡位和底坡为 5~10cm>0~2cm>2~5cm，而中部坡位处略有不同。

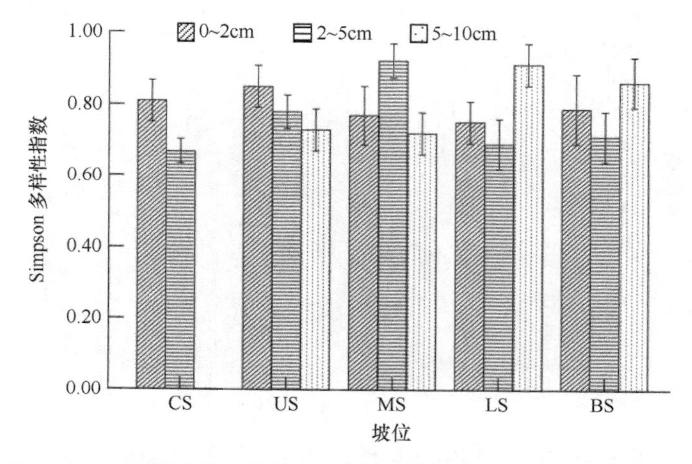

图 4-20　9 月不同微地形单元土壤种子库物种 Simpson 多样性指数

通过统计可知（表 4-17），中部坡位处土壤种子库物种 Simpson 多样性指数平均值最大，上部坡位次之，顶坡最小，上部坡位、中部坡位、下部坡位和底坡土壤种子库物种 Simpson 多样性指数无显著差异但其与顶坡差异显著。0~2cm 土层土壤种子库物种 Simpson 多样性指数平均值最大，2~5cm 次之，0~2cm 和 2~5cm

表 4-17　土壤种子库物种 Simpson 多样性指数统计分析表

坡位	Simpson 多样性指数	深度/cm	Simpson 多样性指数
CS	0.49±0.03b	0~2	0.78±0.06a
US	0.79±0.06a	2~5	0.75±0.06a
MS	0.80±0.06a	5~10	0.64±0.04b
LS	0.78±0.07a		
BS	0.76±0.05a		

土层土壤种子库物种 Simpson 多样性指数平均值差异不显著，但其与 5~10cm 土层之间有显著差异。

3. 9 月不同微地形单元各土层土壤种子库物种 Shannon-Wiener 多样性指数

由图 4-21 可知，9 月，0~2cm 土层中上部边坡处物种 Shannon-Wiener 多样性指数最大为 1.99，其次是中部边坡为 1.90，再次是下部边坡为 1.84，底坡和顶坡处物种多样性指数相对比较小分别为 1.80 和 1.73；2~5cm 土层处中部边坡土壤种子库物种多样性指数最大为 1.75，其次是底坡为 1.72，再次之为下部边坡为 1.64，上部边坡和顶坡处土壤种子库物种多样性指数相对较小，分别为 1.10 和 0.68；5~10cm 土层中土壤种子库物种多样性指数呈现出 BS>LS>MS>US>CS 的趋势；顶坡、中部边坡和下部边坡处土壤种子库物种多样性指数大小为 0~2cm>2~5cm>5~10cm，而上部边坡、底坡处略有不同。

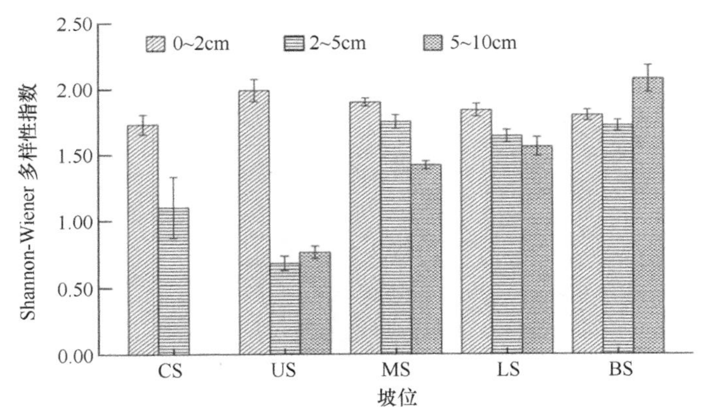

图 4-21　9 月不同微地形单元土壤种子库物种 Shannon-Wiener 多样性指数

通过统计可知（表 4-18），底坡处土壤种子库物种多样性指数平均值最大，中部边坡次之，顶坡最小，中部边坡和下部边坡土壤种子库多样性指数无差异但其与其他坡位差异显著。0~2cm 土层土壤种子库物种多样性指数平均值最大，2~5cm 次之，各采样深度间土壤种子库物种多样性指数存在显著差异。

表 4-18　土壤种子库物种 Shannon-Wiener 多样性指数统计分析表

坡位	Shannon-Wiener 多样性指数	深度/cm	Shannon-Wiener 多样性指数
CS	0.94±0.08d	0~2	1.85±0.16a
US	1.14±0.09c	2~5	1.38±0.11b
MS	1.69±0.13b	5~10	1.16±0.10c
LS	1.68±0.15b		
BS	1.87±0.13a		

4. 9 月不同微地形单元各土层土壤种子库物种均匀性系数

9 月，半固定沙丘不同微地形单元土壤种子库物种均匀性系数处于波动状态（图 4-22）。0~2cm 土层中上部边坡处物种均匀性系数最大为 0.90，其次是顶坡为 0.89，再次为中部边坡为 0.79，下部边坡和底坡处物种均匀性系数相对比较小分别为 0.73 和 0.67；2~5cm 土层处，顶坡土壤种子库物种均匀性系数最大为 1.00，其次是中部坡位为 0.84，再次之为下部边坡和底坡的 0.66 和 0.65，上部边坡处土壤种子库物种多样性指数相对较小，分别为 0.38；5~10cm 土层中土壤种子库物种多样性指数呈现出 BS>LS>MS>US>CS 的趋势。中部边坡处土壤种子库物种均匀性系数呈现出 5~10cm>2~5cm>0~2cm 的趋势，下部边坡和底坡处则呈现出 5~10cm>0~2cm>2~5cm 的趋势。顶坡和上部边坡处略有不同，顶坡处 2~5cm 土层中土壤种子库均匀性系数最大，而上部坡位则是 0~2cm 处最大。

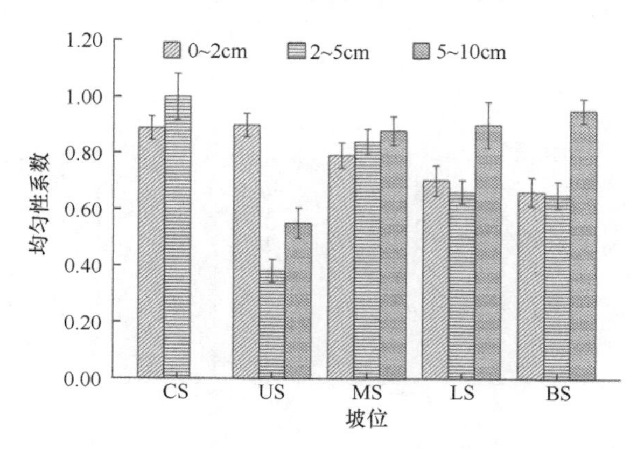

图 4-22 9 月不同微地形单元土壤种子库物种均匀性系数

通过两因素方差分析可知（表 4-19），中部边坡土壤种子库物种均匀性系数平均值最大，下部边坡和低坡次之，上部边坡最小，中部边坡土壤种子库物种均匀性系数与其他坡位差异显著，顶坡和上部边坡、下部边坡和低坡土壤种子库均匀性系数无显著差异。不同采样深度下土壤种子库物种均匀性系数平均

表 4-19 土壤种子库物种均匀性系数统计分析表

坡位	均匀性系数	深度/cm	均匀性系数
CS	0.63±0.05c	0~2	0.79±0.05a
US	0.61±0.05c	2~5	0.71±0.04b
MS	0.84±0.06a	5~10	0.66±0.03c
LS	0.75±0.06b		
BS	0.75±0.07b		

值大小为 0~2cm>2~5cm>5~10cm，各采样深度间土壤种子库均匀性系数存在显著差异。

（四）12 月不同微地形单元各土层土壤种子库物种 α-多样性

1. 12 月不同微地形单元各土层土壤种子库物种丰富度指数

12 月，半固定沙丘不同微地形单元土壤种子库物种丰富度指数处于波动状态（图 4-23）。0~2cm 土层中，中部坡位土壤种子库物种丰富度指数最大，其余坡位由顶坡到底坡整体呈现出上升的趋势；2~5cm 土层处，中部坡位土壤种子库物种丰富度指数最大，其次是底坡，再次之为上部坡位，下部坡位最小。5~10cm 土层中土壤种子库物种丰富度指数呈现出 BS>MS>LS>US>CS 的趋势；顶坡和中部坡位处土壤种子库物种丰富度指数大小为 0~2cm>2~5cm>5~10cm，下部坡位和底坡为 0~2cm>5~10cm>2~5cm，而上部坡位略有不同。

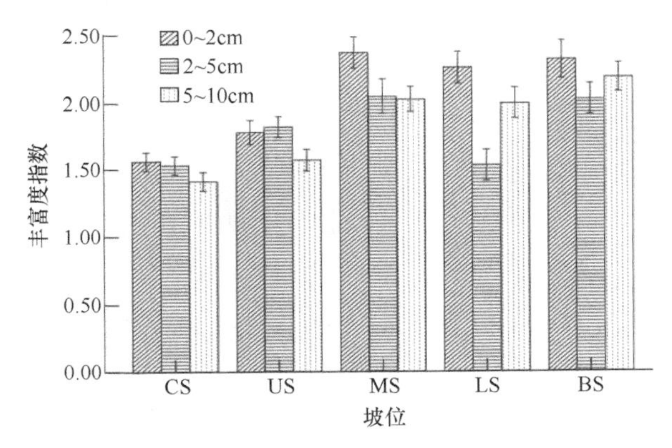

图 4-23　12 月不同微地形单元土壤种子库物种丰富度指数

通过两因素方差分析可知（表 4-20），底坡处土壤种子库物种丰富度指数平均值最大，中部坡位次之，顶坡最小，中部坡位和底坡土壤种子库物种丰富度指数无差异但与其他坡位差异显著。0~2cm 土层土壤种子库物种丰富度指数平均值最大，5~10cm 次之，2~5cm 最小，2~5cm 和 5~10 土层土壤种子库物种丰富度指数平均值差异不显著，但和 0~2cm 土层之间有显著差异。

表 4-20　土壤种子库物种多丰富度指数统计分析表

坡位	物种丰富度指数	深度/cm	物种丰富度指数
CS	1.50±0.14d	0~2	2.06±0.17a
US	1.72±0.13c	2~5	1.79±0.14b
MS	2.15±0.19a	5~10	1.84±0.13b
LS	1.93±0.17b		
BS	2.18±0.20a		

2. 12 月不同微地形单元各土层土壤种子库物种 Simpson 多样性指数

由图 4-24 可知，12 月，半固定沙丘不同微地形单元土壤种子库物种 Simpson 多样性指数存在一定的差异。0~2cm 土层中，下部坡位土壤种子库物种 Simpson 多样性指数最大，底坡次之，上部坡位最小；2~5cm 土层中，土壤种子库物种 Simpson 多样性指数由顶坡到底坡整体呈现出上升的趋势；5~10cm 土层中，除底坡土壤种子库物种 Simpson 多样性指数略有下降外，从顶坡到下部坡外均呈现出上升的趋势。顶坡，0~2cm 土层土壤种子库物种 Simpson 多样性指数最大，5~10cm 次之，2~5cm 最小；上部坡位，2~5cm 土层土壤种子库物种 Simpson 多样性指数最大，5~10cm 次之，0~2cm 最小；中部坡位，土壤种子库物种 Simpson 多样性指数呈现出 0~2cm>2~5cm>5~10cm 的趋势；下部坡位，0~2cm 土层土壤种子库物种 Simpson 多样性指数最大，5~10cm 次之，2~5cm 最小；底坡处 2~5cm 土壤种子库物种 Simpson 多样性指数最大，0~2cm 次之，5~10cm 最小。

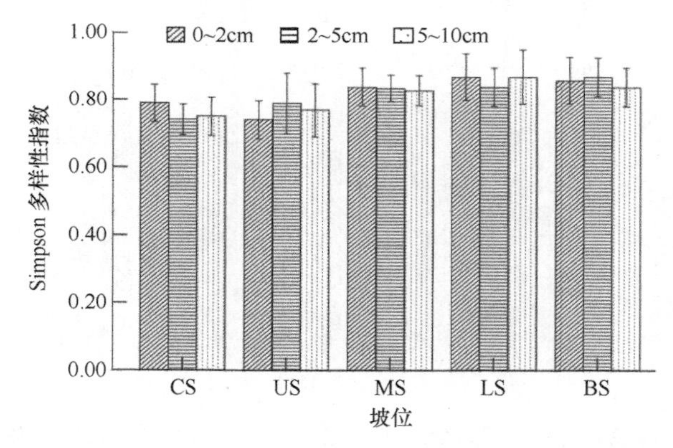

图 4-24　12 月不同微地形单元土壤种子库物种 Simpson 多样性指数

通过统计分析可知（表 4-21），底坡、下部坡位和中部坡位土壤种子库物种 Simpson 多样性指数平均值相差不大，且三者之间差异不显著，顶坡和上部坡位次之，二者之间差异亦不显著。0~2cm、2~5cm 及 5~10cm 土层土壤种子库物种 Simpson 多样性指数平均值相差不大，三者之间差异不显著。

表 4-21　土壤种子库物种 Simpson 多样性指数统计分析表

坡位	Simpson 多样性指数	深度/cm	Simpson 多样性指数
CS	0.76±0.06b	0~2	0.82±0.07a
US	0.77±0.06b	2~5	0.82±0.06a
MS	0.85±0.07a	5~10	0.81±0.06a
LS	0.86±0.06a		
BS	0.86±0.07a		

3. 12 月不同微地形单元各土层土壤种子库物种 Shannon-Wiener 多样性指数

由图 4-25 可知，12 月，半固定沙丘不同微地形单元土壤种子库物种 Shannon-Wiener 多样性指数存在一定的差异。0~2cm 土层中，底坡土壤种子库物种 Shannon-Wiener 多样性指数最大，下部坡位次之，上部坡位最小；2~5cm 土层中，底坡土壤种子库物种 Shannon-Wiener 多样性指数最大，中部坡位次之，顶坡最小；5~10cm 土层中，土壤种子库物种 Shannon-Wiener 多样性指数由顶坡到底坡整体呈现出上升的趋势。顶坡，0~2cm 土层土壤种子库物种 Shannon-Wiener 多样性指数最大，5~10cm 次之，2~5cm 最小；上部坡位，2~5cm 土层土壤种子库物种 Shannon-Wiener 多样性指数最大，5~10cm 次之，0~2cm 最小；中部坡位，2~5cm 土层土壤种子库物种 Shannon-Wiener 多样性指数最大，0~2cm 次之，5~10cm 最小；下部坡位，0~2cm 土层土壤种子库物种 Simpson 多样性指数最大，5~10cm 次之，2~5cm 最小；底坡处土壤种子库物种 Shannon-Wiener 多样性指数呈现出 0~2cm>2~5cm>5~10cm 的趋势。

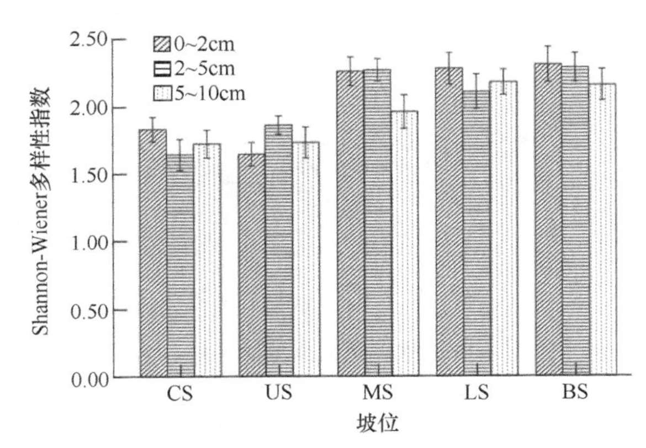

图 4-25　12 月不同微地形单元土壤种子库物种 Shannon-Wiener 多样性指数

通过两因素方差分析可知（表 4-22），底坡和下部坡位土壤种子库物种 Shannon-Wiener 多样性指数平均值相差不大，且其二者之间差异不显著，中部坡位和下部坡位土壤种子库物种 Shannon-Wiener 多样性指数平均值相差不大，且其二者之间差异不显著，顶坡和上部坡位较小，其二者之间差异亦不显著。0~2cm 和 2~5cm 土层土壤种子库物种 Shannon-Wiener 多样性指数平均值相差不大，0~2cm 和 5~10cm 土层之间差异显著。

表 4-22　土壤种子库物种 Shannon-Wiener 多样性指数统计分析表

坡位	Shannon-Wiener 多样性指数	深度/cm	Shannon-Wiener 多样性指数
CS	1.73±0.14c	0~2	2.06±0.18a
US	1.74±0.14c	2~5	2.04±0.17a
MS	2.16±0.19b	5~10	1.95±0.16b
LS	2.19±0.20ab		
BS	2.25±0.20a		

4. 12 月不同微地形单元各土层土壤种子库物种均匀性系数

由图 4-26 可知，12 月份，半固定沙丘不同微地形单元土壤种子库物种均匀性系数存在一定的差异。不同微地形单元中，0~2cm 土层中，顶坡土壤种子库物种均匀性系数最大，中部坡位次之，上部坡位最小；2~5cm 土层，土壤种子库物种均匀性系数从顶坡到下部坡位整体呈现出上升的趋势，底坡略有减小；5~10cm 土层，下部坡位土壤种子库物种均匀性系数最大，底坡次之，上部坡位最小。同一微地形单元，顶坡处，5~10cm 土壤种子库物种均匀性系数最大，0~2cm 次之，2~5cm 最小；上部坡位、中部坡位、下部坡位和底坡，土壤种子库物种均匀性系数呈现出 2~5cm>5~10cm>0~2cm 的趋势。

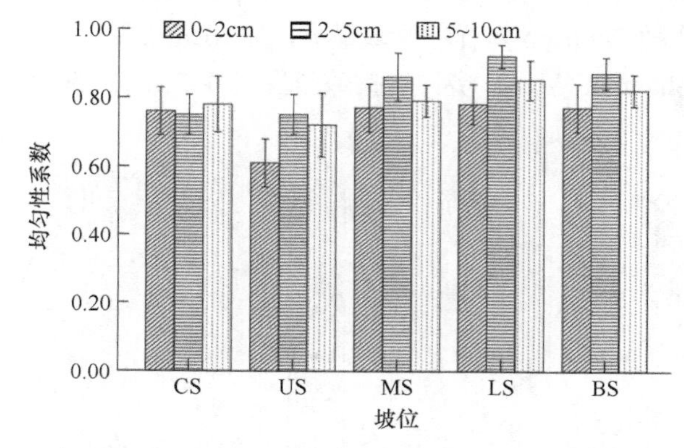

图 4-26 12 月不同微地形单元土壤种子库物种均匀性系数

通过统计可知（表 4-23），中部坡位、下部坡位和底坡土壤种子库物种均匀性系数平均值相差不大，且三者之间差异不显著，上部坡位和顶坡土壤种子库物种均匀性系数平均值相差不大，且二者之间差异性显著。0~2cm 和 5~10cm 土层土壤种子库物种均匀性系数平均值相差不大，但和 2~5cm 土层之间差异显著。

表 4-23 土壤种子库物种均匀性系数统计分析表

坡位	均匀性系数	深度/cm	均匀性系数
CS	0.77±0.06b	0~2	0.74±0.06a
US	0.69±0.06b	2~5	0.83±0.06b
MS	0.81±0.07a	5~10	0.79±0.03ab
LS	0.85±0.06a		
BS	0.82±0.07a		

五、讨论与小结

本研究中，荒漠草原区半固定沙丘不同微地形单元土壤种子库各物种储量和总储量均呈现出 BS>LS>MS>US>CS 的趋势，且在不同采样深度呈现出 0~2cm 土层>2~5cm 土层>5~10cm 土层的趋势。这可能是由于顶坡处光照强度相对较大，土壤含水量较少，导致植物不能很好地从土壤中吸收生长所需要的水分；植物种子掉落后一般都在表层土壤，只有一小部分植物种子会由于风蚀等原因而定居在深层土壤中，因此底坡和表层土壤中种子储量相对较多。前人研究表明，由于海拔和坡位的变化，光照、土壤水分、养分及风沙堆积等小生境在局部范围内会产生微小的变化，在半固定沙丘区，海拔相对较低的地方土壤风蚀弱，有效减少了土壤养分的吹蚀（哈斯等，2006；邵玉琴等，2001；Marschner et al.，1997），为先锋物种的生长提供有利条件，而其凋落物可以改善土壤性状，有利于其他植物物种的入侵和定居，同时增加了凋落物的输入，由此形成一个植被-土壤相互作用的良性循环系统（赵丽娅等，2006）。研究显示，禾本科植物在较高强度的光照下种子萌发力比其他植物种子高（张莹莹等，2011）。而多年生藜科草本植物猪毛蒿含有较多的水溶性及挥发性二次代谢物，这些物质对与其共生及与其非共生植物的种子发芽、幼苗生长具有较强的他感作用（金海洙和金锺熙，2011），并且猪毛蒿的繁殖能力较强（彭文栋等，2013），并且狗尾草和小画眉草都是一年生草本植物，猪毛蒿为近一年生草本植物，因此其种子掉落后大部分都在土壤表层。本研究结果表明，在固定沙丘不同微地形单元土壤种子库和地上植物中，一年生草本植物出现的频度最高，以狗尾草、小画眉草和猪毛蒿为主，其主要原因可能是狗尾草、小画眉草和猪毛蒿耐光照和耐旱能力较强，这与前人研究结果相似。

从本研究结果来看，荒漠草原区固定沙丘不同微地形单元土壤种子库物种丰富度指数、物种多样性指数及均匀性系数处于波动状态。这可能是由于物种多样性指数及均匀性系数在一定程度上与物种数目无关，在物种一定的情况下，均匀性系数与个体数目、重要值或生物量等指标在种间的配置状况有关，具有一定的波动性（马晓勇等，2004）。研究显示，随着海拔的降低，光照强度较弱，且积水量相对较多，因此土壤含水量及养分条件相对较好，种子萌发率较高，最终导致土壤种子库储量随着海拔降低而逐渐增大的趋势（徐海量等，2008b；程积民等，2008），并且下部坡位更适合土壤种子库中种子的存活和生长，这与前人研究结果相似。

综上所述，①四个不同季度，土壤种子库各物种储量及总储量由顶坡到底坡呈现出逐渐增加的趋势。②半固定沙丘不同微地形单元海拔越低其生态环境因子更适合土壤种子库中种子的存活和生长。③不同微地形单元及土层深度土壤种子库中一年生草本植物出现的频度最高。④四个不同季度，土壤种子库各土层物种数由 0~2cm 到 5~10cm 整体呈现出下降的趋势，并且由顶坡到底坡土壤种子库物种数整体呈现出上升的趋势。⑤土壤种子库物种丰富度指数在 6 月和 9 月，随着采样深度的增加逐渐减小，从顶坡到底坡整体呈现出上升的趋势，3 月及 12 月都处于波动状态；土壤种子库物种 Simpson 及 Shannon-Wiener 多样性指数在 3 月随着采样深度的增加逐渐减小，从顶坡到底坡整体呈现出上升的趋势；6 月、9 月及 12 月都处于波动状态；土壤种子库物种均匀性系数在 3 月，随着采样深度的增加逐渐增大，从顶坡到底坡土壤种子库物种均匀性系数整体呈现出上升的趋势，6 月、9 月及 12 月都处于波动状态。

第四节　半固定沙丘不同微地形单元土壤种子库季节分异变化研究

一、季节变化对土壤种子库物种类型、比例及储量的影响

（一）季节变化对土壤种子库物种类型、比例的影响

四个季度取样比较发现（表 4-24），荒漠草原区半固定沙丘五个微地形单元土壤种子库中共统计到 31 种植物，分属 11 科。其中禾本科植物最多，共 8 种，占物种总数的 25.81%；其次为豆科、菊科和藜科分别有 5 种、4 种和 6 种，各占物种总数的 16.13%、12.90%和 19.35%，大戟科植物共有 2 种，占物种总数的 6.45%，百合科、旋花科、蒺藜科、萝藦科、小蘗科和远志科植物较少，仅有 1 种占 3.23%。

表 4-24　不同季节土壤种子库物种类型及其储量比例

科	物种	生活型	时间			
			3 月	6 月	9 月	12 月
禾本科	狗尾草 *Setaria viridis*	E	18.36%	7.42%	14.36%	22.38%
	小画眉草 *Eragrostis minor*	E	10.42%	8.63%	11.80%	12.38%
	针茅 *Stipa capillata*	P	0.43%	3.10%	6.63%	0.43%
	锋芒草 *Tragus racemosus*	E	1.32%	0.94%	1.62%	1.13%
	赖草 *Leymus secalinus*	P	5.61%	1.35%	—	5.83%
	白草 *Pennisetum centrasiaticum*	E	3.37%	—	—	—
	马唐 *Digitaria sanguinalis*	E	1.67%	—	—	4.02%
	止血马唐 *Digitaria ischaemum*	E	0.37%	—	—	—
豆科	胡枝子 *Lespedeza bicolor*	B	—	1.35%	—	—
	苦豆子 *Sophora alopecuroides*	B	0.98%	2.16%	3.55%	0.84%
	少花米口袋 *Gueldenstaedtia verna*	P	0.23%	0.81%	1.51%	0.18%
	披针叶野决明 *Thermopsis lanceolata*	P	0.58%	—	1.31%	0.16%
	细枝岩黄耆 *Hedysarum scoparium*	B	7.08%	—	—	15.86%

续表

科	物种	生活型	时间			
			3 月	6 月	9 月	12 月
菊科	艾蒿 *Artemisia argyi*	P	0.17%	—	—	—
	猪毛蒿 *Artemisia scoparia*	E	5.47%	62.62%	45.74%	2.85%
	风毛菊 *Saussurea japonica*	P	1.87%	—	1.57%	1.05%
	苦苣菜 *Sonchus oleraceus*	E	0.06%	1.08%	—	0.05%
藜科	棉蓬 *Corispermum hyssopifolium*	E	3.66%	0.67%	0.84%	2.99%
	沙蓬 *Agriophyllum squarrosum*	E	—	—	—	2.43%
	猪毛菜 *Salsola collina*	E	4.78%	0.54%	0.26%	1.21%
	雾冰藜 *Bassia dasyphylla*	E	0.32%	2.43%	1.62%	12.91%
	灰绿藜 *Chenopodium glaucum*	E	1.84%	2.74%	—	2.19%
	尖头叶藜 *Chenopodium acuminatum*	E	6.85%	—	—	—
大戟科	乳浆大戟 *Euphorbia esula*	P	0.63%	0.81%	2.72%	1.14%
	地锦 *Euphorbia humifusa*	E	20.88%	—	1.62%	—
百合科	沙葱 *Allium mongolicum*	P	0.09%	—	—	—
旋花科	菟丝子 *Cuscuta chinensis*	E	0.40%	—	—	0.80%
蒺藜科	蒺藜 *Tribulus terrester*	E	2.01%	0.40%	4.86%	3.72%
萝藦科	老瓜头 *Cynanchum komarovii*	B	0.32%	—	—	—
小檗科	小檗 *Berberis kawakamii*	B	0.23%	1.89%	—	—
远志科	远志 *Polygala tenuifolia*	E	—	—	—	0.03%
	植物种数		28	17	15	22

半固定沙丘不同微地形单元四个季度中，3 月土壤种子库中物种最多共 28 种，分属 11 科，12 月次之共 22 种，分属 8 科，6 月再次之，共 17 种，分属 7 科，9 月最小共 15 种，分属 6 科。

半固定沙丘不同微地形土壤种子库中一年生草本植物狗尾草、小画眉草、猪毛蒿、棉蓬、雾冰藜及蒺藜，多年生草本植物针茅、少花米口袋及乳浆大戟，灌木苦豆子广泛分布于各个微地形单元；并且在四个不同季节狗尾草和小画眉草的储量在土壤种子库总储量中所占的比例均相对较大，6 月和 9 月针茅、苦豆子和猪毛蒿的储量占土壤种子库总储量的比例相对于 3 月和 12 月大，3 月和 12 月棉蓬、猪毛菜和蒺藜的储量占土壤种子库总储量的比例相对于 6 月和 9 月大。

（二）季节变化对土壤种子库物种储量的影响

四个季度半固定沙丘不同微地形土壤种子库中（表 4-25），12 月土壤种子库中物种储量最大（1095.00~4543.00 粒/m^2），3 月次之（517.50~2807.50 粒/m^2），6 月再次之（358.00~2669.00 粒/m^2），9 月最小（162.50~2505.00 粒/m^2）。

表 4-25　不同季节土壤种子库物种储量　　（单位：粒/m²）

坡位	时间			
	3 月	6 月	9 月	12 月
CS	1 130.00±45.00	358.00±27.00	162.50±15.00	1 095.00±67.00
US	517.50±27.50	500.00±45.00	270.00±26.00	2 642.50±103.00
MS	1 786.50±65.00	558.00±51.00	522.50±51.00	2 777.50±145.00
LS	2 460.00±56.00	1 917.00±98.00	1 402.50±56.00	3 472.50±213.00
BS	2 807.50±75.00	2 669.00±117.00	2 505.00±123.00	4 543.00±256.00
合计	8 701.50±268.00	6 002.00±338.00	4 862.50±271.00	14 530.50±784.00

二、季节变化对土壤种子库物种生活型比例及物种数的影响

（一）季节变化对土壤种子库物种生活型比例的影响

四个季度不同微地形固定沙丘土壤种子库中（表 4-26），一年生草本植物出现的频度最高（60.00%~64.71%），多年生草本植物次之（23.53%~33.33%），灌木出现的频度最低（6.67%~11.76%）。6 月一年生草本植物出现的频度最高，12 月次之，3 月再次之，9 月最低；而 9 月多年生草本植物出现的频度最高，其次是 3 月，6 月最低；同时 3 月和 6 月灌木出现的频度相对较高，9 月却最低。

表 4-26　不同季节土壤种子库物种生活型比例

	3 月	6 月	9 月	12 月
一年生草本植物	60.71%	64.71%	60.00%	63.64%
多年生草本植物	28.57%	23.53%	33.33%	27.27%
灌木	10.71%	11.76%	6.67%	9.09%

（二）季节变化对不同微地形单元土壤种子库物种数的影响

四个季度半固定沙丘不同微地形单元土壤种子库中（图 4-27），除 3 月的中部坡位土壤种子库物种数大于下部坡位之外，由顶坡到底坡土壤种子库物种数整体呈现出上升的趋势，各微地形单元 3 月和 12 月土壤种子库物种数较 6 月和 9 月大。顶坡 3 月土壤种子库中物种数最大共 14 种，其次是 12 月共 13 种，6 月和 9 月相等且最小，各有 7 种。上部坡位 12 月土壤种子库中物种数最大共 16 种，6 月次之共 10 种，3 月和 9 月相等且最小，各有 9 种。中部坡位、下部坡位和底坡均是 3 月土壤种子库中物种数最大，分别有 25 种、21 种和 25 种；12 月次之，分别有 19 种、20 种和 20 种；9 月再次之，分别有 11 种、14 种和 15 种；6 月最小，分别有 10 种、11 种和 14 种。

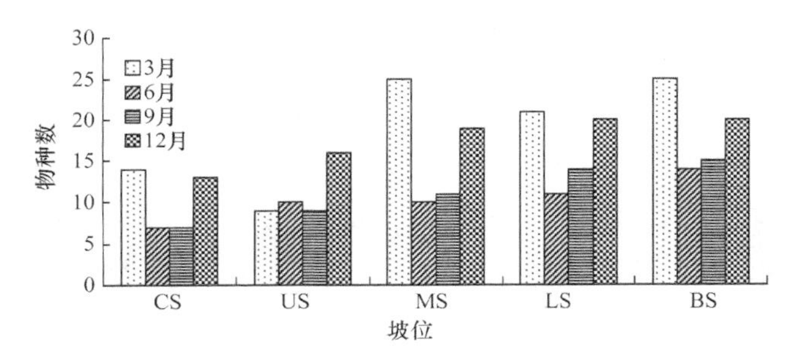

图 4-27 不同季节微地形单元土壤种子库物种数

三、不同季节微地形单元土壤种子库 α-多样性分析

土壤种子库是潜在的植物群落，因此其与物种多样性有着密切的关系，为了更好地了解物种群落的发展、变化和组成，对土壤种子库物种多样性的研究是必不可少的（李华东，2012；唐志尧和方精云，2004；朱彪等，2004）。3 月、6 月、9 月和 12 月对宁夏荒漠草原区半固定沙丘土壤种子库物种 α-多样性研究发现（图 4-28），不同季度土壤种子库物种丰富度指数最大为 3.21，最小为 1.02；同一微地形单元，3 月土壤种子库物种丰富度指数相较大于 6 月、9 月及 12 月，且土壤种子库物种丰富度指数在 3 月波动较大（1.28~3.21），其他几个月份土壤种子库物种丰富度指数波动较小；四个季度土壤种子库 Shannon-Wiener 多样性指数波动范围为 1.06~2.65，3 月和 12 月土壤种子库 Shannon-Wiener 多样性指数相较大于 6 月和 9 月；四个季度土壤种子库 Simpson 多样性指数相差不大，3 月其最大值为 0.91，最小值为 0.75，6 月，最大值为 0.92，最小值为 0.44，9 月和 12 月其波动范围分别为 0.72~0.83 和 0.80~0.87，且 3 月和 12 月从顶坡到底坡土壤种子库 Simpson 多样性指数逐渐增大，而 6 月和 9 月恰好相反；不同季度或不同微地形单元土壤种子库物种均匀性系数均处于波动状态，其波动范围为 0.40~0.93。

四、不同季节微地形单元土壤种子库物种聚类分析

四个季度，5 个微地形单元土壤种子库物种均划分为 2 组。3 月，主要分为上部坡面（CS 和 US）及下部坡面（MS、LS 和 BS）（图 4-29），在上部坡面 CS 和 US 处地上植被类型相似性很高，聚为一类，而在下部坡面 LS 与 MS 有很高的相似性首先聚为一类，而后再与 BS 聚为一类；6 月，CS 和 MS 具有较高的相似性首先聚为一类，而后再与 US 聚为一类，其后 LS 和 BS 再聚为一类；9 月，CS 与 US 首先聚为一类，再与 MS 聚为一类，而 LS 和 BS 有较高的相似性单独聚为一类；12 月，MS 和 LS 具有较高的相似性首先聚为一类，其后再与 CS 相聚，US 和 BS 具有较高的相似性从而单独聚为一类。

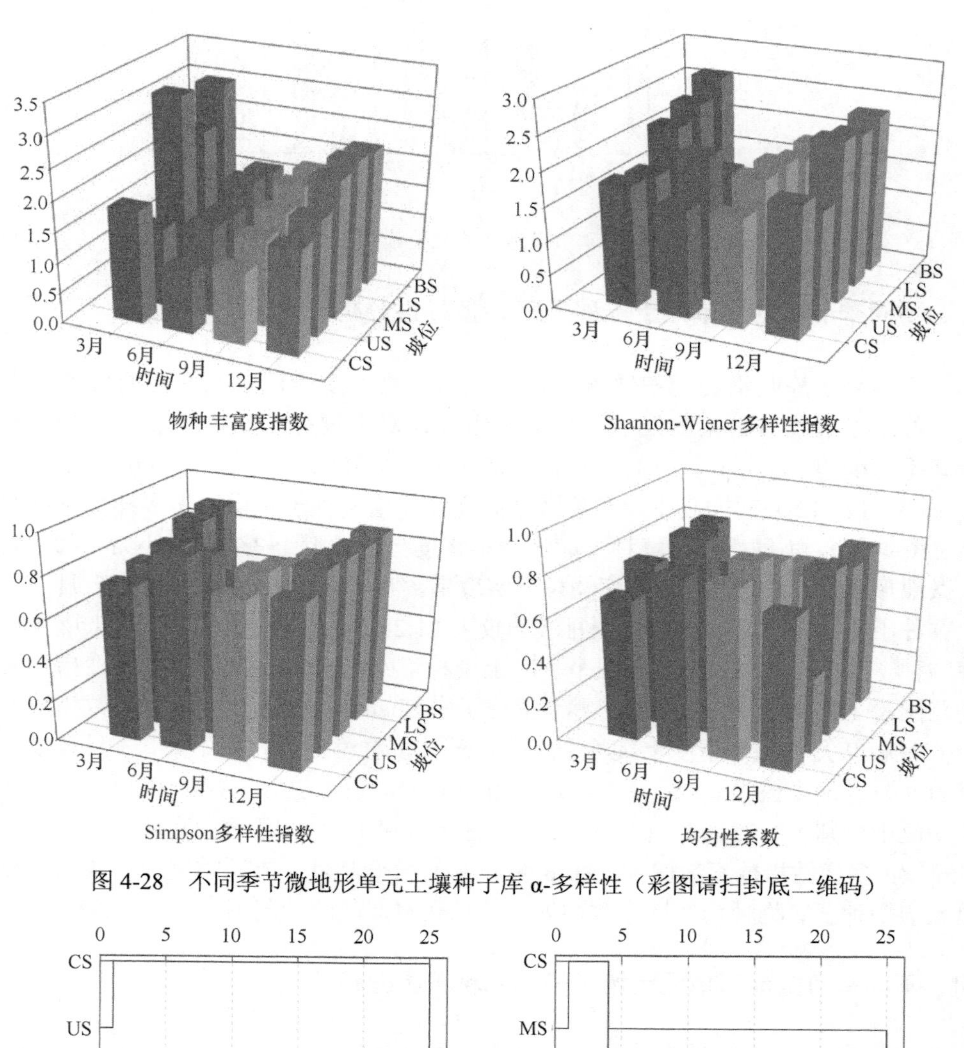

图 4-28　不同季节微地形单元土壤种子库 α-多样性（彩图请扫封底二维码）

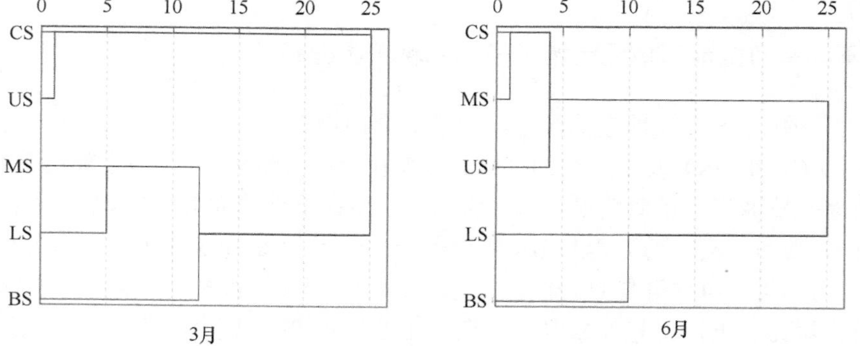

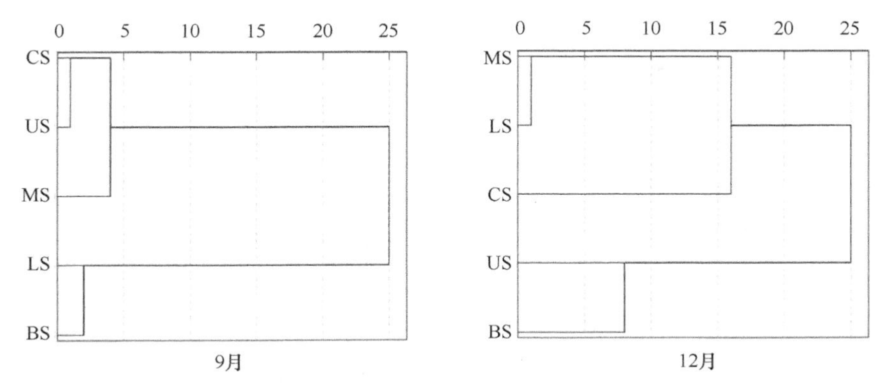

图 4-29　不同季节微地形单元土壤种子库物种聚类分析

五、讨论与小结

有研究表明，在不同时期同一物种种子可能会有不同程度的生理性休眠，由于盐池荒漠草原区土壤种子库中草本或灌木中的同一物种的休眠时间及程度会有一定的差异，导致打破休眠的时间及条件产生一定的差异，因此呈现出不一致的萌发状态（朱源等，2008；张璐等，2005）。

3 月土壤种子库中植物种数量最多，12 月次之，而 6 月和 9 月相对较小，这可能是由于土壤种子库中的物种在土壤中形成了持久种子库，加之种子雨在冬季的不断输入使得 3 月土壤种子库中的物种明显高于其他季度。相对而言，荒漠草原区土壤种子库中禾本科的白草、赖草、马唐和止血马唐，藜科的沙蓬、灰绿藜和尖头叶藜及大戟科的地锦等一年生草本植物波动比较大，这主要是由于这些植物都是较耐旱植物，其种子散落后在较短的时间内便会萌发，因此其种子未能形成持久土壤种子库或形成的持久土壤种子库中种子的储量相对较低，因此这些植物的种子在土壤中具有一定的不稳定性和非持续性（冯秀等，2007；Nathan，2006）。同时，赖草、沙葱及风毛菊等大部分多年生草本植物在其生活史中同时具有种子繁殖和营养繁殖，其后代、生长繁育、死亡等方面均有明显差异（汪莉等，2007；Magurran，1988；马克平和刘玉明，1994），因此造成了土壤种子库中种子物种数、储量及物种类型随着季节的变化产生了一系列的变化。与此同时，不同季节的温度、降雨量等气象因素也会导致土壤种子库中的种子产生一系列的变化，除此之外，种子从散落到采样期间由于动物的取食或其活力已经丧失等原因，也会造成土壤种子库中植物种子储量、物种数及物种类型产生一系列的变化（吴雅琼等，2007；Grime，2001；贺金生等，1997）。

一般来说物种 α-多样性和群落类型有着密切的关系，而群落类型又和各种环境因子有着不可分割的关系（刘兴良等，2005；Molau and Larsson，2000；彭军等，2000）。通过对荒漠草原区不同季节各微地形单元土壤种子库中物种 α-多样性研究发现，其土壤种子库中物种 α-多样性随着地形及季节的变化既有一定的相似性又有一定的波动性，这主要是由于环境因子、土壤种子库种子储量及动物取食破坏等有一定的联系。研究表明，一定的干扰在相当情况下对物种多样性具有一定的增加作用；同时，各个季度降雨量的差异、小生境在局部范围内的微小变化，均可使土壤种子库中物种 α-多样性产生一定的差异。

综上所述，主要可以总结出以下一些结论。

（1）土壤种子库总储量、各物种分储量所占总储量的比例及物种类型都呈现出 3 月>12 月>6 月>9 月的趋势；

（2）四个不同季度，土壤种子库中一年生草本植物出现的频度最高，多年生草本植物次之，灌木最低；

（3）在不同季度土壤种子库物种丰富度指数、Shannon-Wiener 多样性指数、Simpson 多样性指数及均匀性系数均处于波动状态。

第五节　半固定沙丘不同微地形单元土壤种子库与地上植被物种相似性

一、半固定沙丘不同微地形单元土壤种子库与地上植被物种相似性

1. 3 月不同微地形单元土壤种子库与地上植被物种相似性

3 月，对土壤种子库与对地上植被的研究结果表明（表 4-27），下部坡位处土壤种子库与地上植被相似性最高为 57.89%，底坡和上部坡位次之为 55.81%和 55.56%，再次之为顶坡，相似性系数为 52.17%，中部坡位最小为 42.11%。由于放牧等人为因素对底坡和上部坡位地上植被的破坏比较大，土壤中的种子有可能被动物啃食，同时盐池冬天风沙较大，这导致底坡和下部坡位土层表面积累了

表 4-27　3 月土壤种子库与地上植被物种相似性系数

坡位	物种数			相似性系数/%
	土壤种子库	地上植被	共有种	
CS	14	9	6	52.17
US	9	9	5	55.56
MS	25	13	8	42.11
BS	21	17	11	57.89
LS	24	19	12	55.81

较多的沙土，而顶坡和上部坡位表层的土壤由于风蚀作用被吹走，因此中部坡位土壤种子库中的种子较多，导致萌发的植物数量较多，因此相似性系数较小，相似性系数出现表4-27所示的现象。

2. 6月不同微地形单元土壤种子库与地上植被物种相似性

6月，对土壤种子库与对地上植被的研究结果表明（表4-28），下部坡位处土壤种子库与地上植被物种相似性系数最大，其他坡位呈现出BS>LS>MS>US>CS的趋势。盐池属于干旱到半干旱过渡带，此时荒漠草原土壤中的种子大多数为持久土壤种子库，下部坡位土壤种子库中的种子所能萌发的有活力的种子和地上植被的相似性较好。

表4-28 6月土壤种子库与地上植被物种相似性系数

坡位	物种数			相似性系数/%
	土壤种子库	地上植被	共有种	
CS	7	9	2	25.00
US	10	9	3	31.58
MS	10	13	4	34.78
BS	11	17	8	57.14
LS	14	19	7	42.42

3. 9月不同微地形单元土壤种子库与地上植被物种相似性

9月，对土壤种子库与对地上植被的研究结果表明（表4-29），土壤种子库与地上植被物种相似性系数呈现出LS>BS>US>MS>CS的趋势，底坡土壤种子库与地上植被物种相似性系数最大为58.82%，下部坡位次之为58.06%，顶坡相似性系数最小为37.50%。9月盐池荒漠草原区部分地上植被仍然存活，顶坡和中部坡位处地上植被存活较多，因此土壤种子库中存在的有萌发力的种子和地上植被的相似性较小。

表4-29 9月土壤种子库与地上植被物种相似性系数

坡位	物种数			相似性系数/%
	土壤种子库	地上植被	共有种	
CS	7	9	3	37.50
US	8	9	4	47.06
MS	11	13	5	41.67
BS	14	17	9	58.06
LS	15	19	10	58.82

4. 12 月不同微地形单元土壤种子库与地上植被物种相似性

12 月，对土壤种子库与对地上植被的研究结果表明（表 4-30），土壤种子库与地上植被物种相似性系数呈现出 LS>BS>MS>US>CS 的趋势，底坡和下部坡位土壤种子库与地上植被物种相似性系数最大，分别为 61.54%和 59.46%，其次是中部坡位和上部坡位，分别为 50.00%和 41.67%，顶坡相似性系数最小为 27.27%。12 月地上植被几乎已枯萎，其种子几乎已经全部掉落到土壤中，并且此时人为和自然因素破坏较小，因此 12 月土壤种子库和地上植被的相似性系数是对真实相似性最好的写照。

表 4-30　12 月土壤种子库与地上植被物种相似性系数

坡位	物种数			相似性系数/%
	土壤种子库	地上植被	共有种	
CS	13	9	3	27.27
US	15	9	5	41.67
MS	19	13	8	50.00
BS	20	17	11	59.46
LS	20	19	12	61.54

二、讨论与小结

研究表明，由于环境因子、各物种之间的关系及植物本身生态及生物学特性等，荒漠草原区土壤种子库中绝大多数种子具有非连续性及不稳定性等特征（赖江山等，2003；Kevin and Andrew，2001）。龙翠玲和余世孝（2007）对土壤种子库研究表明，造成茂兰喀斯特森林区植物连续性和稳定性产生一定差异的主要原因是种源及生态环境的差异，因此也导致了种子库物种种类及数量在空间上产生了较大的差异。

从荒漠草原区半固定沙丘不同微地形单元土壤种子库及地上植被物种组成的相似性系数变化来看，在不同季度地上植被和土壤种子库物种相似性系数处于明显的波动状态。气象条件导致物种物候期对季节变化极其敏感（陆佩玲等，2006；张玲和方精云，2004），这可能是相似性系数产生此种变化的主要原因之一。冬天荒漠草原区代表植被较少，风沙较大，半固定沙丘表层土壤由于风蚀的作用，其土壤种子库会受到一定的影响，同时冬季动物对土壤中种子的取食量相对较大，且取食地区不固定，因此在 3 月，土壤种子库和地上植被相似性的波动性较大。荒漠草原区气候较干燥，有一些耐旱植物如狗尾草、小画眉草及蒺藜等结实较早，并且在 6 月土壤中有萌发力的种子大多数已经萌发，因此 6 月土壤中的种子一般为持久土壤种子库。持久土壤种子库只有在水分及温度适宜的条件下才能萌发，因此 6 月土壤种子库和地上植被的相似性系数变化的规律性亦具有一定的波动性。9 月，地上植被中一部分植物的种子已经脱落，而一部分植物仍在生长，因此土壤种子库和地上植被的相似性同样处于波动状态。12 月，地上植被植物种子刚好脱落，且经过冬天的洗礼，土壤种子库中的种子已经打破休眠，因此 12 月土壤种子库和地上植被相似性系数之间的变化规律最能反映其真实的变化规律。

综上所述，3 月、6 月及 9 月土壤种子库和地上植被相似性系数均处于波动状态，12 月从顶坡到底坡土壤种子库和地上植被相似性系数呈现出逐渐增加的趋势。

第六节　结　　论

本章通过对盐池荒漠草原区半固定沙丘不同微地形单元地上植被及土壤种子库时空分异调查研究，主要得出以下几个结论。

（1）盐池荒漠草原区半固定沙丘不同微地形单元土壤种子库和地上植被中共统计到 35 种物种，其中土壤种子库中有 31 种，地上植被中有 19 种。土壤种子库和地上植被中均出现的有 15 种，仅在地上植被中出现的有 4 种，仅在土壤种子库中出现的有 16 种。

（2）由顶坡到底坡，地上植被物种数目、单个物种分盖度及频度、各科地上生物量及总生物量，土壤种子库储量整体上均呈现出增加的趋势，同时同一微地形单元随着采样土层的增加土壤种子库储量却呈现出递减的趋势，即下部边坡的生态环境因子更适合地上植被生长和种子存活。

（3）半固定沙丘不同微地形单元，地上植被中一年生草本所占比例最大（47.37%~66.67%），多年生草本次之（22.22%~42.11%），灌木最小（7.69%~11.11%）；同时四个不同季度，土壤种子库中一年生草本所占比例最大（60.00%~64.71%），多年生草本次之（23.53%~33.33%），灌木最小（6.67%~11.76%）。

（4）3 月份土壤种子库物种总数最大，12 月次之，9 月最小；同时 6 月和 9 月，土壤种子库物种丰富度指数随着采样深度的增加逐渐减小，从顶坡到底坡整体呈现出上升的趋势，3 月及 12 月都处于波动状态；土壤种子库物种 Simpson 及 Shannon-Wiener 多样性指数在 3 月随着采样深度的增加逐渐减小，从顶坡到底坡整体呈现出上升的趋势，6 月、9 月及 12 月都处于波动状态；土壤种子库物种均匀性系数在 3 月，随着采样深度的增加逐渐增大，从顶坡到底坡土壤种子库物种均匀性系数整体呈现出上升的趋势，6 月、9 月及 12 月都处于波动状态。

第五章　荒漠草原区4种常见植物群落土壤特性和种子库研究

植物群落长期以来是植物生态学领域的重要研究内容之一，而有关植物群落最早的研究出现在19世纪70年代初期德国人洪堡德《植物地理学论》著作中（武吉华和张绅，1983）。20世纪70年代，我国学者对植物群落做了一定研究并提出："植物群落有三大特点，即外貌、种类组成和结构"（王伯荪，1987）。

荒漠草原植物群落大多由草本植物和一些灌木植物组成，这些植物在长期严酷的环境条件下形成了耐旱、耐盐碱等特性，以往有关荒漠草原植被的研究大多集中在个体、种群及群落多样性等水平上（孙羽等，2009；杜茜等，2006），近年来随着荒漠化程度的加剧，有关放牧强度、不同退化程度及一些恢复措施对荒漠草原植物群落影响的研究不断增加（Wang et al.，2014）。目前有关植物群落的研究内容也更加全面、更有深度，从以往的宏观层面不断向微观方面渗透，更具科学性和实用性，同时研究方法也不断引入了新的技术手段，尤其是一些分子技术、同位素标记、遥感等手段的运用。有关分子技术的引入主要是为了利用现代分子生物学手段对一些土壤生物（包括土壤微生物、土壤动物）特征和群落结构关系进行研究，同位素技术的引入主要与研究不同植物群落类型分布特征有关。但是，目前这些新的研究手段、方法具体应用在荒漠草原植物群落上的研究还鲜有报道。

第一节　研究目的和研究内容

一、研究目的

（一）研究目标

通过对宁夏盐池地区典型荒漠草原4种植物群落地上植被群落特征调查、土壤特性检测和土壤种子库统计，分析不同植物群落间三者的差异性及共有规律，以期找出荒漠草原植物群落分布和适应特征；分析地上植被物种与土壤种子库物种间的耦合关系及地上植被密度和种子库种子密度间的关系，探讨地上植被和土壤种子库间的相互影响关系；分析土壤环境因子对种子库特征的影响，以期为探索人为干预下适度改良土壤环境后群落演替的变化提供一定的参考。由此，为荒漠草原区植被的恢复与重建及科学评价恢复效果等提供理论依据。

（二）可行性分析

本试验将采用野外调查试验和室内实验相结合的方式。野外试验在宁夏盐池县沙边子地区进行，国家自然科学基金项目“围封前后荒漠草原区土壤种子库特征与繁殖对策研究”课题组长期在该区域进行研究，先后完成了多项国家和自治区项目，对研究区域有很好的前期研究基础。室内实验在西北土地退化与生态恢复省部共建国家重点实验室培育基地实验室进行，具备较好的实验条件；此外，温室大棚管理到位，可进行种子萌发试验。因此，本研究具备可操作性。

二、研究内容

（一）不同植物群落特征

在研究区分别选择以苦豆子、芨芨草、油蒿、盐爪爪（*Kalidium foliatum*）为优势种的 4 种植物群落，在各植物群落设置样方，对各植物群落进行盖度、物种组成、物种高度、物种多度及分盖度进行调查统计，同时记录各样方经纬度、海拔等信息，分析计算各植物群落物种重要值、生活型、物种多样性等，分析群落间相似性。

（二）不同植物群落土壤特性

在研究区分别选择以苦豆子、芨芨草、油蒿、盐爪爪为优势种的 4 种植物群落，在各植物群落设置样方采集土壤样品，对不同植物群落土壤常规理化指标（pH、含水量、电导率、容重、有机碳、全氮、全磷、碱解氮、速效磷）、土壤酶活性（脲酶、过氧化氢酶、磷酸酶、蔗糖酶）和土壤微生物（细菌、放线菌、真菌）进行检测，分析不同植物群落土壤各因子的差异性及在不同土层中的变化趋势，分析 4 种植物群落中各土壤指标间的相关性。

（三）不同植物群落土壤种子库特征

在研究区分别选择以苦豆子、芨芨草、油蒿、盐爪爪为优势种的 4 种植物群落，在各植物群落设置样方采集土壤样品，对不同植物群落中土壤种子进行物理辨认和萌发试验鉴定，统计不同植物群落土壤种子库物种组成、种子密度，分析不同植物群落中种子分布特征和多样性特征，分析群落间的土壤种子库相似性，阐述各群落间种子库中种子在物种组成、密度、垂直分布特征、多样性方面的差异及共有规律。

（四）地上植被和土壤特性与种子库的关系

分析各植物群落地上植被物种与土壤种子库物种组成上的差异与相关性及地

上植被密度与种子库种子密度间的耦合关系，阐述地上植被和土壤种子库的相关关系。分别以土壤理化因子（pH、含水量、电导率、容重、有机碳、全氮、全磷、碱解氮、速效磷）和土壤酶活性（脲酶、过氧化氢酶、磷酸酶、蔗糖酶）、土壤微生物（细菌、放线菌、真菌）因子为解释变量，以土壤种子库物种多样性特征指数（Shannon-Wiener 多样性指数、Simpson 多样性指数、Patrick 丰富度指数、Pielou 均匀度指数）为响应变量，进行冗余分析，阐述土壤环境因子对土壤种子库的影响。

第二节　研究区概况和研究方法

一、研究区概况

本研究试验区位于宁夏东部盐池县（东经 106°30′~107°47′，北纬 37°04′~38°10′）沙边子地区，属于荒漠草原典型区域，位于毛乌素沙地的西南边缘，是陕、甘、宁、蒙四省（自治区）的交界区域，自然环境条件较为严酷。

本研究区属于典型的中温带大陆性气候，年均降雨量为 250~300mm，且降雨主要集中在 6~9 月，潜在年蒸发量在 2500mm 左右，年平均气温为 7.7℃，年均无霜期 165d，海拔在 1295~1951m。该区域属于鄂尔多斯台地，土壤类型主要为灰钙土，此外存在大面积的风沙土和黄绵土等，土壤质地主要为沙土、沙壤和粉沙壤。沙边子地区虽然距离盐池县城仅 20km 左右，但其气候条件存在一定的差异，年平均气温比盐池县城低，蒸发量相对大，日照更短，风沙相对更大，但降雨量相差不大。土地类型按地貌、植被、土壤、地下水等因素的不同，采用综合分类的原则，可分为沙丘地、滩地和覆沙基岩梁地（宋炳奎，1989）。如图 5-1 所示，试验区苦豆子群落样地坐标为 107°29′40″E，芨芨草群落样地坐标为 107°29′28″E、37°53′48″N，油蒿群落样地坐标为 107°30′24″E、37°53′50″N，盐爪爪群落样地坐标为 107°27′13″E、37°54′20″N。4 种群落样地均为同时期封育的草场，围封前长期的过度放牧及其他人类活动干扰使草场发生了严重地退化，封育后植被有所恢复。研究区植被主要以苦豆子、芨芨草、油蒿（*Artemisia ordosica*）、盐爪爪、中间锦鸡儿（*Caragana intermedia*）、老瓜头、白刺（*Nitraria tangutorum*）、沙芦草（*Agropyron mongolicum*）等为主。

二、群落优势种植物生物学特性

（一）苦豆子生物学特性

苦豆子（*Sophora alopecuroides*）是一种多年生草本植物，茎直立，可长至 1 m

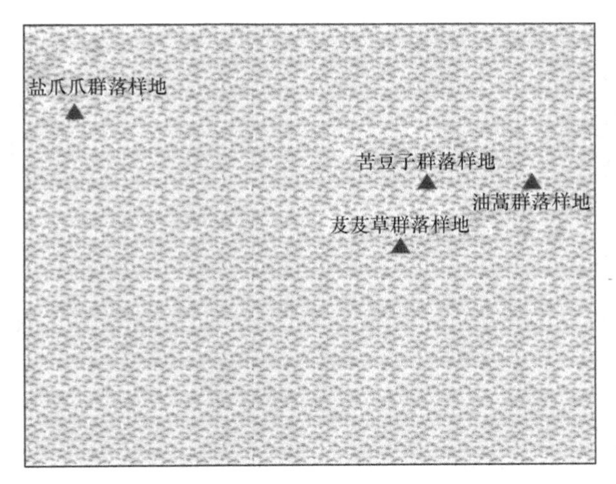

图 5-1　样地相对位置示意（彩图请扫封底二维码）

高左右，不分枝或上部分枝。奇数羽状复叶，小叶 11~25 枚，对生或互生，呈椭圆形或卵状椭圆形，长 15~30mm。总状花序顶生，花序轴密被灰黄色毛；花萼斜钟形，密被灰黄色短柔毛；花梗 2~3mm；花冠呈黄白色，一般为旗瓣狭倒卵形，长 18~20mm，先端圆，基部渐狭成长爪，翼瓣稍短于旗瓣，先端圆，龙骨瓣与旗瓣等长，背部明显呈龙骨状盖叠；雄蕊 10 枚，花丝不同程度连合，子房密被白色近贴伏柔毛。荚果串珠状，长 5~12cm，具多数种子，呈卵球形，褐色或黄褐色。花期 5~6 月，果期 8~10 月。多生于草原和干旱沙漠边缘地带，在宁夏全区普遍分布，此外在我国华北、西北，以及河南、西藏等地均有分布。苦豆子是宁夏自然植被的重要组成部分，也是重要的药用资源，群落优势突出（马德滋等，2007）（图 5-2）。

（二）芨芨草生物学特性

芨芨草（*Achnatherum splendens*）是一种多年生草本植物，高约 50~250cm；须根粗壮，具沙套，秆直立具 2~3 节，密丛生，多聚于基部，平滑无毛，基部存枯萎的黄褐色叶鞘。叶鞘无毛，边缘膜质，叶舌尖披针形或三角形，长 5~8mm；叶片纵卷，长 19~48cm。圆锥花序开展，长 12~32cm，开花时常呈金字塔形，分枝细弱，2~6 枚簇生，斜向上升或平展，基部裸露；小穗长 4.5~6.5mm（除芒），灰绿色或带紫色；颖膜质，椭圆形或披针形，第一颖略短于或较第二颖短 1/3；外稃长 4~5mm，具 5 脉，顶端具有 2 微齿，背部着密生的柔毛，芒自外稃齿间伸出，微弯曲或直立，粗糙，长 5~10mm；内稃长 3~4mm，具 2 脉；花药长 2.5~3.5mm。花果期 6~9 月。多生于微碱性、碱性的草滩及砂土山坡上，在我国内蒙古、宁夏、甘肃、山西、河北等地均有分布（马德滋等，2007）（图 5-2）。

图 5-2　四种植物图示（彩图请扫封底二维码）

（三）油蒿生物学特性

油蒿（*Artemisia ordosica*）是一种小灌木植物。主根长圆锥形，粗而长，木质，侧根多；根状茎粗壮，且具多枚营养枝。茎直立，多枚，高 50~100cm，多分枝，枝长 10~35cm，茎、枝与营养枝组成密丛。叶黄绿色，半肉质，初时两面微有短柔毛，后无毛，干后坚硬；茎下部叶 2 回羽状全裂，每侧裂片 3~4 枚；茎中部叶 1 回羽状全裂，宽卵形或卵形，长 3~5cm。头状花序，卵形，直径 1.5~2.5mm，有短梗及小苞叶，下垂或斜生，在枝上排列成复总状或总状花序，在茎顶上组成宽展的圆锥花序；边花雌性，花冠狭圆锥状，10~14 朵，盘花两性，花冠管状，5~7 朵，不育。瘦果倒卵状，花果期 7~10 月。多分布于半荒漠和荒漠地区的半流动、流动沙丘或固定沙丘上，在干旱和干草原的坡地上也有分布，在半荒漠和荒漠地区常组成植物群落的主要伴生种或优势种。在我国华北及宁夏、陕西、甘肃、新疆等地均有分布（马德滋等，2007）（图 5-2）。

（四）盐爪爪生物学特性

盐爪爪（*Kalidium foliatum*）是一种小灌木植物，高 20~50cm。茎平卧或直立，多分枝，枝浅棕灰褐色，无毛，小枝上部近于草质，黄绿色。叶圆柱形，灰绿色，长 4~6mm，宽 2~3mm，稍弯或伸展，顶端钝，基部下延，半抱茎。穗状花序顶生，无柄，长 8~15mm，直径在 2~3mm 左右，每 1 鳞状苞片内着生 3 朵花；花被合生，上部扁平似盾状，盾片呈宽五角状，其周围有狭窄的翅状边缘；雄蕊 2 枚；子房卵形；种子直立，圆形，密生乳头状小突起，直径在 1mm 左右。花果期 7~8 月。多生于盐碱滩、盐湖边，具有较好耐盐性，在我国内蒙古、黑龙江、宁夏、甘肃北部、青海、河北北部、新疆等地均有分布（马德滋等，2007）（图 5-2）。

三、实验设计

于 2015 年 7 月下旬植物生长最旺盛的时期，选取围栏封育内以苦豆子、芨芨草、油蒿、盐爪爪为优势种的 4 种植物群落类型草地，在每种群落草地中布设 5 条“之”字形样线，每条样线上取 6 个 1m×1m 的小样方，共计 120 个小样方进行植被调查。植被调查结束后，在每个植物群落草地类型 5 条样线上的小样方内分别按 0~10cm、10~20cm、20~30cm 取土，将土样带回实验室，风干后过筛，进行土壤理化性质和土壤酶活性的测定；同时按同样的方式取鲜土土样，利用便携式冷藏箱带回实验室，于冰箱中冷藏保存，进行土壤微生物数量的测定。于 2016 年 3 月在每个植物群落中植被调查的小样方内各随机选择 10 个小样方，用自制取土器（20cm×20cm×10cm）分别取 0~2cm、2~5cm、5~10cm 土层的土，将土样带回实验室，自然风干过筛处理，进行种子萌发试验（图 5-3）。

四、研究方法

（一）地上植被调查

在试验布设区选定的样方内测量并统计植物种数、高度、多度、盖度，用 GPS 在各样方内打点，记录样方所在的经纬度、海拔高度。根据测量和统计的数据计算出 4 种植物群落中物种组成、各物种重要值、物种生活型、群落多样性指数及群落间相似性等（刘庆艳等，2014）。

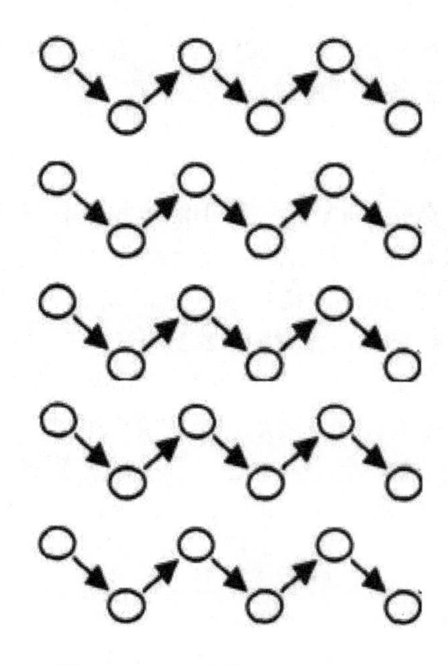

图 5-3　实验地样方分布示意图

（二）土壤各指标的测定

土壤各指标的测定采用常规的实验测定方式，主要测定常见的土壤理化性质，4 种与土壤理化性质及微生物关系密切的土壤酶活性（脲酶、过氧化氢酶、磷酸酶、蔗糖酶），及三大土壤微生物数量（细菌、放线菌、真菌）。

土壤理化性质测定：土壤水分采用常规的烘干法测定，土壤容重采用环刀法测定，电导率采用 DDS-307 电导率仪，pH 采用 HI 98128 酸度计，土壤总有机碳测定采用重铬酸钾容量法-外加热法，全氮采用半微量凯氏定氮法，全磷用钼锑钪比色法，碱解氮用扩散吸收法，速效磷用 $NaHCO_3$ 浸提-硫酸钼锑抗比色法（贾倩民等，2014；苏洁琼等，2014；鲍士旦，2000）。

土壤酶活性的测定：脲酶的测定采用苯酚钠-次氯酸钠比色法（关松荫，1986），本试验中以尿素为基质，根据酶促产物氨和苯酚-次氯酸钠作用生成蓝色的靛酚，以此分析脲酶活性；过氧化氢酶以容量法测定（周礼恺，1987），即用高锰酸钾溶液滴定过氧化氢分解反应剩余的过氧化氢量，以此分析过氧化氢酶的活性；磷酸酶采用磷酸苯二钠比色法测定（钱洲等，2014），是依据酶促生成的有机基团量来计算磷酸酶活性；蔗糖酶采用 3,5-二硝基水杨酸比色法测定（关松荫，1986），因蔗糖酶酶解所生成的还原糖可与 3,5-二硝基水杨酸反应生成橙色的 3-氨基-5-硝基水杨酸，颜色深度与还原糖量有关，由此用测定还原糖的量来表示蔗糖酶的活性。

土壤微生物数量测定：采用平板计数法，细菌数量测定采用牛肉膏蛋白胨琼脂培养基，放线菌数量测定采用改良高氏一号培养基，真菌数量测定用马丁-孟加拉红培养基（李阜棣等，1996）。

（三）土壤种子库测定

本试验中种子库的鉴定采取种子过筛辨认和种子萌发试验鉴定相结合的方式。其中种子过筛辨认主要是肉眼可见部分种子，即通过对比已知种子进行辨认；种子萌发鉴定是本试验种子鉴定主要的方法，即先用无种子的毛细沙做基质（120℃高温处理），将其置于花盆（40cm×30cm×15cm）底部，厚约 10cm，再将土样过筛去除杂物后，均匀平铺在萌发用的花盆底部基质上（土层 1~2cm）。萌发时间为 2016 年 5 月至 9 月，开始萌发后可辨认的幼苗鉴定后去除，无法辨认的继续生长直至鉴定出，萌发 2 个月翻动土样，至 9 月连续 4 周没有幼苗萌发结束试验。试验中为保持种子的萌发率，试验在温室大棚进行且每天依据土壤湿度浇水。此外为排除外来种子的干扰，试验设置了空白对照，即在试验地放置 5 个土样高温处理后的花盆（李淑君，2014）。种子幼苗的鉴定主要是专业老师鉴定和查阅植物志图谱鉴定。

五、数据处理

1. 植被重要值计算

根据试验实际调查的植物群落生境特征，本试验以群落中各植物物种的相对盖度、相对多度、相对频度和相对高度 4 个因素，计算出重要值（王海星等，2010；李瑞等，2008），计算公式如下：

相对盖度 = (某一种盖度/所有种盖度之和) × 100

相对多度 = (某一种多度/所有种多度之和) × 100

相对频度 = (某一种频度/所有种频度之和) × 100

相对高度 = (某一种的平均高度/所有种的平均高度之和) × 100

重要值 = (相对多度+相对盖度+相对频度+相对高度) / 4

2. 地上植被密度和种子库种子密度

将每块样地中地上植被数量和土壤种子库中的种子数量换算成 $1m^2$ 中所占的数量。

3. 物种多样性计算

多样性指数是一种用简单的数值来表示群落内物种多样性程度的方法，以此可对群落或生态系统的稳定性进行判断。本试验中选择 Shannon-Wiener 多样性指数、Simpson 多样性指数、Pielou 均匀度指数、Patrick 丰富度指数，对地上植物群落和土壤种子库的物种多样性进行统计分析（张金屯，2004；Crist，2003）。

$$\text{Shannon - Wiener多样性指数：} H = -\sum_{i=1}^{S}(P_i \ln P_i)$$

$$\text{Simpson多样性指数：} D = 1 - \sum_{i=1}^{S} P_i^2$$

$$\text{Pielou均匀度指数：} E = H / \ln S$$

$$\text{Patrick 丰富度指数：} R = S$$

式中，S 为物种的数目，P_i 表示第 i 个物种占总物种数的比例。

4. 相似性系数计算

本研究采用 Sorensen 相似性系数计算地上植物群落间相似性、各群落土壤种子库与对应地上植物群落相似性及各群落土壤种子库间的相似性，由此推测荒漠草原区群落演替及变化特征和地上植被物种组成与土壤种子库的耦合关系（刘瑞雪等，2013；黄金燕等，2007；马克平等，1995a）。

$$S_c = 2w/(a+b)$$

式中，S_c 表示相似性系数，w 表示样地共有植物种数，a 和 b 分别表示两样地中各自拥有的植物种数。

5. 植物生活型

参考《中国植被》（吴征镒，1980）中采用的生活型系统，然后将记录到的植物分为一年生草本植物、多年生草本植物及灌木类植物等类型。

6. 方差分析

采用方差分析，对不同植物群落土壤各指标、土壤种子库密度、物种多样性间的差异性进行对比，并利用最小显著差数法（LSD）检验显著性。

7. 相关性分析

采用 Pearson 相关性来分析各指标间的相关性，计算公式为：

$$r = \frac{N\sum x_i y_i - \sum x_i \sum y_i}{\sqrt{N\sum x_i^2 - \left(\sum x_i\right)^2}\sqrt{N\sum y_i^2 - \left(\sum y_i\right)^2}}$$

8. 线性与非线性回归分析

本研究中采用线性函数：$y = a+bx$、多项式函数：$y = ax^{2+}bx+c$、指数函数：

$y = ae^{bx}$、对数函数：$y = a+b\lg x$、S 型曲线：$y=\dfrac{1}{a+be^{-x}}$、幂函数：$y = x^{a}$ 进行地上植被密度和土壤种子密度间的关系研究。

六、数据统计与分析

用 Excel 2007 软件进行数据录入整理、计算及部分图表制作，通过 SPSS 17.0 软件进行方差、显著性、相关性及回归分析，用 Canoco4.5 进行 RDA 分析和制图。

第三节　不同植物群落地上植被特征

一、不同植物群落物种组成

由表 5-1 可知，4 种植物群落中物种组成各不相同，群落中物种生活型、再生方式及各物种在群落中所占重要值均有所差异。调查表明，苦豆子群落总盖度为 55%~60%，优势种盖度为 35%~40%；在苦豆子群落中出现了 15 种植物，隶属于 7 科 15 属，其中以禾本科植物种类居多，有 5 种；群落植物多为多年生草本植物，有 9 种；除优势种苦豆子外，碱蓬在群落中地位也较为显著。芨芨草群落植被总盖度达 50%~55%，优势种盖度为 35%~40%；在芨芨草群落中出现的植物有 14 种，隶属于 6 科 11 属，其中菊科、禾本科和藜科植物占 11 种；一年生草本植物比例，相对于同属于草本植物群落的苦豆子群落要高；冰草（*Agropyron cristatum*）、白草、白刺对芨芨草群落结构的影响相对较大。油蒿群落植被总盖度达 35%~40%，优势种盖度为 30%~35%；油蒿群落中有 10 种植物，隶属于 6 科 10 属，其中菊科植物比例相对较高，占到 30%，总体上群落中植物的生活型差异相对较高；藜、冰草在群落中的地位也较为显著。盐爪爪群落植被总盖度达 40%~45%，优势种盖度为 40%~45%；盐爪爪群落中植物种类较少，仅出现了 3 种，隶属于 2 科 3 属，以灌木植物为主，其中优势种盐爪爪优势较为明显。此外，碱蓬是唯一一种在 4 种群落都出现的物种；在 4 种植物群落中出现的灌木类植物既可种子繁殖也可采取根茎繁殖，草本类植物，一年生植物多为种子繁殖，而多年生植物的繁殖策略呈多样化。

二、不同植物群落多样性分析

群落的物种多样性一般具有两种含义，一是种的丰富度，二是种的均匀度。多样性指数正是反映物种均匀度和丰富度的一种综合性指标（马克明，2003）。

表 5-1　不同植物群落物种组成及重要值

物种	科属	生活型	繁殖方式	重要值			
				A	B	C	D
苦豆子 *Sophora alopecuroides*	豆科槐属	PH	SR	26.49	—	5.79	—
冰草 *Agropyron cristatum*	禾本科冰草属	PH	SRR	8.18	11.30	12.94	—
苦苣菜 *Sonchus oleraceus*	菊科苦苣菜属	ABH	SR	5.99	—	—	—
白草 *Pennisetum centrasiaticum*	禾本科狼尾草属	PH	SRR	3.07	9.00	3.18	—
碱蓬 *Suaeda glauca*	藜科碱蓬属	AH	SR	12.76	3.59	2.90	6.07
芨芨草 *Achnatherum splendens*	禾本科芨芨草属	PH	SRR	4.13	29.92	—	—
藜 *Chenopodium album*	藜科藜属	AH	SR	6.43	8.12	17.53	—
西伯利亚滨藜 *Atriplex sibirica*	藜科滨藜属	AH	SR	9.15	1.73	—	—
西伯利亚蓼 *Polygonum sibiricum*	蓼科蓼属	PH	SR	3.24	2.73	—	—
白刺 *Nitraria tangutorum*	蒺藜科白刺属	SH	SRR	3.85	9.47	—	14.12
针茅 *Stipa capillata*	禾本科针茅属	PH	SRR	0.79	—	—	—
披针叶野决明 *Thermopsis lanceolata*	豆科野决明属	PH	SR	1.76	—	—	—
猪毛蒿 *Artemisia scoparia*	菊科蒿属	ABH	SR	5.74	3.64	—	—
鹅绒藤 *Cynanchum chinense*	萝藦科鹅绒藤属	PH	SRR	3.64	—	—	—
芦苇 *Phragmites australis*	禾本科芦苇属	PH	SRR	4.40	—	—	—
黄花蒿 *Artemisia annua*	菊科蒿属	AH	SR	—	8.07	—	—
野艾蒿 *Artemisa lavandulaefolia*	菊科蒿属	PH	RR	—	4.26	—	—
囊果碱蓬 *Suaeda physophora*	藜科碱蓬属	SBH	SRR	—	2.19	—	—
苦马豆 *Sphaerophysa salsula*	豆科苦马豆属	PH	SR	—	3.57	—	—
阿尔泰狗娃花 *Heteropappus altaicus*	菊科狗娃花属	PH	SR	—	2.43	—	—
油蒿 *Artermisia ordosica*	菊科蒿属	SBH	SRR	—	—	35.9	—
老瓜头 *Cynanchum komarovii*	萝藦科鹅绒藤属	SBH	SR	—	—	4.87	—
西山委陵菜 *Potentilla sischanensis*	蔷薇科委陵菜属	PH	SR	—	—	4.70	—
火媒草 *Olgaea leucophylla*	菊科蝟菊属	PH	SR	—	—	4.88	—
中华苦荬菜 *Ixeris chinensis*	菊科小苦荬属	PH	SR	—	—	3.00	—
盐爪爪 *Kalidium foliatum*	藜科盐爪爪属	SH	SRR	—	—	—	80.31

注：AH. 一年生草本植物；ABH. 一年生或二年生草本植物；PH. 多年生草本植物；SBH. 半灌木；SH. 灌木；RR. 根茎繁殖；SR. 种子繁殖；SRR. 种子繁殖和根茎繁殖皆可；A. 苦豆子群落；B. 芨芨草群落；C. 油蒿群落；D. 盐爪爪群落；“—”为未出现此植物，下同

其中 Shannon-Wiener 多样性指数与群落中物种丰富程度关系密切，指数越高，说明群落中物种的丰富程度越高；Simpson 多样性指数可侧重反映群落中物种的均匀度，指数越高，说明群落中物种的均匀度越高，即群落的优势度集中表现在少数物种上的程度越低（许晴等，2011）；Pielou 均匀度指数和 Patrick 丰富度指数分别反映群落各物种均匀度和丰富度。由图 5-4 可知，芨芨草群落的 Shannon-Wiener 多样性指数、Simpson 多样性指数、Pielou 均匀度指数均为最高，盐爪爪群落的 Shannon-Wiener 多样性指数、Simpson 多样性指数、Patrick 丰富度指数均最低，油蒿群落的 Pielou 均匀度指数最低，但与苦豆子群落、盐爪爪群落的差异不大。苦豆子群落中物种丰富度最高，但物种均匀度并不高；芨芨草群落物种丰富度略低于苦豆子群落，但其物种均匀度相对较高；盐爪爪群落中虽然物种数较少，但其物种均匀度并不低。在总体上，4 种植物群落的多样性顺序为：芨芨草群落>苦豆子群落>油蒿群落>盐爪爪群落。

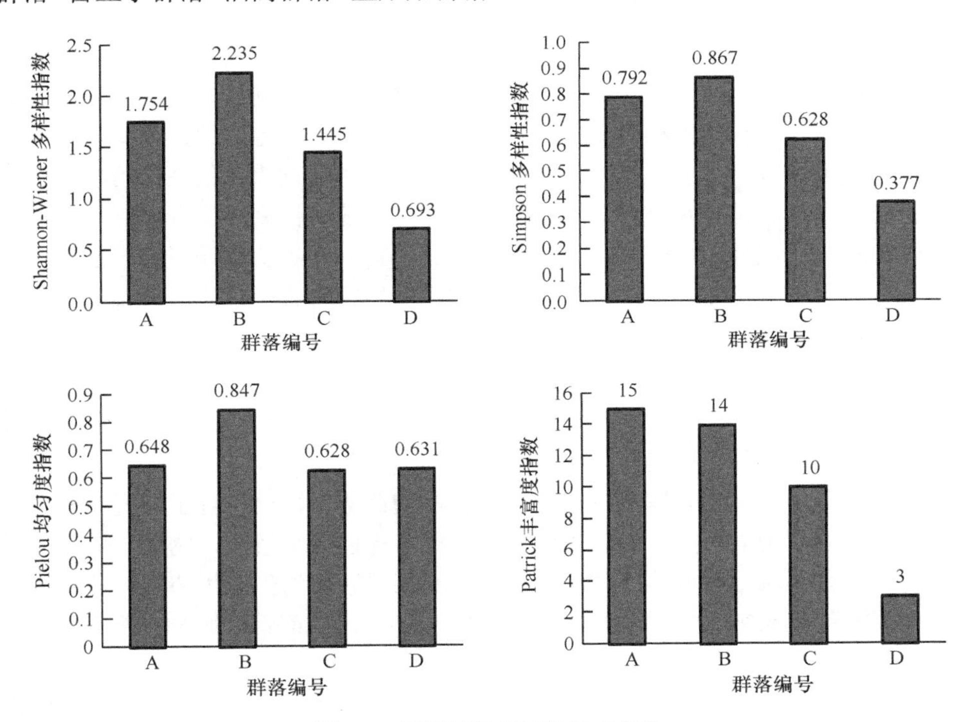

图 5-4　不同植物群落物种多样性

A. 苦豆子群落，B. 芨芨草群落，C. 油蒿群落，D. 盐爪爪群落

三、不同植物群落间相似性分析

为分析不同植物群落结构的相似性，对调查的 4 种植物群落进行相似性分析。

由表 5-2 可知，不同植物群落间相似性不同。苦豆子群落与芨芨草群落间的相似性最高，相似性系数为 0.552；其次是苦豆子群落与油蒿群落间，为 0.400；油蒿群落与盐爪爪群落间的相似性最低，仅 0.154；此外，盐爪爪群落与芨芨草群落、油蒿群落间的相似性也较低。

表 5-2　不同植物群落间相似性系数

群落编号	A	B	C	D
A	1.000			
B	0.552	1.000		
C	0.400	0.333	1.000	
D	0.222	0.235	0.154	1.000

四、讨论

盐池县荒漠草原区生境条件恶劣，在封育禁牧措施实施以来植被盖度有所提高，但还存在植物种类多样性偏低，植物群落稳定性不高等问题，本实验中调查的 4 种植物群落正是典型的例子。4 种植物群落中优势种重要值在群落中所占比例均相对较高，且都存在物种单一等问题，说明当地植被恢复虽有好转，但群落稳定性还不高。此外，本研究还发现禾本科、菊科、藜科植物在研究区出现的比例相对较高，且一年生、多年生种子繁殖的草本植物具有一定优势，说明菊科、禾本科、藜科植物种类在耐旱、耐盐碱等方面可能更具优势，一年生、多年生种子繁殖的草本植物，其在繁殖策略上更具优势，它们在严酷的自然条件下以产生大量的种子来伺机生存、繁殖，而且除种子繁殖外，在严酷的荒漠草原环境条件下，无性繁殖也具有其优越性。

张锦春等（2006）对库姆塔格沙漠荒漠植物群落多样性进行了研究分析，结果发现：荒漠植物群落的结构较为简单，物种多样性水平较低，物种组成较为单一，但该研究区域植物群落的过渡地带常具有相对较低的生态优势度和较高的物种多样性。张晶晶等（2011）对封育后自然恢复的荒漠草原植被多样性进行了研究，结果发现：封育措施改变了荒漠草原植物群落的组分，且随着封育年限的延长，多年生草本植物尤其是一些地带性植物的比例开始增加，在封育一段时间后植物群落的多样性也开始有所增加。本研究中，4 种植物群落物种丰富度整体相对较低，群落的结构相对简单，与大多荒漠草原植物群落结构特征的研究结果一致。在调查中发现，封育后苦豆子群落、芨芨草群落和油蒿群落植物种类有所增加，这与相关研究结果一致；但盐爪爪群落封育后植物多样性基本没有变化，群落物种较为单一，其原因可能与土壤质地有关。盐爪爪群落分布区域盐分含量较高，不利于其他植物的生长繁殖。此外，本研究中根据 4 种植物群落多样性特征可以说明：在研究区芨芨草群落的适应性相对较好，在荒漠草原其群落稳定性相对较高；苦豆子群落中其物种丰富度虽较高，但群落物种均匀度、多样性指数低于同属于草本植物群落且环境条件相对较一致的芨芨草群落，其群落结构并不稳定，有研究表明苦豆子是植被退化的代表性植物（高晓原，2009），这与本研究中结果一致，退化草地封育后，作为优势种的苦豆子群落结构可能会发生变化，群落有向正方向演替的特征；盐爪爪群落物种丰富度较低，但其物种均匀度并不低，表明盐爪爪群落物种具有普遍适应高盐分的特征。

群落相似性系数可以表征群落间相似性，是群落演替、植被恢复研究中的重要内容之一（Chalmandrier et al.，2015）。本研究中苦豆子群落与芨芨草群落间的相似性较高，其原因是多方面的，荒漠草原本身植物种类单一，都是在长期的自然进化演替中选择下来的，因此在环境条件差异不大的地区，这些植物都具有生存、繁殖的可能。此外，苦豆子群落与油蒿群落间相似性也较高，说明苦豆子群落中物种在研究区适应性较高。盐爪爪群落与其他 3 种植物群落间的相似性均较低，主要原因在于盐爪爪群落本身物种单一。

第四节　不同植物群落土壤特性

一、不同植物群落土壤理化性质

土壤水分是植物生长和植被恢复的主要限制因子，尤其是在干旱地区（陈云明等，2000），土壤水分的变化又受到植被类型、降雨量及土壤性质等的影响（刘效东等，2011）。由表 5-3 可知，土壤水分含量在不同植物群落间存在差异，总体上盐爪爪群落>芨芨草群落>苦豆子群落>油蒿群落；同一植物群落不同土壤层除芨芨草群落，其他 3 种群落的差异均不显著（$P>0.05$）；芨芨草群落中 0~10cm 土层的低于 10~20cm 和 20~30cm 土层，且差异显著（$P<0.05$）。土壤容重是土壤的基本理化性质之一，与土壤蓄水、保水、抗侵蚀性及土壤的透气性等密切相关（李卓等，2010）。4 种植物群落的土壤层中油蒿群落中土壤容重与其他群落土壤有明显差异，且它的不同土层间差异不显著（$P>0.05$）；盐爪爪群落和芨芨草群落 0~10cm 土层土壤容重低于 10~30cm 土层；苦豆子群落中 0~20cm 土层的土壤容重处于同一水平，均低于 20~30cm 土层。土壤 pH 是决定土壤肥力的重要特征参数之一，而且土壤 pH 的变化可直接影响到土壤中酶参与生化反应的速度（孟红旗等，2013；杨恒山等，2009）。4 种植物群落土壤 pH 均为碱性，不同植物群落、同一群落不同土层间均存在差异，且随着土层的加深 pH 均有增大的趋势，此外芨芨草群落中土壤 pH 要显著高于其他植物群落的土壤。土壤电导率与土壤全盐含量呈正相关，由此可以用电导率的大小表征全盐含量的大小（武得礼等，1997）。土壤全盐含量表现为：盐爪爪群落>苦豆子群落>芨芨草群落>油蒿群落，且不同群落类型间土壤全盐含量总体差异显著；盐爪爪群落和苦豆子群落土壤中，随着土层的加深，土壤全盐含量下降，且前者各土层间的差异显著（$P<0.05$）；苦豆子群落和油蒿群落土壤各土层间全盐含量差异不显著（$P>0.05$），芨芨草群落中随着土层的加深，土壤全盐含量反而升高，且 0~10cm 和 20~30cm 土层间差异显著（$P<0.05$）。

由表 5-3 可知，不同植物群落土壤养分各指标均存在差异。苦豆子群落土壤中 0~10cm 土层土壤全氮、速效磷含量显著高于其他 3 种植物群落，碱解氮含量也显著高于油蒿群落和盐爪爪群落；各养分含量随土壤层的加深均逐渐减低，且各土层间除全磷、速效磷在 10~20cm 和 20~30cm 土层间差异不显著（$P>0.05$），其他各养分指标在各土层间均表现为显著差异（$P<0.05$），其中 0~10cm 与 10~20cm 土层间差异较为明显。芨芨草群落土壤中，各土层有机碳含量明显高于苦豆子群落和油蒿群落，20~30cm 土层中也显著高于盐爪爪群落同层土壤；芨芨草群落中土壤速效磷含量随土层的加深表现出倒“V”型变化趋势；此外，芨芨草群落 0~10cm 土层中碱解氮含量较高。油蒿群落土壤中，各土壤养分指标普遍较低，尤其在 0~10cm 土层中，且各土层间养分差异不大，全氮、全磷、碱解氮在各土层间差异不显著（$P>0.05$），有机碳在 10~20cm 和 20~30cm 土层间差异不显著（$P>0.05$），速效磷在 0~10cm 和 10~20cm 土层间同样差异不显著（$P>0.05$）；同时随着土层的加深，全氮和碱解氮含量均出现倒“V”型变化趋势。盐爪爪群落土壤中，有机碳、全磷在表层土中含量较高，速效磷在各土层间的变化趋势明显不同于其他 3 种群落，其各土层间不仅含量相对较高而且差异不显著（$P>0.05$）；此外，盐爪爪群落 20~30cm 土层中土壤全氮含量显著低于其他各群落同层土壤。

二、不同植物群落土壤酶活性变化

土壤中的脲酶对于提高土壤氮素的利用率及促进土壤氮素循环具有重要作用（Baligar et al.，1988）。从图 5-5 可知，4 种植物群落中芨芨草群落、油蒿群落和盐爪爪群落土壤中脲酶活性随土层的增加，酶活性均有降低的趋势，而且在降低趋势中均呈现出 0~10cm 土层与 10~20cm 和 20~30cm 土层差异极显著（$P<0.01$），10~20cm 土层和 20~30cm 土层差异不显著（$P>0.01$）。原因可能与土壤酶的来源有关，0~10cm 土层中土壤微生物和一些土壤动物等更加活跃，其次可能与土壤表层存在的枯落物有关。苦豆子群落中土壤脲酶活性先降低后升高，变化过程中同样 0~10cm 土层和 20~30cm 土层差异极显著（$P<0.01$），而 10~20cm 土层和 20~30cm 土层的差异不显著（$P>0.01$）。出现这种情况的原因可能同样与土壤酶的来源有关，20~30cm 土层中脲酶活性升高可能与植物根系分泌物有关。不同植物

表 5-3　不同植物群落土壤理化性质

群落类型	土层深度/cm	含水量/%	容重/（g/cm^3）	pH	电导率/（mS/cm×10）	有机碳/（g/kg）	全氮/（g/kg）	全磷/（g/kg）	碱解氮/（mg/kg）	速效磷/（mg/kg）
苦豆子群落	0~10	13.40 ± 0.63b	1.21 ± 0.17b	8.82 ± 0.08e	10.17 ± 2.58d	7.72 ± 0.18b	0.61 ± 0.06a	0.28 ± 0.03a	35.93 ± 2.14a	19.33 ± 0.33a
	10~20	13.25 ± 1.11b	1.26 ± 0.10b	9.02 ± 0.19cd	9.16 ± 1.90d	6.79 ± 0.21c	0.33 ± 0.02bc	0.22 ± 0.01bc	21.00 ± 1.40b	10.59 ± 0.36ef
	20~30	13.93 ± 2.79b	1.31 ± 0.09a	9.10 ± 0.13cd	8.71 ± 2.18d	5.62 ± 0.14d	0.27 ± 0.02d	0.21 ± 0.02c	18.67 ± 2.14bc	9.78 ± 0.83f
芨芨草群落	0~10	13.56 ± 1.87b	1.21 ± 0.10b	9.16 ± 0.08c	1.68 ± 0.18fg	9.13 ± 0.21a	0.36 ± 0.03b	0.27 ± 0.03a	34.53 ± 4.04a	14.94 ± 1.29bc
	10~20	15.04 ± 1.64a	1.38 ± 0.10a	9.63 ± 0.01b	3.62 ± 0.64ef	7.49 ± 0.16bc	0.28 ± 0.01cd	0.22 ± 0.01b	12.60 ± 1.40d	16.15 ± 0.78b
	20~30	15.78 ± 0.28a	1.38 ± 0.22a	9.86 ± 0.04a	4.89 ± 0.40e	7.22 ± 0.14bc	0.15 ± 0.02f	0.20 ± 0.01c	12.13 ± 2.14d	13.01 ± 0.76cd
油蒿群落	0~10	10.10 ± 0.33c	1.54 ± 0.19a	8.78 ± 0.06e	0.49 ± 0.01g	5.93 ± 0.21d	0.21 ± 0.02e	0.15 ± 0.01d	11.20 ± 4.85d	13.10 ± 0.71cd
	10~20	10.10 ± 0.02c	1.51 ± 0.13a	8.95 ± 0.13d	0.49 ± 0.02g	5.47 ± 0.24e	0.22 ± 0.02de	0.13 ± 0.02d	14.93 ± 3.52cd	11.38 ± 0.77de
	20~30	10.36 ± 0.22c	1.52 ± 0.12a	9.08 ± 0.04cd	0.47 ± 0.01g	5.43 ± 0.08e	0.20 ± 0.02ef	0.12 ± 0.01d	10.27 ± 1.62d	9.62 ± 0.60f
盐爪爪群落	0~10	16.27 ± 2.07a	1.26 ± 0.17b	8.58 ± 0.09f	39.87 ± 1.00a	8.69 ± 0.08a	0.37 ± 0.02b	0.24 ± 0.03ab	12.60 ± 1.40d	16.16 ± 1.00b
	10~20	17.41 ± 1.61a	1.46 ± 0.09a	8.68 ± 0.08ef	33.07 ± 1.01b	7.48 ± 0.18bc	0.32 ± 0.06bc	0.25 ± 0.00ab	20.07 ± 2.14b	16.25 ± 0.66b
	20~30	17.14 ± 1.18a	1.36 ± 0.16a	8.86 ± 0.04e	28.40 ± 1.51c	4.37 ± 0.40f	0.06 ± 0.02g	0.22 ± 0.01bc	15.87 ± 2.14cd	16.43 ± 0.42b

注：字母不同表示不同植物群落间差异显著（$P<0.05$）

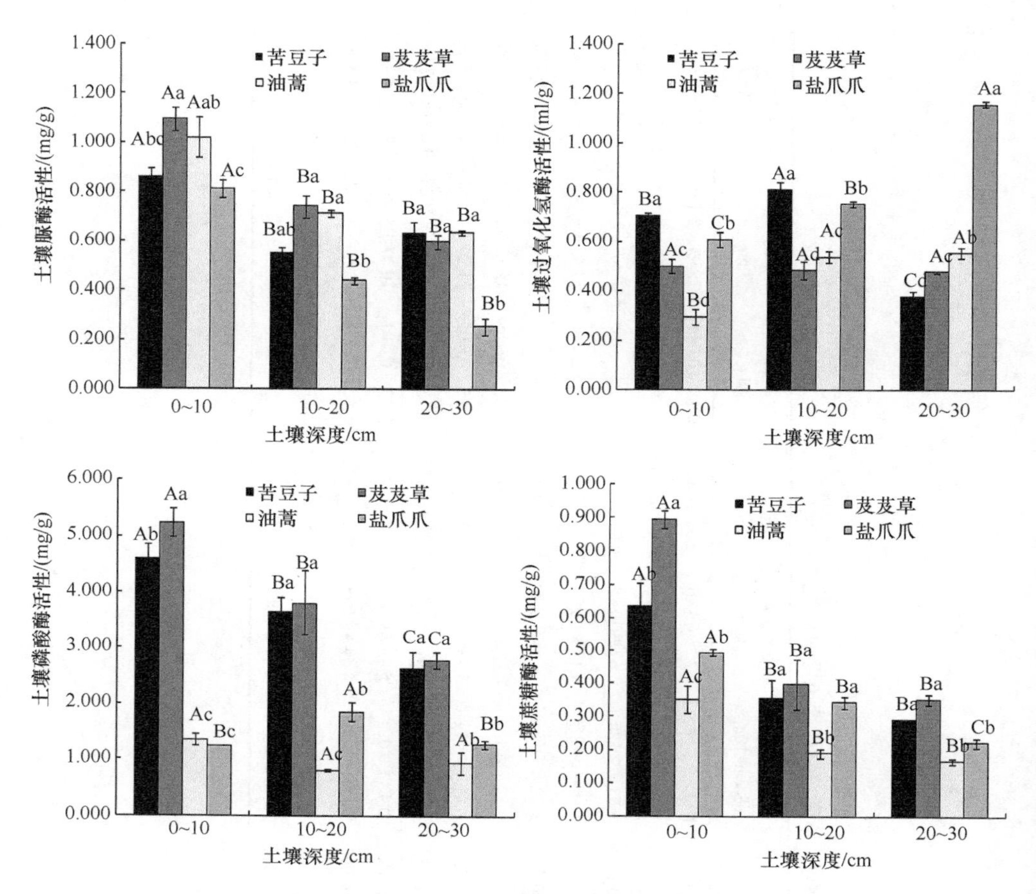

图 5-5 不同植物群落土壤酶活性

不同大写字母表示同一植物群落不同土层极显著差异（$P < 0.01$），不同小写字母表示不同植物群落同一土层极显著差异（$P < 0.01$）

群落土壤脲酶的变化趋势不同，不同植物群落同一土层间存在差异，有的甚至存在极显著差异（$P<0.01$），其原因除了不同样地土壤养分的差异（马朋等，2014；安韶山等，2007），还与地上植被的不同，不同植物根系及枯落物分泌物、分泌量均存在差异有关，与土壤动物对其环境的适应能力不同也有关。

过氧化氢酶可以表示土壤氧化过程的强度，也在一定程度上反映了土壤微生物学过程的强度（鲁萍等，2002）。从图 5-5 可知，4 种群落中土壤过氧化氢酶活性差异明显。芨芨草群落中不同土壤层过氧化氢酶活性有逐层下降的趋势，但差异不显著（$P>0.01$），且 0~20cm 土层的过氧化氢酶活性又极显著（$P<0.01$）低于其他 3 种群落同层土，这一方面与酶的来源有关，另一方面也说明了芨芨草对贫瘠土壤的适应能力。苦豆子群落和盐爪爪群落不同土层间过氧化氢酶活性差异极显著（$P<0.01$），前者随土层的加深先升后降，且 0~10cm 土层高于 20~30cm 土层；

后者随着土层的加深，过氧化氢酶活性反而出现显著升高，且 20~30cm 土层是所有测定值中最高的，原因可能与土壤水分和盐分有关，高盐度土壤限制了土壤微生物的种类和数量，此外可能与植物根系分布也有关，优势种盐爪爪属于小灌木，其扎根相对较深。油蒿群落土层中过氧化氢酶活性也存在随土层加深而升高的现象，可能同样与植被的根系分布有关，油蒿属于半灌木类植物，根系比较深。

磷酸酶是土壤中广泛分布的一种水解酶，是一类催化有机磷化合物水解的酶，其活性高低可对土壤中有机磷的生物有效性产生直接影响（舒世燕等，2010）。从图 5-5 可知，4 种群落中苦豆子群落和芨芨草群落中随着土层的加深，一方面磷酸酶活性均呈降低趋势且差异极显著（$P<0.01$）；另一方面相比较同一土层，两者的磷酸酶活性差异不明显但均要明显高于另外 2 种群落，这可能与草本植物和灌木植物间的差异有关，有关这方面的研究还需进一步探索。油蒿群落和盐爪爪群落中随着土层的加深，前者先降后升，但差异均不显著（$P>0.01$），可能还与土壤质地有关，油蒿群落土壤多为沙土；后者先升后降，0~10cm 和 20~30cm 间差异不显著（$P>0.01$），但两者与 10~20cm 的差异极显著（$P<0.01$）。

蔗糖酶能够催化多种低聚糖的水解，在土壤碳循环中具有重要意义，可较好地反映土壤肥力水平和生物学活性强度（Nausch and Nausch，2000）。从图 5-5 可知，4 种群落中土壤蔗糖酶活性随着土层的加深均呈降低趋势，其中苦豆子群落、芨芨草群落和油蒿群落土壤中 0~10cm 土层和 10~20cm、20~30cm 土层间均表现为极显著差异（$P<0.01$），而 10~20cm 土层和 20~30cm 土层间差异不显著（$P>0.01$），说明这 3 种群落土壤表层蔗糖酶较为活跃，可能一方面与土壤表层糖分来源广有关，另一方面可能与土壤酶的来源有关。盐爪爪群落土壤各层间均差异极显著（$P<0.01$），说明 10~20cm 土层和 20~30cm 土层间土壤成分、土壤酶来源等都有可能存在差异。

三、不同植物群落土壤微生物数量比较

由表 5-4 可知，4 种植物群落土壤 3 大微生物数量在不同群落间、同一群落不同土层间均存在差异，但 4 种群落土壤微生物数量均表现为细菌>放线菌>真菌。不同植物群落中，苦豆子群落土壤各微生物数量明显较高，油蒿群落土壤微生物数量最低，而且除油蒿群落 0~10cm 土层和 20~30cm 土层外，其他各研究土壤中细菌数量比例均占 3 大微生物总量的 80%以上，同时 4 种植物群落 10~20cm 和 20~30cm 土层中细菌和放线菌数量之和均达到 95%以上；此外，随着土层的加深，4 种植物群落 3 大微生物数量均呈现降低趋势。同一植物群落土壤中，放线菌在各土层间均差异极显著（$P<0.01$）；除芨芨草群落 10~20cm 和 20~30cm 土层间细菌数量差异不显著（$P>0.01$）外，其他 3 种群落各自土层间细菌数量均差异极显

著（$P<0.01$）；土壤真菌数量则是油蒿群落和盐爪爪群落中 10~20cm 和 20~30cm 土层间差异不显著（$P>0.01$），其他 2 种群落各自土层间差异极显著（$P<0.01$）。

表 5-4　不同植物群落土壤微生物的数量与组成

群落类型	土层深度/cm	细菌		真菌		放线菌		总数数量
		数量/（10^6/g）	百分比/%	数量/（10^5/g）	百分比/%	数量/（10^5/g）	百分比/%	数量/（10^6/g）
苦豆子群落	0~10	6.40±0.14Aa	84.17	3.86±0.09Aa	5.07	8.18±0.15Aa	10.76	7.60
	10~20	5.26±0.18Ba	83.98	2.83±0.12Ba	4.49	7.27±0.23Ba	11.54	6.30
	20~30	4.79±0.14Ca	86.81	2.05±0.11Ca	3.70	5.27±0.22Cb	9.49	5.55
芨芨草群落	0~10	5.67±0.19Ab	82.27	3.99±0.09Aa	5.79	8.23±0.17Aa	11.94	6.90
	10~20	4.14±0.12Bc	82.52	2.45±0.12Bb	4.88	6.32±0.11Bc	12.60	5.02
	20~30	3.96±0.08Bc	83.11	2.20±0.15Ca	4.63	5.84±0.06Ca	12.27	4.76
油蒿群落	0~10	3.71±0.06Ac	79.61	2.60±0.17Ac	5.77	6.59±0.13Ac	14.62	4.51
	10~20	3.09±0.20Bd	81.00	1.45±0.07Bc	3.79	5.81±0.11Bd	15.21	3.82
	20~30	2.41±0.11Cd	79.54	1.37±0.13Bb	4.53	4.83±0.12Cc	15.93	3.03
盐爪爪群落	0~10	5.76±0.17Ab	83.78	3.52±0.09Ab	5.12	7.63±0.17Ab	11.10	6.88
	10~20	4.83±0.13Bb	82.98	2.47±0.11Bb	4.43	7.01±0.12Bb	12.59	5.57
	20~30	4.29±0.15Cb	84.84	2.07±0.08Ba	4.09	5.60±0.14Ca	11.07	5.06

注：不同大写字母表示同一植物群落不同土层极显著差异（$P<0.01$），不同小写字母表示不同植物群落同一土层极显著差异（$P<0.01$）

四、土壤各指标间的相关性

由表 5-5 可知，不同植物群落土壤各指标间的相关性有所差异。4 种植物群落土壤中土壤 pH 与土壤各指标间大多呈负相关关系，而油蒿群落和盐爪爪群落中过氧化氢酶与 pH 呈极显著正相关（$P<0.01$），芨芨草群落中土壤 pH 与土壤盐分呈极显著正相关（$P<0.01$），苦豆子群落和油蒿群落中两者相关性不显著（$P>0.05$），盐爪爪群落中两者呈极显著负相关（$P<0.01$）；4 种植物群落中土壤盐分对芨芨草群落各土壤指标的影响最大，其次是盐爪爪群落；4 种植物群落中土壤含水量与土壤容重均无相关性（$P>0.05$），土壤含水量与土壤各指标间大多为正相关关系，尤其在苦豆子群落和芨芨草群落中表现更为显著，而在油蒿群落和盐爪爪群落中却与土壤过氧化氢酶呈极显著负相关（$P<0.01$）；4 种植物群落中土壤容重与大多土壤指标间呈负相关关系，但相关性不高。4 种植物群落土壤 3 大微生物数量间均达到显著正相关（$P<0.05$）。苦豆子群落土壤中微生物数量、土壤酶活性、土壤养分各指标间均为正相关关系，其中土壤微生物数量、土壤养分各指标间均达到显著正相关（$P<0.05$）；而芨芨草群落土壤中速效磷与微生物数量间相关性较低，

表 5-5 土壤各指标间的相关性分析

群落类型	指标	A	B	C	D	E	F	G	H	I	J	K	L	M	N	O	P
苦豆子群落	A	1.000															
	B	–0.481	1.000														
	C	–0.671*	0.254	1.000													
	D	0.478	–0.700*	–0.339	1.000												
	E	–0.736*	0.268	0.882**	–0.303	1.000											
	F	–0.635	0.159	0.931**	–0.209	0.872**	1.000										
	G	–0.436	0.052	0.843**	0.138	0.773*	0.899**	1.000									
	H	–0.720*	0.258	0.976**	–0.266	0.884**	0.951**	0.867**	1.000								
	I	–0.742*	0.281	0.953**	–0.323	0.865**	0.964**	0.837**	0.985**	1.000							
	J	–0.838**	0.433	0.573	–0.115	0.518	0.525	0.535	0.657	0.646	1.000						
	K	–0.383	0.215	0.441	–0.241	0.760*	0.426	0.367	0.401	0.351	0.060	1.000					
	L	–0.634	0.397	0.861**	–0.367	0.925**	0.889**	0.779*	0.861**	0.844**	0.435	0.724*	1.000				
	M	–0.670*	0.254	1.000**	–0.339	0.882**	0.931**	0.843**	0.976**	0.954**	0.573	0.440	0.861**	1.000			
	N	–0.761*	0.265	0.914**	–0.324	0.941**	0.929**	0.797*	0.945**	0.962**	0.591	0.520	0.856**	0.914**	1.000		
	O	–0.617	0.289	0.789*	–0.322	0.965**	0.822**	0.720*	0.776*	0.774*	0.347	0.837**	0.926**	0.789*	0.879**	1.000	
	P	–0.728*	0.422	0.920**	–0.417	0.965**	0.919**	0.796*	0.922**	0.919**	0.535	0.665	0.970**	0.920**	0.945**	0.940**	1.000
芨芨草群落	A	1.000															
	B	0.942**	1.000														
	C	–0.940**	–0.884**	1.000													
	D	0.459	0.435	–0.594	1.000												
	E	–0.951**	–0.905**	0.971**	–0.481	1.000											
	F	–0.938**	–0.899**	0.788*	–0.364	0.825**	1.000										
	G	–0.934**	–0.843**	0.818**	–0.306	0.841**	0.882**	1.000									

续表

群落类型	指标	A	B	C	D	E	F	G	H	I	J	K	L	M	N	O	P
芨芨草群落	H	–0.910**	–0.889**	0.961**	–0.444	0.979**	0.736*	0.806**	1.000								
	I	–0.316	–0.441	0.154	–0.073	0.265	0.565	0.194	0.147	1.000							
	J	–0.988**	–0.944**	0.941**	–0.550	0.953**	0.912**	0.913**	0.915**	0.302	1.000						
	K	–0.442	–0.296	0.286	0.004	0.389	0.405	0.612	0.386	–0.035	0.462	1.000					
	L	–0.940**	–0.872**	0.897**	–0.59	0.925**	0.905**	0.804**	0.854**	0.430	0.954**	0.433	1.000				
	M	–0.940**	–0.883**	1.000**	–0.594	0.971**	0.788*	0.817**	0.961**	0.154	0.940**	0.285	0.897**	1.000			
	N	–0.949**	–0.934**	0.979**	–0.553	0.974**	0.815**	0.843**	0.963**	0.217	0.958**	0.279	0.888**	0.979**	1.000		
	O	–0.977**	–0.930**	0.981**	–0.520	0.978**	0.859**	0.883**	0.967**	0.237	0.975**	0.415	0.928**	0.981**	0.971**	1.000	
	P	–0.959**	–0.896**	0.985**	–0.556	0.991**	0.835**	0.858**	0.963**	0.247	0.961**	0.380	0.932**	0.985**	0.977**	0.985**	1.000
油蒿群落	A	1.000															
	B	–0.335	1.000														
	C	–0.731*	0.418	1.000													
	D	–0.247	–0.529	0.129	1.000												
	E	–0.491	0.296	0.896**	0.120	1.000											
	F	–0.266	0.180	–0.044	0.376	–0.065	1.000										
	G	–0.431	0.893**	0.531	–0.264	0.363	0.137	1.000									
	H	0.246	0.189	0.021	0.128	0.284	0.351	0.006	1.000								
	I	–0.743*	0.842**	0.786*	–0.167	0.603	0.216	0.857**	0.032	1.000							
	J	–0.780*	0.482	0.951**	0.239	0.844**	0.158	0.658	0.043	0.844**	1.000						
	K	0.822**	–0.453	–0.937**	–0.008	–0.786*	0.034	–0.585	0.246	–0.823**	–0.922**	1.000					
	L	–0.629	0.300	0.831**	–0.122	0.725*	–0.341	0.444	–0.306	0.591	0.749*	–0.884**	1.000				
	M	–0.732*	0.418	1.000**	0.127	0.896**	–0.045	0.531	0.018	0.786*	0.951**	–0.938**	0.833**	1.000			
	N	–0.754*	0.793*	0.790*	–0.233	0.637	0.148	0.722*	0.069	0.966**	0.792*	–0.814**	0.590	0.790*	1.000		

续表

群落类型	指标	A	B	C	D	E	F	G	H	I	J	K	L	M	N	O	P
油蒿群落	O	–0.858**	0.651	0.835**	0.056	0.712*	0.345	0.658	0.124	0.934**	0.892**	–0.850**	0.591	0.835**	0.942**	1.000	
	P	–0.797*	0.421	0.972**	0.064	0.804**	–0.146	0.559	–0.175	0.796*	0.922**	–0.968**	0.891**	0.972**	0.797*	0.815**	1.000
盐爪爪群落	A	1.000															
	B	–0.841**	1.000														
	C	–0.890**	0.962**	1.000													
	D	0.014	–0.356	–0.310	1.000												
	E	–0.910**	0.912**	0.942**	–0.113	1.000											
	F	–0.789*	0.834**	0.876**	–0.047	0.959**	1.000										
	G	–0.494	0.549	0.481	0.291	0.644	0.704*	1.000									
盐爪爪群落	H	0.330	–0.450	–0.465	0.621	–0.164	–0.012	0.292	1.000								
	I	0.332	–0.073	–0.231	0.063	–0.195	–0.088	0.401	0.130	1.000							
	J	–0.843**	0.961**	0.981**	–0.337	0.898**	0.815**	0.409	–0.513	–0.239	1.000						
	K	0.887**	–0.903**	–0.940**	0.128	–0.991**	–0.977**	–0.646	0.169	0.147	–0.883**	1.000					
	L	–0.116	–0.136	–0.096	0.544	0.186	0.307	0.435	0.800**	–0.119	–0.225	–0.207	1.000				
	M	–0.890**	0.962**	1.000**	–0.310	0.941**	0.875**	0.481	–0.466	–0.230	0.981**	–0.939**	–0.096	1.000			
	N	–0.798**	0.967**	0.928**	–0.478	0.808**	0.696*	0.424	–0.643	–0.076	0.932**	–0.800**	–0.308	0.928**	1.000		
	O	–0.836**	0.929**	0.940**	–0.217	0.976**	0.970**	0.639	–0.175	–0.145	0.896**	–0.985**	0.181	0.940**	0.828**	1.000	
	P	–0.785*	0.958**	0.962**	–0.371	0.861**	0.792*	0.390	–0.532	–0.186	0.993**	–0.852**	–0.276	0.962**	0.932**	0.879**	1.000

**表示在 0.01 水平上显著相关，*表示在 0.05 水平上显著相关；A. pH；B. 电导率；C. 含水量；D. 容重；E. 有机碳；F. 全氮；G. 全磷；H. 碱解氮；I. 速效磷；J. 脲酶；K. 过氧化氢酶；L. 磷酸酶；M. 蔗糖酶；N. 细菌；O. 放线菌；P. 真菌

油蒿群落中土壤养分指标全氮、碱解氮与微生物相关性较低，盐爪爪群落中速效磷、碱解氮与微生物数量间呈负相关，且相关性较低。苦豆子群落、芨芨草群落中土壤酶活性间均呈正相关，油蒿群落中过氧化氢酶与其他 3 种酶及微生物数量均呈极显著负相关（$P<0.01$），盐爪爪中各土壤酶活性之间关系较为复杂。

五、讨论

本研究发现，研究区土壤盐碱度普遍较高，且在 4 种植物群落所在土壤间差异明显，其原因除了土壤质地的不同，可能还与各植物群落物种有关。芨芨草群落中土壤 pH 高于其他植物群落就与其自身具有优良的耐盐碱性有关，已有研究证明芨芨草是一种改良盐碱地的优良植物（张雅琼等，2010），而随着土壤层的加深，土壤 pH 出现反常升高的原因可能与芨芨草对土壤盐分的吸收利用有关。土壤水分、容重与湿润地区草地土壤相比差异较明显，出现这种情况的原因可能是：①植被盖度不同，油蒿群落植被盖度显然低于其他 3 种植物群落，而盐爪爪群落出现例外，与该地区地势相对低且距离盐湖较近等因素有关（王学霞等，2012）；②植物种类不同，不同植物由于根系生长、分布、发达程度等的不同，对土壤保水程度不同，芨芨草为多年生禾本科植物，根系主要分布在 0~30cm 土层深度（魏强等，2012），因此相对于同属于草本类植物群落的苦豆子，芨芨草在 10~30cm 处土壤水分含量较高；③枯落物差异，草场经封育后，植被枯落物量明显增加，调查发现，盐爪爪群落和芨芨草群落中枯落物量高于苦豆子群落，油蒿群落中最低。

土壤养分的好坏直接关系到土壤质量的好坏，且对地上植被的生长及植物个体和种群分布、繁衍、群落动态乃至生态系统结构和功能具有重要意义（Wijesinghe et al.，2005；Janssens et al.，1998）。荒漠草原土壤贫瘠，本研究中 4 种荒漠草原植物群落土壤养分在不同群落同一土层及同一群落不同土层中均有差异。苦豆子群落表层土全氮、速效磷、碱解氮含量相对较高，芨芨草群落各土层有机碳含量相对较高，油蒿群落土壤养分普遍较低，而盐爪爪群落表层土有机碳、全磷含量较高。一方面说明不同植物群落土壤质地本来存在差异，另一方面说明不同植物对不同营养元素的需求不同，这也是降雨基本一致下荒漠草原区植被分布不同的原因所在。此外，油蒿群落能在贫瘠土壤中生存；苦豆子群落、芨芨草群落土壤养分相对优于油蒿群落、盐爪爪群落，可能的原因一方面是其土壤本身条件相对较好，另一方面以苦豆子、芨芨草为优势种的群落草本植物秸秆、叶片等枯落物成分多于灌木类的油蒿和盐爪爪，因此更有利于土壤养分的提升和良性循环。

土壤酶活性方面，不同植物群落土壤酶活性存在差异，且不同群落土层间变化规律也不同。刘淑慧等（2012）对松嫩平原盐碱草地主要植物群落土壤酶活性进行了研究，结果表明：不同植物群落土壤酶活性不同，各植物群落的土壤酶活性垂直分布多表现为随着土壤深度的加深而呈现依次递减的规律，且表层（0~10cm）土壤酶活性最为活跃。王晓龙等（2011）对鄱阳湖典型湿地植物群落表层土壤酶活性的分析也表明，不同群落土壤酶活性存在差异。马文文等（2014）对荒漠草原盐爪爪群落和骆驼刺群落土壤酶活性进行过研究，结果表明：盐爪爪群落土壤酶活性高于骆驼刺群落，且随土层的加深而降低。本研究中，4 种植物群落不同土壤酶活性差异不同，芨芨草群落和油蒿群落表层土（0~10cm）脲酶活性明显高于苦豆子群落和盐爪爪群落，盐爪爪群落土壤过氧化氢酶活性相对较高，油蒿群落磷酸酶活性偏低，蔗糖酶活性 4 种群落间差异不明显；此外，本试验中 4 种植物群落土壤中随着土层的加深，土壤酶活性的变化趋势也不同，大部分随着土层的加深酶活性有降低的趋势，这与大多数研究中土壤酶的变化趋势一致，但也有其他变化规律，芨芨草群落各土壤层中的过氧化氢酶活性差异不显著（$P>0.01$），在盐爪爪群落中过氧化氢酶活性随土层的加深却反而升高，而磷酸酶活性先升后降。其原因从土壤酶活性的来源看与植物种类的不同有关，不同植物根系枯落物积累及分解物不同，导致不同土壤酶活性不同，其次还可能与土壤养分、土壤质地等有关，相关报道近几年也较多。此外，4 种植物群落中随着土层的加深，4 种土壤酶活性的变化趋势不同，这与植物根系的分布有关，盐爪爪和油蒿属于灌木类植物，根系分布与草本类的苦豆子和芨芨草不同，而同属于草本类的芨芨草和苦豆子植物，芨芨草的根系更加发达。

土壤微生物是土壤生态系统中的重要成分之一，在荒漠草原生态系统的物质循环和能量流动中具有重要作用（Devi and Yadava，2006；Clark and Paul，1970）。本研究中 4 种群落土壤微生物数量均为细菌>放线菌>真菌，这与大多数的土壤微生物研究结果一致（杨宁等，2015；张文婷等，2008）。4 种植物群落土壤 3 大微生物总量及各不同微生物数量在不同植物群落土壤中存在差异，苦豆子群落土壤微生物总量明显较高，其土壤细菌数量比例也相对高于其他植物群落；油蒿群落土壤微生物数量最低而土壤放线菌数量比例却较高。主要原因可能是不同植物群落植被结构类型不同，对土壤表层的覆盖程度不同，造成了土壤温度、湿度等的差异，此外不同植物群落中植物生长状况、植物根系及枯落物等各不相同，所以影响了土壤微生物的活动状况和数量（文都日乐等，2010），而土壤微生物的活跃状况反过来又会影响土壤的肥力状况，土壤肥力则是植物生长的关键因素，从而形成相互影响的关系。4 种植物群落土壤微生物在各土层的分布大多随土层的加深呈下降趋势，这与相关研究的结果一致（张文婷等，2008），但不同植物群落土壤微生物数量下降幅度并不一致，可能的原因同样与植物群落物种有关，与土壤本身质地也有关。

本研究中 4 种植物群落土壤各指标间关系有所差异，这一方面反映了土壤的复杂性，另一方面也反映出了地上植被对土壤环境的影响。土壤中含有大量动植物和微生物赖以生存的营养成分，其中有机质是主要的土壤肥力成分，土壤氮、磷元素是植物从土壤中吸收量较大的矿质元素（郭继勋等，1997），而土壤水分、pH、盐分又可直接影响地上植被的分布与生长状况。土壤微生物担负着分解动植物残体的重要使命，对植物养分利用具有重要意义（马文文等，2014）；土壤酶参与土壤中各种生物化学过程，动植物残体和微生物的分解及其合成有机化合物的水解与转化都与土壤酶活性有关（周丽霞和丁明懋，2007）。可见，微生物数量和酶活性对土壤养分的转化与供应具有重要意义。由此，掌握土壤各指标对土壤环境、地上植被的影响关系，可以更好地了解地上植被的分布、生长状况等，而熟悉不同地上植物群落环境下各土壤指标的相关性，有利于更加有效地处理土壤地上与地下的关系，对科学实施生态环境的恢复与治理更加有效。

第五节　不同植物群落土壤种子库特征

一、不同植物群落土壤种子库物种组成及密度

由表 5-6 可知，不同植物群落土壤种子库物种组成及种子密度不同，同一物种在不同植物群落土壤种子库中出现时种子密度有所差异。4 种植物群落土壤种子库中总计出现 42 种植物，隶属于 12 科 35 属，其中禾本科、菊科、藜科物种出现比例较高，分别占到 26.19%、21.43%和 19.05%，总计占总物种数的 66.67%；此外，灰绿藜、冰草、碱蓬在 4 种植物群落土壤种子库中均有出现。苦豆子群落土壤种子库中出现 23 种植物，种子密度达 4550 粒/m^2，隶属于 5 科 19 属，其中禾本科和藜科物种数占主要优势，分别达到 39.13%和 30.43%，种子密度分别占 32.42%和 36.59%，地上优势种苦豆子在土壤种子库中密度为 525 粒/m^2，占种子密度的 11.54%。芨芨草群落土壤种子库中出现 29 种植物，种子密度达 5350 粒/m^2，隶属于 9 科 25 属，其中菊科、藜科、禾本科物种较多，分别占总物种数的 20.69%%、20.69%和 24.14%，共计占总物种数的 65.52%，种子密度分别占 17.66%、27.48%和 38.41%，达总量的 80.09%，而地上优势种芨芨草在土壤种子库中仅占 4.21%。油蒿群落土壤种子库中出现了 20 种植物，种子密度为 3860 粒/m^2，隶属于 8 科 17 属，其中菊科、藜科、禾本科物种占优，分别占总物种数的 30.00%、25.00%和 20.00%，占到总物种数的 75.00%，种子密度分别占 25.26%、36.53%和 24.61%，达总量的 86.40%，而优势种油蒿仅占 0.26%。盐爪爪群落土壤种子库中出现了 8 种植物，种子密度为 2250 粒/m^2，分别隶属于 6 科 8 属，其中藜科物种占优，达 37.50%，种子密度占 22.89%，十字花科盐芥种子密度较高，占总量的 60.89%，而优势种盐爪爪仅占 1.56%。

表 5-6　土壤种子库物种组成及其密度

物种中文名	拉丁学名	科属	苦豆子群落		芨芨草群落		油蒿群落		盐爪爪群落	
			密度/m^2	组成/%	密度/m^2	组成/%	密度/m^2	组成/%	密度/m^2	组成/%
苦豆子	*Sophora alopecuroides*	豆科槐属	525	11.54	—	—	—	—	—	—
灰绿藜	*Chenopodium glaucum*	藜科藜属	815	17.91	825	15.42	1045	27.07	50	2.22
藜	*Chenopodium album*	藜科藜属	135	2.97	35	0.65	—	—	—	—
尖头叶藜	*Chenopodium acuminatum*	藜科藜属	175	3.85	—	—	—	—	—	—
冰草	*Agropyron cristatum*	禾本科冰草属	175	3.85	400	7.48	155	4.02	55	2.44
西伯利亚滨藜	*Atriplex sibirica*	藜科滨藜属	180	3.96	110	2.06	—	—	—	—
狗尾草	*Setaria viridis*	禾本科狗尾草属	560	12.31	425	7.94	300	7.77	—	—
棒头草	*Polypogon fugax*	禾本科棒头草属	225	4.95	—	—	—	—	—	—
虎尾草	*Chloris virgata*	禾本科虎尾草属	190	4.18	—	—	—	—	—	—
碱蓬	*Suaeda glauca*	藜科碱蓬属	115	2.53	140	2.62	70	1.81	430	19.11
蒙古虫实	*Corispermum mongolicum*	藜科虫实属	190	4.18	110	2.06	105	2.72	—	—
糙隐子草	*Cleistogenes squarrosa*	禾本科隐子草属	195	4.29	280	5.23	—	—	—	—
针茅	*Stipa glareosa*	禾本科针茅属	45	0.99	—	—	—	—	—	—
芦苇	*Phragmites australis*	禾本科芦苇属	45	0.99	—	—	—	—	—	—
野艾蒿	*Artemisa lavandulaefolia*	菊科蒿属	250	5.49	390	7.29	—	—	270	12.00
蒲公英	*Taraxacum mongolicum*	菊科蒲公英属	70	1.54	65	1.21	—	—	—	—
披针叶野决明	*Thermopsis lanceolata*	豆科野决明属	115	2.53	25	0.47	—	—	—	—
苦苣菜	*Sonchus oleraceus*	菊科苦苣菜属	90	1.98	65	1.21	30	0.78	—	—
西伯利亚廖	*Polygonum sibiricum*	蓼科蓼属	35	0.77	110	2.06	—	—	5	0.22
芨芨草	*Achnatherum splendens*	禾本科芨芨草属	10	0.22	225	4.21	—	—	—	—
猪毛蒿	*Artemisia scoparia*	菊科蒿属	325	7.14	—	—	810	20.98	—	—
刺藜	*Chenopodium aristatum*	藜科藜属	55	1.21	110	2.06	80	2.07	—	—
野燕麦	*Avena fatua*	禾本科燕麦属	30	0.66	—	—	—	—	—	—

续表

物种中文名	拉丁学名	科属	苦豆子群落		芨芨草群落		油蒿群落		盐爪爪群落	
			密度/m^2	组成/%	密度/m^2	组成/%	密度/m^2	组成/%	密度/m^2	组成/%
蒺藜	*Tribulus terrester*	蒺藜科蒺藜属	—	—	45	0.84	220	5.70	—	—
猪毛菜	*Tribulus terrester*	蒺藜科蒺藜属	—	—	140	2.62	110	2.85	—	—
砂珍棘豆	*Oxytropis racemosa*	豆科棘豆属	—	—	60	1.12	55	1.42	—	—
老瓜头	*Cynanchum komarovii*	萝藦科鹅绒藤属	—	—	—	—	135	3.50	—	—
阿尔泰狗娃花	*Heteropappus altaicus*	菊科狗娃花属	—	—	310	5.79	95	2.46	—	—
委陵菜	*Potentilla chinensis*	蔷薇科委陵菜属	—	—	45	0.84	85	2.20	35	1.56
赖草	*Leymus secalinus*	禾本科赖草属	—	—	240	4.49	255	6.61	—	—
中华小苦荬	*Lxeridium chinense*	菊科小苦荬属	—	—	60	1.12	15	0.39	—	—
白草	*Pennisetum centrasiaticum*	禾本科狼尾草属	—	—	485	9.07	240	6.22	—	—
菟丝子	*Cuscuta chinensis*	旋花科菟丝子属	—	—	15	0.28	—	—	—	—
远志	*Polygala tenuifolia*	远志科远志属	—	—	165	3.08	—	—	—	—
火媒草	*Olgaea leucophylla*	菊科蝟菊属	—	—	10	0.19	15	0.39	—	—
银灰旋花	*Convolvulus ammannii*	旋花科旋花属	—	—	245	4.58	—	—	—	—
黄花蒿	*Artemisia annua*	菊科蒿属	—	—	45	0.84	—	—	—	—
苦马豆	*Sphaerophysa salsula*	豆科苦马豆属	—	—	170	3.18	—	—	—	—
地锦	*Euphorbia humifusa*	大戟科大戟属	—	—	—	—	30	0.78	—	—
油蒿	*Artermisia ordosica*	菊科蒿属	—	—	—	—	10	0.26	—	—
盐爪爪	*Kalidium foliatum*	藜科盐爪爪属	—	—	—	—	—	—	35	1.56
盐芥	*Thellungiella salsuginea*	十字花科盐芥属	—	—	—	—	—	—	1370	60.89

二、不同植物群落土壤种子库物种生活型特征

由表 5-7 可知，苦豆子群落中一年生植物有 11 种，一年或二年生植物 2 种，多年生植物 11 种，半灌木 1 种，其中猪毛蒿为多年生或一年、二年生植物，野艾蒿（*Artemisa lavandulaefolia*）为多年生或半灌木植物；芨芨草群落中一年生植物有 11 种，一年或二年生植物 1 种，多年生植物 17 种，半灌木 2 种，其中野艾蒿和苦马豆为多年生或半灌木植物；油蒿群落中一年生植物有 8 种，一年或二年生植物 2 种，多年生植物 9 种，半灌木 1 种，灌木 1 种，其中猪毛蒿为多年生或一年、二年生植物；盐爪爪群落中一年生植物有 4 种，多年生植物 3 种，半灌木 1 种，灌木 1 种。4 种群落土壤种子库中多年生植物和一年生植物种子居多，灌木、半灌木植物种子较少，苦豆子群落和芨芨草群落为草本植物群落，其种子库中基本为草本类植物种子，出现的野艾蒿和苦马豆均为多年生半灌木植物。

表 5-7　土壤种子库物种生活型特征

群落类型	一年生植物/种	一年或二年生植物/种	多年生植物/种	半灌木/种	灌木/种
苦豆子群落	11	2	11	1	—
芨芨草群落	11	1	17	2	—
油蒿群落	8	2	9	1	1
盐爪爪群落	4	—	3	1	1

三、不同植物群落土壤种子库垂直分布特征

由图 5-6 可知，不同植物群落土壤种子库中物种垂直分布特征不同，同一物种在不同植物群落土壤种子库中出现时种子垂直分布特征具有差异。4 种植物群落土壤种子库中物种总数和在不同土层物种数均表现为：芨芨草群落>苦豆子群落>油蒿群落>盐爪爪群落；4 种植物群落土壤种子库中随着土层的加深，物种数均呈递减趋势。此外，4 种植物群落土壤种子库在土壤表层（0~2cm，下同），物种数均较多，其中油蒿群落和盐爪爪群落表层土中包含土壤种子库中全部物种。由表 5-8 可知，4 种植物群落土壤种子库中种子密度表现为：芨芨草群落>苦豆子群落>油蒿群落>盐爪爪群落，且随着土层的加深 4 种植物群落种子密度均呈递减趋势，这与物种数在土壤种子库的垂直分布特征一致。但在不同植物群落土壤种子库中种子密度随着土层加深递减趋势不同，芨芨草群落和油蒿群落不同土层种子密度间差异均显著（$P<0.05$）；苦豆子群落和盐爪爪群落土壤表层种子密度与土壤亚表层（2~5cm，下同）和土壤深层（5~10cm，下同）差异显著（$P<0.05$），而土壤亚表层和深层种子密度无显著差异（$P>0.05$）。此外，不同植物群落土壤种子库在同一土层种子密度不同，土壤表层苦豆子群落种子密度最高，芨芨草群落次

之，且苦豆子群落显著高于油蒿群落和盐爪爪群落（P<0.05）；土壤亚表层中，芨芨草群落种子密度显著高于其他植物群落（P<0.05）；土壤深层中，种子密度均相对较低，盐爪爪群落种子密度显著低于其他植物群落（P<0.05）。

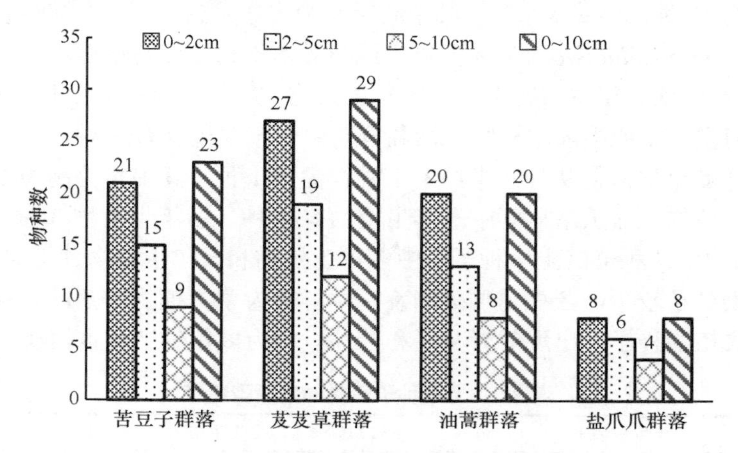

图 5-6 土壤种子库种子物种数垂直分布特征

表 5-8 土壤种子库种子密度垂直分布特征

群落类型	0~2cm/（粒/m²）	2~5cm/（粒/m²）	5~10cm/（粒/m²）	0~10cm/（粒/m²）
苦豆子群落	3075 ± 684Aa	950 ± 105Bbc	530 ± 77Ba	4550 ± 711ab
芨芨草群落	2795 ± 460Aab	1940 ± 265Ba	615 ± 94Ca	5350 ± 388a
油蒿群落	2185 ± 317Abc	1105 ± 185Bb	570 ± 131Ca	3860 ± 362b
盐爪爪群落	1330 ± 384Ac	680 ± 248Bc	240 ± 45Bb	2250 ± 576c

注：不同大写字母表示同一植物群落不同土层差异显著（$P < 0.05$），不同小写字母表示不同植物群落同一土层差异显著（$P < 0.05$）

四、土壤种子库多样性和相似性特征

土壤种子库多样性、均匀度及丰富度是反映植物群落潜在种群稳定性的重要指标，对预测群落演替发展具有重要意义。由图 5-7 可知，不同植物群落多样性特征不同，4 种植物群落土壤种子库中 Shannon-Wiener 多样性指数、Simpson 多样性指数、Pielou 均匀度指数和 Patrick 丰富度指数均表现为芨芨草群落>苦豆子群落>油蒿群落>盐爪爪群落。植物群落土壤种子库间相似性是群落潜在发展及演替预测的重要依据。由表 5-9 可知，不同植物群落土壤种子库间相似性不同，芨芨草群落土壤种子库与油蒿群落土壤种子库相似性最高，苦豆子群落与芨芨草群落次之，油蒿群落与盐爪爪群落最低；芨芨草群落土壤种子库与其他 3 种群落土壤种子库相似性相对均较高，盐爪爪群落土壤种子库与其他植物群落土壤种子库相似性相对均较低。

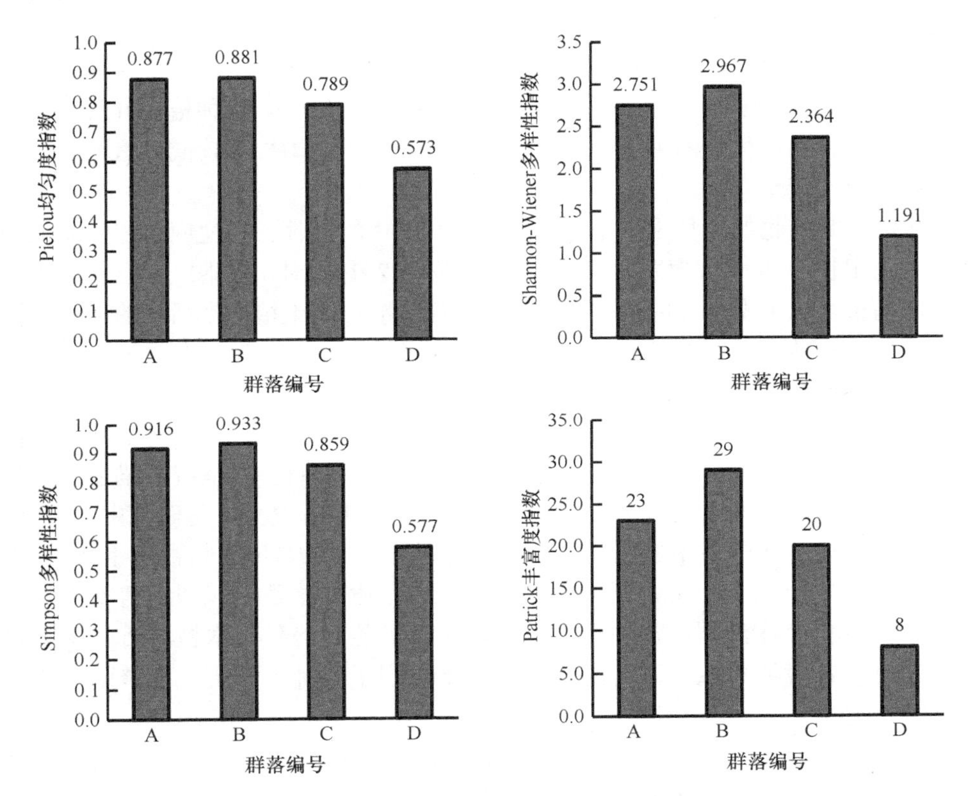

图 5-7　不同植物群落土壤种子库多样性特征

A. 苦豆子群落，B. 芨芨草群落，C. 油蒿群落，D. 盐爪爪群落

表 5-9　不同植物群落土壤种子库相似性

群落类型	苦豆子群落	芨芨草群落	油蒿群落	盐爪爪群落
苦豆子群落	1.000			
芨芨草群落	0.577	1.000		
油蒿群落	0.372	0.653	1.000	
盐爪爪群落	0.323	0.324	0.286	1.000

五、讨论

不同植被类型草地的土壤种子库差异较大，用不同的研究方法也会导致研究结果的不同（尚占环等，2006）。Silvertown（1984）研究表明：草地的土壤种子

库范围在 10^3~10^6 粒/m^2，本试验中土壤种子库的规模符合 Silvertown 的研究结果范围。4 种植物群落土壤种子库中禾本科、菊科、藜科物种出现比例较高，可能是因为荒漠草原区禾本科、菊科、藜科植物适应度相对较高，也可能是它们在荒漠草原种子繁殖比重较高；4 种植物群落土壤种子库中灰绿藜、冰草、碱蓬均有出现，说明这 3 种植物在荒漠草原区分布范围较广。此外，4 种植物群落土壤种子库中地上植物优势种的种子密度除苦豆子外占的比例均相对较低，这可能与植物物种的繁殖策略有关。

生活型是植物的一种生态分类单位，是其对生境条件长期适应后在外貌上表现出来的生长类型（牛翠娟，2015）。潘声旺等（2016）对川渝地区乡土植物生活型构成与植被水土保持效应进行了研究，结果表明：乡土植物生活型的构成与植被的物种多样性有关，而且对改善生态性能至关重要。陈云等（2014）对宝天曼国家级自然保护区不同生活型的物种与土壤相关性进行了分析，结果表明：不同生活型的物种对土壤等资源的利用存在差异，而这种差异促进了物种的共存。目前有关土壤种子库中物种生活型的研究多局限于对其物种基本概况的描述，具体研究其与土壤等资源的研究和对群落结构的影响等相对较少。本研究中 4 种植物群落土壤种子库中多年生和一年生植物种子居多，这与地上植被的组成有关，研究区多为多年生和一年生草本植物，在荒漠草原区这种生活型的植物在生存和繁殖上占优；在油蒿群落和盐爪爪群落中，虽然优势种灌木植物可产生大量的种子，但在荒漠草原区恶劣的环境条件下不利于其种子结实，其繁殖方式以根茎繁殖为主。

土壤种子库具有明显的垂直分布特征，这种立体结构影响着种子库种子的萌发和留存，进而影响着原有植被的恢复与重建（李洪远等，2009）。Bekker 等（1998）提出在没有遭到破坏的土壤生境中，0~5cm 土层中的种子垂直分布具有一定的数学模型。Ambrosiol 等（1997）研究表明，土壤种子在土层中呈二项式分布或泊松分布。本研究中 4 种植物群落土壤种子库中随着土层的加深，物种数和种子密度均呈递减趋势，这与有关研究结果一致（Ma et al.，2011），但在不同植物群落土层中种子物种数和种子密度递减比例有所差异，可能与不同植物群落土壤环境不同有关，也可能与种子大小及物种繁殖策略的不同有关。本研究中油蒿群落和盐爪爪群落土壤种子库中所有物种在土壤表层均有存在，说明土壤种子库中种子的垂直分布可能还与地上植被的覆盖及构建有关，灌木类群落土壤种子库种子受地上植被保护大多分布在土壤表层。此外，同一物种在不同植物群落土壤种子库的垂直分布特征不同，可能与不同植物群落土壤环境及物种在群落占据的地位不同有关。

植物群落多样性特征是生态系统多样性最直接的研究层次，通过多样性特征的研究可以更好地认识群落的变化和发展，同时对土壤种子库多样性特征的研究也是促进退化荒漠草原恢复与治理的重要手段之一（曾彦军等，2003）。本研究中 4 种植物群落土壤种子库中多样性指数、均匀度指数和丰富度指数均表现为芨芨草群落>苦豆子群落>油蒿群落>盐爪爪群落，说明 4 种植物群落潜在稳定性草本植物群落中芨芨草群落最稳定，灌木植物群落中油蒿群落相对更稳定。而物种多样性、均匀度、丰富度指数的变化趋势一致，这与包秀霞等（2010）研究的土壤种子库物种多样性越高，物种丰富度越大，物种均匀性降低的结果相反，可能是因为包秀霞等的研究区是在退化定居放牧区，本研究区在封育禁牧区。不同植物群落土壤种子库间相似性不同，与土壤种子库中物种丰富度及物种繁殖策略有关，其中芨芨草群落土壤种子库与油蒿群落土壤种子库相似性最高，说明 2 种植物群落潜在发展趋势一致性相对较高。盐爪爪群落土壤种子库与其他植物群落土壤种子库相似性相对均较低，与其土壤种子库本身物种数较少有关，这主要与其土壤本身条件的限制有关。芨芨草群落土壤种子库与其他 3 种群落土壤种子库相似性相对均较高，一方面芨芨草群落土壤种子库中物种数相对较高，另一方面其地上优势种芨芨草的构建结构有利于种子的储藏。

第六节　地上植被和土壤特性与种子库的关系

一、地上植被与土壤种子库物种组成耦合关系

4 种植物群落地上植被中禾本科、菊科、藜科植物出现比例较高，这与土壤种子库中物种表现一致，说明禾本科、菊科、藜科植物在荒漠草原区适应度相对较高，且繁殖策略偏向于种子繁殖。碱蓬是唯一种在 4 种群落地上植被中均出现的植物物种，灰绿藜、冰草、碱蓬在 4 种植物群落土壤种子库中均有出现，说明碱蓬在研究区分布较广、适应度较高，灰绿藜、冰草在荒漠草原潜在适应性较高。由表 5-10 可知，不同植物群落地上植被与土壤种子库物种相似性不同，苦豆子群落地上植被与土壤种子库间的相似性最高，达到 0.579，油蒿群落和芨芨草群落次之，且两者差异不大，盐爪爪群落相对较低，仅为 0.364，说明不同植物群落地上植被稳定性和发展趋势存在差异。

表 5-10　不同植物群落地上植被与土壤种子库相似性

群落类型	地上植被/种	土壤种子库/种	共有种/种	Sorenson 相似性系数
苦豆子群落	15	23	11	0.579
芨芨草群落	14	29	10	0.465
油蒿群落	10	20	7	0.467
盐爪爪群落	3	8	2	0.364

二、地上植被与土壤种子库物种生活型构成

如图 5-8 可知，苦豆子群落地上植被中物种以多年生草本植物居多，没有出现半灌木植物；土壤种子库中多年生和一年生植物比例均较高，没有出现灌木植物。芨芨草群落地上植被和土壤种子库中多年生草本植物均占优，其土壤种子库中一年生植物比例高于地上植被，而半灌木植物比例低于地上植被，且种子库中没有出现灌木植物。油蒿群落中地上植被以多年生草本植物为主，没有出现一年或二年生植物；土壤种子库中多年生植物比例最高，其次是一年生植物，而半灌木和灌木植物比例低于地上植被。盐爪爪群落地上植被以灌木植物为主，没有多年生和半灌木植物；土壤种子库中一年生植物比例最高，其次是多年生植物，灌木植物比例较低。

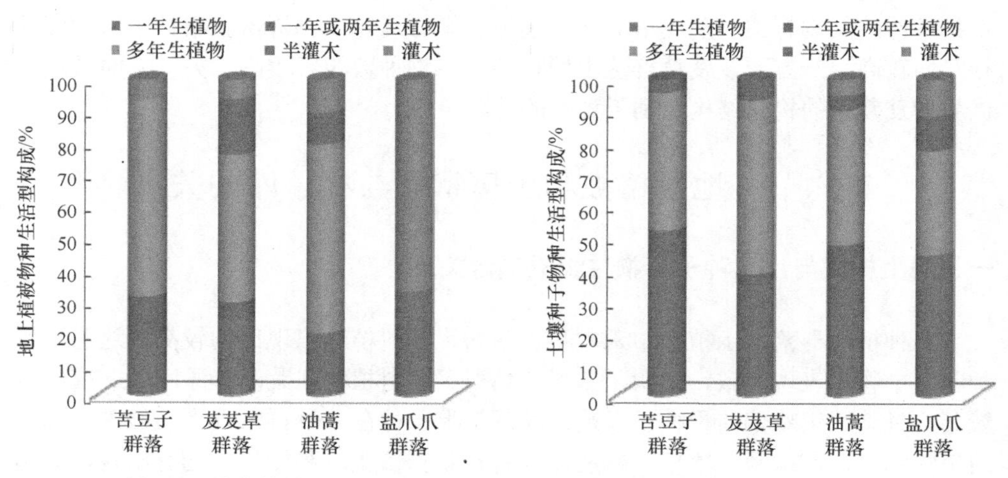

图 5-8　地上植被和土壤种子库物种生活型构成（彩图请扫封底二维码）

三、地上植被植株数与土壤种子库种子密度的关系

地上植被的密度可以影响土壤种子库的种子密度，不同植物繁殖策略不同对土壤种子密度的影响不同。由表 5-11 可知，4 种植物群落地上植被密度与土壤种子密度在不同群落均不同，苦豆子群落地上植被密度最高，盐爪爪群落地上植被密度最低；芨芨草群落土壤种子密度最高，盐爪爪群落土壤种子密度最低。地上植被密度与土壤种子密度关系由表 5-12 可知，两者在对数函数、幂函数、S 型曲线关系拟合中均达到显著相关（$P<0.05$），其中最佳拟合关系为 S 型曲线，其 $R^2=0.618$，可信度较高。根据观测值分布特征发现，苦豆子群落中观测点离 Y 轴均相对较远，但苦豆子群落中的观测值和其他 3 种植物群落中的观测值在变化趋势上基本一致，即土壤种子密度随着地上植被密度的增加呈增加趋势，只是在不

同群落中变化的程度存在差异。在去除苦豆子群落中观测值后，其他 3 种植物群落地上植被密度与土壤种子密度关系在线性函数、对数函数、二次函数、幂函数、S 型曲线、指数函数下均达到显著相关（$P<0.05$），其中幂函数关系拟合最佳，其 $R^2=0.642$，可信度较高。

表 5-11　不同植物群落地上植被与土壤种子库密度

群落类型	地上植被密度/（株/m^2）	土壤种子库密度/（粒/m^2）
苦豆子群落	1113 ± 203	4550 ± 711
芨芨草群落	105 ± 35	5350 ± 388
油蒿群落	98 ± 42	3860 ± 362
盐爪爪群落	16 ± 9	2250 ± 576

表 5-12　地上植被密度与土壤种子库种子密度关系拟合模型参数

函数	4 种植物群落模型参数			去除苦豆子群落模型参数		
	R^2	F	P	R^2	F	P
线性函数	0.128	2.643	0.121	0.389	8.288	0.013
对数函数	0.366	10.374	0.005	0.585	18.296	0.001
二次函数	0.149	1.487	0.254	0.571	7.999	0.006
幂函数	0.415	12.786	0.002	0.642	23.357	0.000
S 型曲线	0.618	29.076	0.000	0.612	20.479	0.001
指数函数	0.142	2.977	0.102	0.428	9.732	0.008

四、土壤种子库物种多样性与土壤理化因子的 RDA 分析

为了更好地揭示土壤种子库与土壤环境因子之间的关系，采用冗余分析的方法进行排序，将不同群落多样性指数（Shannon-Wiener 多样性指数、Simpson 多样性指数、Pielou 均匀度指数、Patrick 丰富度指数）作为响应变量，土壤理化因子作为解释变量，利用多元统计分析手段（RDA），提取能明显影响土壤种子库变化的土壤理化因子指标。本研究中，经蒙特卡罗检验分析理化因子对土壤种子库的影响达到显著性（$P=0.034$），因此 RDA 排序图能很好地解释理化因子对土壤种子库物种多样性的影响。由表 5-13 可知，RDA 排序图的前 2 个排序轴特征值分别为 0.987 和 0.005，轴 1 和轴 2 物种关系的累计贡献率分别为 98.7 和 99.2，土壤种子库物种多样性与土壤理化因子 2 个排序轴的相关性分别为 0.996 和 0.999，故轴 1 可以较好地反应土壤种子库物种多样性与土壤理化因子的梯度变化特征。由图 5-9 可知，土壤种子库物种多样性特征指数与土壤 pH、含水量、碱解氮呈正相关，与土壤电导率呈负相关，其中土壤 pH 和电导率对种子库物种多样性的影响较大，土壤容重和全磷含量与种子库物种多样性的相关性相对较低。

表 5-13　土壤种子库物种多样性与土壤理化因子的 RDA 排序分析

排序轴	轴 1	轴 2
特征值	0.987	0.005
物种-环境相关性	0.996	0.999
变量积累百分比物种数据	98.7	99.2
物种-环境关系	99.5	100.0
所有特征值之和	1.000	
所有典型特征值之和	0.992	

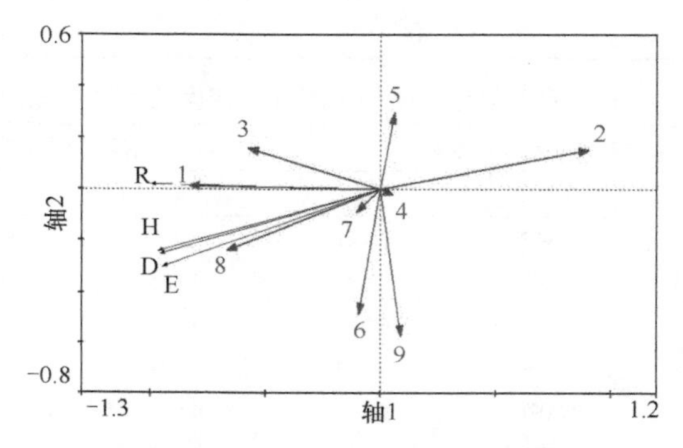

图 5-9　土壤种子库物种多样性与土壤理化因子的 RDA 排序图（彩图请扫封底二维码）
理化因子：1. pH，2. 电导率，3. 含水量，4. 容重，5. 有机碳，6. 全氮，7. 全磷，8. 碱解氮，9. 速效磷；土壤种子库物种多样性：H. Shannon-Wiener 多样性指数，D. Simpson 多样性指数，E. Pielou 均匀度指数，R. Patrick 丰富度指数

五、土壤种子库物种多样性与土壤酶活性及微生物数量的 RDA 分析

为了更好地揭示土壤种子库与土壤环境因子之间的关系，采用冗余分析的方法进行排序，将不同群落多样性指数（Shannon-Wiener 多样性指数、Simpson 多样性指数、Pielou 均匀度指数、Patrick 丰富度指数）作为响应变量，土壤酶活性和土壤微生物数量作为解释变量，利用 RDA，提取能明显影响土壤种子库变化的土壤酶和微生物因子指标。本研究中，经蒙特卡罗检验分析土壤酶和微生物因子对土壤种子库的影响达到显著性（P=0.014），因此 RDA 排序图能很好地解释土壤酶和微生物因子对土壤种子库物种多样性的影响。由表 5-14 可知，RDA 排序图的前 2 个排序轴特征值分别为 0.955 和 0.001，轴 1 和轴 2 物种关系的累计贡献率分别为 95.5 和 95.5，土壤种子库物种多样性与土壤理化因子 2 个排序轴的相关性分别为 0.978 和 0.784，故轴 1 可以较好地反映土壤种子库物种多样性与土壤酶和微生物因子的梯度变化特征。由图 5-10 可知，土壤种子库物种多样性特征指数与土壤脲酶、磷酸酶、蔗糖酶呈正相关，与土壤过氧化氢酶呈负相关，与土壤

微生物的相关性普遍较低，其中土壤脲酶和磷酸酶对种子库物种多样性的影响相对较大。

表 5-14　土壤种子库物种多样性与土壤酶及微生物的 RDA 排序分析

排序轴	轴 1	轴 2
特征值	0.955	0.001
物种-环境相关性	0.978	0.784
变量积累百分比物种数据	95.5	95.5
物种-环境关系	99.9	100.0
所有特征值之和	1.000	
所有典型特征值之和	0.955	

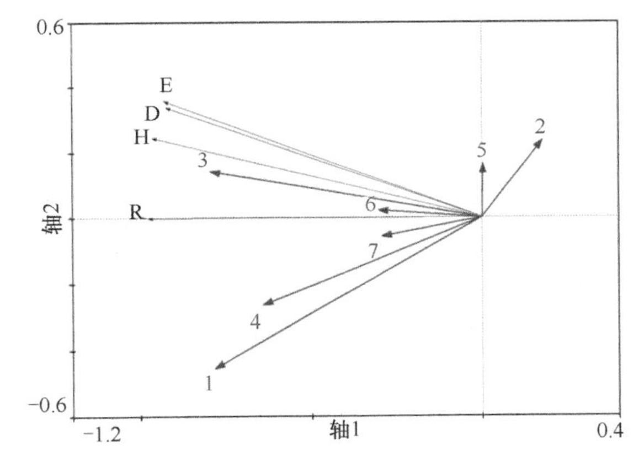

图 5-10　土壤种子库物种多样性与土壤酶及微生物的 RDA 排序图（彩图请扫封底二维码）

土壤酶及微生物因子：1. 脲酶，2. 过氧化氢酶，3. 磷酸酶，4. 蔗糖酶，5. 细菌，6. 放线菌，7. 真菌；土壤种子库物种多样性：H. Shannon-Wiener 多样性指数，D. Simpson 多样性指数，E. Pielou 均匀度指数，R. Patrick 丰富度指数

六、讨论

地上植被与土壤种子库在物种上存在一定的耦合关系，不同的地理环境、人为干扰等因素可能会造成对两者不同的影响，目前随着土壤种子库研究的不断深入，有关两者关系的研究越来越多。齐丹卉等（2013）对兰坪铅锌矿区废弃地植被恢复初期地上植被与土壤种子库关系做了研究，结果发现：尾矿区恢复初期，各群落中地上植被和土壤种子库的物种相似性较高，而各群落之间地上植被物种与土壤种子库物种的相似性较低，这与本研究的结果较为一致。张志明等（2016）对元江流域干热河谷灌草丛地上植被和土壤种子库物种组成进行了对比研究，结果发现：灌草丛群落地上植被与土壤种子库物种之间没有显著相关性，两者受外

来入侵种的影响较大。本研究中研究区易受外界的风等因素影响，群落地上植被和土壤种子库物种也易受到干扰，碱蓬、冰草、灰绿藜等分布较广与其自身的适应度较高有关，可能也与此有关。

地上植被生活型构成与土壤种子库物种生活型关系密切。德英等（2008）对荒漠草原不同放牧强度下土壤种子库的物种生活型进行了研究，结果表明：不同放牧强度下，一年生草本植物在种子库中所占的比例总是最高，尽管在数量上存在略微的差异，而多年生植物和灌木植物种子数量较少。这与本研究的结果基本一致，本研究中荒漠草原 4 种植物群落土壤种子库中一年生植物种子的比例均相对较高，灌木、半灌木植物的种子也相对较少，但多年生草本植物的种子在种子库中所占的比例也较高，可能是因为研究区封育后环境条件有所改善，多年生植物种子结实率提高，种子更有利于富集。

目前在草原进行种子飞播是植被恢复中常见的一种措施，而掌握不同环境条件下某种植物群落地上植被密度与土壤种子密度间的拟合关系，有利于根据具体环境条件实施植被恢复措施；同时掌握地上植被密度与土壤种子密度的关系还有利于准确预测其群落演替趋势和宏观评价恢复效果。赵丽娅等（2003）对草地沙化过程中地上植被密度与土壤种子库种子密度关系进行了研究，结果发现：两者存在显著相关性，其关系可用二次曲线来描述，不同阶段两者间关系不同。本研究中分析的是荒漠草原 4 种植物群落地上植被密度与土壤种子密度间的关系，结果表明：4 种植物群落中，土壤种子密度均随着地上植被密度的增加呈增加趋势，但在不同群落类型中增加变化趋势有所差异。根据自疏法则可知，植株种群的存活率会随着其密度的增加在一定阶段产生种内竞争，从而影响植株的存活率（牛翠娟等，2015），同样土壤种子密度可能并不是会随着地上植被密度的增加一直增加，可能存在一个阈值，而在不同环境条件下这个阈值可能存在差异，如荒漠草原与草甸草原、高寒草原可能存在差异。本研究在荒漠草原区进行，荒漠草原植被普遍较为稀疏，可能出现上述现象的情况较少，但不同植物群落因物种繁殖策略的不同、个体结构的差异等原因，群落地上植被密度与种子库种子密度的关系可能会存在差异，这也符合本研究中观测值的变化趋势，有关这方面的研究还需进一步验证，在后期工作中会逐步开展。

土壤环境因子对地上植被的生长、繁殖影响较大，而且进一步也可以影响土壤种子库，有关这方面的研究相对较少。王晓荣（2010）对三峡库区消落带土壤理化性质和种子库优势种物种分布关系进行了分析，结果发现：土壤容重、通气度对种子库物种储存、分布有一定影响，土壤 pH、全磷、速效磷及全钠等化学元素可解释不同月份种子库优势种的分布。翟付群等（2013）对天津蓟运河故道消落带土壤种子库特征与土壤理化性质进行了分析，结果发现：土壤种子库特征和土壤理化性质间有重要关系，而适当地进行人为调控对土壤环境的改善及土壤种子库多样性的增加有积极作用。本研究中土壤 pH 和电导率对种子库物种多样性的影响最为显著，其次为碱解氮和含水量，这种影响可能与种子的储藏和萌发有关。有关土壤酶活性和土壤微生物数量因子对种子库的影响研究目前还鲜有报道。本研究中发现：土壤磷酸酶和脲酶对种子库物种多样性的影响较大，其次为蔗糖酶，土壤微生物数量对种子库多样性的影响普遍相对较低，有关原因可能是研究区土壤微生物数量相对较低，其对土壤肥力的贡献有限，从而对地上植被的种子形成、结实等间接影响相对较弱，关于这方面的研究还需进一步探索。

第七节　结论与展望

一、结论

本章对荒漠草原区 4 种植物群落地上植被、土壤特性和土壤种子库进行了研究，分析了不同植物群落三者的差异及地上植被和土壤特性与土壤种子库的关系，主要得出以下结论。

（1）荒漠草原区 4 种植物群落地上植被具有明显的优势种，土壤种子库中优势种种子密度除苦豆子群落外均相对较低；4 种植物群落地上植被和土壤种子库中禾本科、菊科、藜科植物出现比例均相对较高，碱蓬、冰草、灰绿藜等物种在荒漠草原区适应性较高。

（2）4 种植物群落土壤种子库中多年生植物和一年生植物种子居多，灌木、半灌木植物物种较少。这与地上植被生活型构成存在差异，地上植被中苦豆子群落、芨芨草群落和油蒿群落中以多年生植物为主，但一年生植物的比例不高；盐爪爪群落中没有出现多年生植物，由灌木植物和一年生植物构成，且主要为灌木植物。

（3）不同植物群落土壤理化性质、土壤酶活性及土壤微生物数量均存在差异。苦豆子群落中土壤容重较低，土壤全氮和碱解氮含量相对较高；芨芨草群落中土壤 pH 和有机碳含量相对较高；油蒿群落中土壤含水量较低，土壤养分较为贫瘠；盐爪爪群落中土壤盐分含量和速效磷含量相对较高。苦豆子群落和芨芨草群落中土壤脲酶、磷酸酶活性相对较高，盐爪爪群落中土壤过氧化氢酶活性相对较高，油蒿群落中土壤磷酸酶和蔗糖酶活性较低；此外，4 种植物群落土壤中随着土层的加深，脲酶、磷酸酶和蔗糖酶活性均呈现降低趋势，土壤过氧化氢酶在 4 种植物群落土层中变化趋势出现反常，在盐爪爪群落土壤中最为显著。4 种植物群落中土壤微生物随着土层的加深，均呈现降低趋势，苦豆子群落中土壤微生物数量最高，油蒿群落最低。

（4）4 种植物群落土壤种子库中物种数和种子密度均表现为：芨芨草群落>苦豆子群落>油蒿群落>盐爪爪群落，且随着土层的加深 4 种植物群落土壤种子密度均呈现递减趋势，但在不同植物群落递减程度存在差异。

（5）地上植被密度与土壤种子库种子密度关系密切。4 种植物群落中，土壤种子密度均随着地上植被密度的增加呈增加趋势，但在不同群落类型中增加变化趋势有所差异。4 种植物群落地上植被密度与土壤种子密度最佳拟合关系为 S 型曲线，去除苦豆子群落后，其他 3 种植物群落地上植被密度与土壤种子密度最佳拟合关系为幂函数。

（6）土壤理化因子、土壤酶活性及土壤微生物数量因子与土壤种子库多样性存在相关性。其中土壤理化因子方面，土壤 pH 和电导率对种子库物种多样性的影响最为显著，其次为土壤碱解氮和含水量；土壤酶活性方面磷酸酶和脲酶对种子库物种多样性的影响较大，其次为蔗糖酶；而土壤微生物数量对种子库多样性的影响相对较低。

二、展望

荒漠草原不同植物群落地上植被、土壤特性和土壤种子库均存在差异，适度的人为调控改善土壤性质可使群落向进展方向或提高生物量的方向演替，有利于荒漠草原植被的恢复与治理，因此分析不同土壤环境因子对不同植物群落的影响程度，有利于提高人为调控效果，目前有关这方面的研究还相对较少，需要进一步深入研究。

掌握荒漠草原不同植物群落土壤种子库特性，有利于准确预测群落的演替方向、科学治理及客观评价其恢复效果。土壤环境与土壤种子的储藏和萌发关系密切，可间接影响到土壤种子库种子密度及其物种多样性，分析不同环境因子对土壤种子密度及多样性影响关系，有利于从环境因子推测群落种子库情况，有关这方面的研究鲜有报道，还需要进一步探索。

荒漠草原区地上植被、土壤特性和土壤种子库三者间密切相关，在不同植物群落中三者间关系存在共有的规律，也存在差异，针对不同的植物群落需要根据其各自的特征采用不同的恢复措施和评价方法，但由于土壤本身的复杂性，增加了研究的困难度，这需要对多学科知识的综合掌握，有关这方面的研究还需要进一步加大。

第六章　围封对荒漠草原沙芦草群落土壤种子库及其种群繁殖分配的响应

植物生殖分配指一株植物一年所同化的资源中用以繁殖的百分比。实际是指总资源分配给繁殖器官的比例。常将植物的干重分为繁殖枝和营养枝，用生物量或能量作指标，如果用营养元素作为指标，应选与结构功能（根、茎、叶、花、果、种子等）有关的营养元素（钟章成，1995）。生殖分配对策是指植物体在其整个生活史中，通过最佳的资源分配格局，以其特有的繁殖方式去适应环境，提高植物适合度的自组织过程（张景光等，2005；何维明和钟章成，1997）。在一定程度上能反映植物生长发育对环境的响应和适应（李金花等，2004；Geber 等，1997；Atson 等，1995；Schmid，1990），且植物在不同环境条件下的资源分配格局与其适合度估计有关。在植物体繁殖过程中的生殖分配格局及植物如何调节其自身的繁殖分配来适应特定的生存环境，是植物生态学研究的重要内容之一（Su et al.，1998）。

荒漠草原区自然条件恶劣，严重抑制植物生长发育和繁殖，在这种环境条件下，植物为了生存和繁衍后代，在长期的自然选择和环境适应过程中，形成了各自独特的生殖方式和对策。通过围栏封育对比围栏内外沙芦草种群各构件在生物量、营养元素和热值等方面变化规律，以此来探讨荒漠草原地区围封对植物种群繁殖分配影响（赵哈林，2007）；探讨在围封条件下荒漠草原生态系统的恢复潜能及植物如何通过最佳资源分配格局来适应环境，为荒漠草原生态系统的恢复与重建提供科技支撑；另外，通过对植物在不同环境下两种繁殖方式权衡，为后续探讨围封前后荒漠草原区种子库特征与繁殖对策的内在联系奠定一定的数据支撑基础。

第一节　研究区概况和研究方法

一、研究区自然概况

试验区位于宁夏东部盐池县四墩子村（E106°30′10″~107°48′，N37°04′~38°10′），位于毛乌素沙地西南缘半干旱农牧交错区，是黄土高原向鄂尔多斯台地过渡地带，自然条件较为恶劣。

本试验区属于典型的中温带大陆性季风气候，年均气温为 8.1℃，年降雨量为 250~350mm，且大部分集中在 6~9 月，年蒸发量在 2500mm 左右，年无霜期 165d。地貌为缓坡丘陵，土壤类型主要为灰钙土、风沙土、黄绵土，土壤质地为沙壤和粉沙（杨菁，2013；杨刚等，2003）。试验区位于我国温带草原的过渡地带，属于欧亚草原区，群落表现出旱生植物与典型草原建群种多年生禾草的镶嵌式分布格局。研究区域植被优势种主要有沙芦草、柠条锦鸡儿、猪毛蒿、牛枝子、老瓜头、针茅等（图 6-1）。

图 6-1　实验样地概况图（彩图请扫封底二维码）

二、沙芦草的特性

（一）生物学特性

沙芦草（*Agropyron mongolicum*）又称蒙古冰草，禾本科冰草属多年生草本植物。秆成疏丛，直立，高 15~80cm，有时基部横卧而节生根成匍茎状，具 2~3 节。根须状，长而密。叶鞘紧密裹茎，无毛或稀被毛，叶片长 5~15cm，宽 2~3mm，扁平或内卷成针状，叶脉隆起成纵沟，脉上密被微细刚毛。穗状花序长 3~14cm，穗轴节间长 3~5mm，光滑或生微毛；小穗向上斜生，长 8~14mm，含（2）3~8（12）小花；颖两侧不对称，具 3~5 脉，第一颖长 3~6mm，第二颖长 4~6mm，先端具长约 1mm 的短尖头，外稃无毛或具稀疏微毛，具 5 脉，先端具短尖头长约 1mm，第一外稃长 5~6mm；内稃脊具短纤毛（解新明，2001；马德滋等，2007）。

（二）生态学特性

沙芦草具有很强的抗旱、抗寒、耐风沙等特性（赵有璋，2004），常见于干草原和荒漠草原的典型沙质环境中，适应性极强，可以在石砾质坡地、固定、半固定沙丘等严酷的环境中很好地生长。苗期抗旱性略弱，但定植后其耐旱能力极强（云锦凤和米福贵，1990），在荒漠化草原中多以伴生成分出现（云锦凤和米福贵，1989）。有关沙芦草的研究表明，沙芦草与其他种混播可以有效控制流沙移动，显著改善生态环境（刘文清和王国贤，2003；安渊和王育青，1997）。

（三）营养价值

沙芦草各营养成分的含量均相对较高，其随生长繁殖期的延续呈现出降低的趋势。早春为牛、羊等家畜所喜食，抽穗后适口性下降，秋季再生后适口性再度回升，冬季干枯的牧草家畜也喜食。沙芦草在青绿期茎叶较为柔软，草质良好，除放牧利用外也可调制干草，适合作为为各类家畜的优质牧草（云锦凤和米福贵，1990；温都苏，1987）。

三、实验设计

在宁夏盐池县四墩子选取实施围栏封育的以沙芦草为优势种（总盖度为65%~75%）的草地类型为研究对象，以围栏外的沙芦草群落（总盖度为40%~50%）作为对照，二者具有相同气候条件和地理位置。

于2016年3月，在围封与未围封样地内沿着对角线各随机选取6个5m×5m的大样方，在大样方内再按梅花形取5个1m×1m的小样方，在每个小样方中用20cm×20cm×10cm取样器采用五点取样法取样，分别按0~2cm、2~5cm、5~10cm取土，将同一小样方内采样器中的同层土样混合，装入塑料袋，每个样地中75个土样，两样地共150个土样带回实验室，自然风干，进行种子萌发试验。每个样地的取样面积为5m^2，取样体积为0.5m^3。

于2016年7月底，植物生长最旺盛时期，在两样地内沿着对角线随机选取6个5m×5m的大样方，在大样方中采取五点取样法，各设5个1m×1m的小样方，共计60个小样方进行植被调查。植被调查结束后，在1m×1m的小样方分别按0~10cm、10~20cm、20~40cm取土，将同一大样方中5个小样方的同层土样混合，装入塑料袋，两样地总计36个土样带回实验室，用于土壤理化性质和土壤粒径的测定。

2017年8月中旬是沙芦草种子成熟时期，在两样地内沿着对角线随机取3个面积为100m^2（10m×10m）的大样方，在大样方的4角各设1个4m×4m的中样方，再在中样方中按梅花形取5个1m×1m的小样方，每个样地60个小样方，总共 120 个小样方，调查记录每个小样方内沙芦草的高度、盖度、丛幅和密度。之后随机选取 30 丛沙芦草，采取全挖法，尽量保证获取其整丛的生物量。采集的样品带回实验室后，将地上部分按营养枝和生殖枝分开；再将营养枝和生殖枝按茎、叶和茎、叶、穗等构件分开。地下部分去除杂草和死根，冲洗干净。将各构件分别装入纸袋，75℃烘干至恒重。

四、研究内容

（一）沙芦草群落土壤特性

在研究区选择具有相同气候条件和地理位置的以沙芦草为优势种的植物群落，在两样地设置样方，采集土壤样品，对围栏内外土壤理化指标（pH、含水量、容重、有机碳、全氮、全磷、碱解氮、速效磷）和土壤颗粒组成进行测定，分析围封条件下植物群落土壤理化性质的变化趋势。

（二）围栏内外沙芦草群落特征

在研究区选择具有相同气候条件和地理位置的以沙芦草为优势种的植物群落，在两样地设置样方，对沙芦草群落进行植物种数、总盖度、分盖度、物种高度、物种多度进行调查统计，记录各样方海拔、经纬度，计算其重要值、物种多样性。

（三）围栏内外沙芦草群落土壤种子库特征

在研究区选择具有相同气候条件和地理位置的以沙芦草为优势种的植物群落，在两样地设置样方，采集土壤样品，对群落中土壤种子进行萌发试验鉴定，记录土壤种子库物种名、种子密度，分析围栏内外群落土壤种子库中物种多样性特征的变化规律。

（四）地上植被与土壤种子库的关系

研究沙芦草植物群落的地上植被物种与土壤种子库物种组成上的相似性、地上植物种密度与土壤种子库种子密度间的关系，以探讨地上植物与种子库的相关性。

（五）围栏内外沙芦草种群的繁殖分配对策

通过对围栏内外沙芦草各构件（根、茎、叶、穗）地上生物量的繁殖分配、营养物质[全碳（total carbon，TC）；全氮（total nitrogen，TN）；全磷（total phosphorus，TP）]的繁殖分配、能量（热值）的繁殖分配策略进行研究，旨在揭示植物如何通过最佳资源分配格局来适应环境。

五、研究方法

（一）土壤种子库测定

采用室内萌发的方法。取回的土样在没有其他种子影响的条件下晒干过筛（马妙君等，2009），挑出土样中的根、石头等杂物，均匀地将土样平铺在萌发盆里（43cm×30cm×13cm），土样厚度大概 2cm，萌发盆底部垫 5cm 无种子的毛细沙（设 3 个空白对照），上面盖保护性网纱以防未来种子污染，置温室中使种子萌发并进行幼苗种属鉴定。种子萌发试验期间，浇水使土壤保持湿润，逐日观察种子萌发情况；种子出苗后，仔细观察和诊断幼苗种属，对可辨认的植株（视为有效种子）立即进行鉴定、记录并去除，无法辨认的植株继续生长直至可以辨认为止。土壤种子库密度用单位面积（$1m^2$）土壤中有效种子数量来表示。在萌发的后两个月进行翻动土样，以促种子充分萌发。萌发试验从 5 月到 9 月，持续 4 个月。

（二）地上植被调查

植被调查于 2016 年 7 月底植物生长最旺盛时期进行，在研究区围封与未围封两个样地内沿对角线随机取 3 个面积为 $100m^2$（10m×10m）的大样方，在大样方的 4 角各设 1 个 4m×4m 的中样方，再在中样方中按梅花形取 5 个 1m×1m 的小样方，每个样地 60 个小样方，总共 120 个小样方，调查记录每个小样方内植物的物种组成、盖度、高度、多度等。其中盖度采用方格网法（$1m^2$ 的框架，用线分割成 100 个 $1dm^2$ 的小格）直接计算；高度用卷尺测量，做 3~5 个重复；多度为对小样方内每种植物进行全部估算并记录。

（三）土壤各指标的测定

土壤粒径的测定：土样自然风干，过 2mm 筛，并去除树根等杂物，使用英国马尔文仪器有限公司的 Mastersizer 3000 激光衍射粒度分析仪进行土壤粒径分布（particle size distribution，PSD）的测定，粒度分析的粒径范围 0.01~3500μm，土壤粒径分级采用美国制土壤粒级标准（许婷婷等，2014；慈恩等，2009），分为黏粒（<2μm）、粉粒（2~50μm）、极细砂粒（50~100μm）、细砂粒（100~250μm）、中砂粒（250~500μm）、粗砂粒（500~1000μm）、极粗砂粒（1000~2000μm）和石砾（2000~3000μm）。

土壤理化性质测定（鲍士旦，2000）：采用常规分析法（表 6-1）。

（四）植物热值的测定

热值采用 ZDHW-6 全自动量热仪测定。测围栏内外沙芦草根、茎、叶、穗等构件的热值 Q，单位为 kJ/g。

表 6-1 土壤理化性质的测定方法

被测指标	采用方法
土壤含水量	烘干法
土壤容重	环刀法
pH	PHS-3G pH 计测定（水∶土=2.5∶1）
土壤有机碳	重铬酸钾容量法-外加热法
全氮	半微量凯氏定氮法
全磷	钼锑抗比色法
碱解氮	碱解扩散法
速效磷	0.5mol/L $NaHCO_3$ 法

六、数据处理

（一）植被重要值计算

根据研究区调查的植物生境特征，在重要值的计算中以植物相对多度、相对盖度、相对频度及相对高度为 4 个因素，计算重要值，计算公式：

$$\text{重要值（IV）}=\frac{（\text{相对多度}+\text{相对盖度}+\text{相对频度}+\text{相对高度}）}{4}$$

$$\text{相对多度}=(\text{某一种多度}/\text{所有种多度之和})\times 100$$

$$\text{相对盖度}=(\text{某一种盖度}/\text{所有种盖度之和})\times 100$$

$$\text{相对频度}=(\text{某一种频度}/\text{所有种频度之和})\times 100$$

$$\text{相对高度}=(\text{某一种的平均高度}/\text{所有种的平均高度之和})\times 100$$

（二）物种多样性指数计算（孙儒泳等，1993）

$$\text{Margalef 丰富度指数：}\ R=(S-1)/\ln N$$

$$\text{Shannon-Wiener 多样性指数：}\ H=-\sum_{i=1}^{S}\left(P_i\ln P_i\right)$$

$$\text{Simpson 多样性指数：}\ D=1-\sum_{i=1}^{S}P_i^2$$

$$\text{Pielou 均匀度指数：}\ E=H/\ln S$$

式中，S 为物种总数；$P_i=N_i/N$，P_i 为属于种 i 的个体在全部个体中的比例，N 为样方中总的个体数，N_i 为样方中第 i 物种的个体数。

（三）相似性系数计算

采用 Sorensen 的相似性系数（similarity coefficient，S_C）（Arroyo et al.，1999），

确定沙芦草群落围封内外土壤种子库的相似性，以及土壤种子库与地上植被的相似性。计算公式为：

$$S_C = \frac{2w}{(a+b)}$$

式中，S_C 为相似性系数；w 为种子库和地上植被共有物种数；a 为土壤种子库中物种数；b 为地上植被物种数。S_C 值在 0~0.24 为极不相似，0.25~0.49 为中等不相似，0.50~0.74 为中等相似，0.75~1.00 为极相似（翟云霞等，2017）。

（四）植物各构件生物量所占比例的计算

$$根分配比例 = \frac{根干重}{株丛总干重} \times 100\%$$

$$叶分配比例 = \frac{叶干重}{株丛总干重} \times 100\%$$

$$叶分配比例 = \frac{叶干重}{株丛总干重} \times 100\%$$

$$穗分配比例 = \frac{穗干重}{株丛总干重} \times 100\%$$

$$营养枝分配比例 = \frac{营养枝干重}{株丛总干重} \times 100\%$$

$$生殖枝分配比例 = \frac{生殖枝干重}{株丛总干重} \times 100\%$$

$$根冠比 = \frac{株丛根系干重}{地上生物量干重} \times 100\%$$

所得试验数据用 Microsoft Excel 2010 进行数据整理及图表制作，采用 SPSS17.0 软件进行统计分析。其中围栏内外数据差异采用配对 T 检验分析比较，同一样地不同土层间的差异采用单因素方差分析和最小显著差异法（LSD）进行分析比较，相关性采用 Pearson 相关系数分析。所有数据均为 3 次重复的平均值。

第二节　围封对沙芦草群落土壤、植被特性的影响

一、围封对沙芦草群落土壤粒径组成的影响

图 6-2 是沙芦草群落围栏内外的土壤粒径含量分布图。由图可见，沙芦草群落土壤主要组成有黏粒（<2μm）、粉粒（2~50μm）、极细砂粒（50~100μm）和细

砂粒（100~250μm），土壤粒径在 100~250μm 的颗粒所占比例非常少，且粒径 >250μm 的土壤颗粒基本为 0。围栏内以黏粒（<2μm）、粉粒（2~50μm）为主，而围栏外以极细砂粒（50~100μm）所占比例最多。沙芦草群落围栏内，0~10cm、10~20cm、20~40cm 土层均表现为黏粒（<2μm）含量最高，平均值分别为 41.95%、47.95%、44.47%，0~10cm 与 10~20cm 土层间存在显著差异（$P<0.05$）；粉粒（2~50μm）、细砂粒（100~250μm）在不同土层间均无显著差异（$P>0.05$）；极细砂粒（50~100μm）含量随土层的加深呈现"V"型变化趋势，且 0~10cm 与 10~20cm 土层间存在显著差异（$P<0.05$）。沙芦草群落围栏外，0~10cm、10~20cm、20~40cm 土层均表现为极细砂粒（50~100μm）含量最高，平均值依次为 43.12%、45.65%、41.94%，0~10cm、10~20cm、20~40cm 土层间无显著差异（$P>0.05$）；黏粒（<2μm）含量在 20~40cm 土层最多，显著高于 0~10cm、10~20cm 土层（$P<0.05$）；粉粒（2~50μm）含量随土层的加深呈逐渐降低的趋势，20~40cm 土层处粉粒（2~50μm）含量出现最小值，显著低于 0~10cm、10~20cm 土层（$P<0.05$）。与围栏外相比，围栏内 0~10cm、10~20cm、20~40cm 土层的黏粒（<2μm）含量均显著增加（$P<0.05$），分别增加了 21.57%、27.90%、16.90%；粉粒（2~50μm）含量在 0~10cm、10~20cm、20~40cm 土层均有所增加，20~40cm 土层增加显著（$P<0.05$），而 0~10cm、10~20cm 土层的增加不显著（$P>0.05$）；围栏内 0~10cm、10~20cm、20~40cm 土层的极细砂粒（50~100μm）含量均显著减少（$P<0.05$），依次减少了 21.70%、30.42%、23.14%；细砂粒（100~250μm）含量在各土层间均无显著变化（$P>0.05$）。

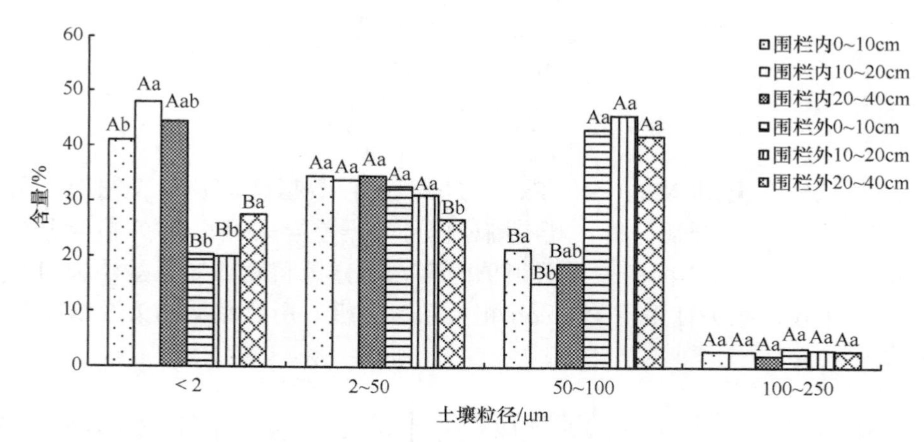

图 6-2 沙芦草群落围栏内外土壤粒径含量分布

不同大写字母表示两样地同一土层间的显著差异（$P<0.05$），不同小写字母表示同一样地不同土层间的显著差异（$P<0.05$）

二、围封对沙芦草群落土壤理化性质的影响

由表 6-2 可知，围栏对沙芦草群落的土壤理化性质产生不同程度的影响。

其中，围封样地土壤含水量随土层的加深有降低趋势，而围栏外随土层的加深显著变大；围栏内外比较，围封显著提高了 0~10cm 土层的土壤含水量（$P<0.05$），而 10~20cm、20~40cm 土层无显著变化（$P>0.05$）；围栏内外土壤容重在各土层间均无显著差异，较围栏外，围封显著降低了 0~10cm 土层的土壤容重；沙芦草群落土壤 pH 在围栏内表现为随土层加深先增后降，在围栏外为递减的变化趋势，pH 的变化在 0~20cm 土层显著（$P<0.05$），围封后，土壤 pH 在 0~10cm 层显著降低，而在 10~20cm、20~40cm 层显著提高（$P<0.05$）；土壤有机碳围栏内 0~10cm 层有所增大，但差异不显著（$P>0.05$），围封显著降低了 10~20cm、20~40cm 层的土壤有机碳（$P<0.05$）；围栏内土壤全氮含量随土层加深而降低，而围栏外随土层加深而显著增加，与围栏外相比，围栏内全氮在 0~10cm 显著提高，而在 10~20cm、20~40cm 层却显著降低（$P<0.05$）；土壤全磷含量分别在围栏内 0~10cm 和 20~40cm 层出现最高值，围封显著提高了沙芦草群落 0~10cm 层的全磷含量，显著减少 20~40cm 层的（$P<0.05$）；沙芦草群落围栏内外的土壤碱解氮含量均在 20~40cm 层最高，显著高于 0~20cm 层（$P<0.05$），围栏封育有使其群落碱解氮含量有显著降低的趋势；土壤速效磷含量均表现为 0~10cm 土层最高，围封显著降低了沙芦草群落 0~10cm、20~40cm 土层的速效磷含量。

三、围封对沙芦草群落地上植被结构特征的影响

围封与未围封样地植被总盖度分别为 65%~75%、30%~40%，其中两样地优势种盖度分别为 55%~65%和 20%~25%。

未围栏样地共出现 28 种植物（表 6-3），隶属于 9 科 24 属，禾本科 7 种，豆科、菊科、藜科各 5 种，蒺藜科 2 种，其他科各 1 种；从生活型来看，多年生草本植物占 57.14%，一年生草本植物 28.57%，灌木或半灌木占了 14.29%。围栏封育样地共出现植物 32 种（表 6-3），隶属于 13 科 28 属，其中禾本科 6 种，豆科植物 5 种，菊科 9 种，藜科、旋花科 2 种，其他科各 1 种；不同生活型看，多年生草本植物占到 65.63%，一年生草本植物 21.87%，灌木或半灌木总共占 12.5%。与围栏外相比，围封样地的植被总盖度和优势种盖度比未围封样地分别提高了 35%、45%~40%，且菊科植物增加了 80.0%，藜科植物减少了 150.0%，出现 2 种旋花科植物；围封与未围封样地均是多年生植物占优势，围封地多年生植物增加了 8.49%，一年生植物减少了 6.73%。沙芦草群落围栏内外沙芦草占绝对优势，重要值分别为 42.98 和 20.00，此外，牛枝子、猪毛蒿、刺蓬的重要值较高；沙芦草群落围封后，针茅的重要值降低了 9.71，大画眉草消失。

表 6-2　围栏内外沙芦草群落土壤理化性状

样地	土层深度/cm	土壤含水量/%	土壤容重/（g/cm^3）	pH	土壤有机碳/（g/kg）	全氮/（g/kg）	全磷/（g/kg）	碱解氮/（mg/kg）	速效磷/（mg/kg）
围栏内	0~10	9.01±0.39Aa	1.49±0.01Ba	8.74±0.03Bc	3.71±0.35Aa	0.39±0.02Aa	0.34±0.00Aa	16.28±1.80Bc	2.44±0.19Ba
	10~20	5.36±0.65Ab	1.58±0.03Aa	8.90±0.03Aa	2.12±0.17Ba	0.32±0.01Bb	0.27±0.00Ab	22.52±1.06Ab	1.49±0.12Ab
	20~40	5.92±0.30Ab	1.55±0.08Aa	8.82±0.04Ab	3.48±0.09Bb	0.31±0.02Bb	0.27±0.00Bb	25.73±0.89Ba	1.78±0.14Bb
围栏外	0~10	4.20±0.05Bc	1.57±0.01Aa	9.00±0.02Aa	3.46±0.35Aa	0.36±0.02Bc	0.33±0.00Bb	25.03±1.13Ab	3.74±0.24Aa
	10~20	5.83±0.06Ab	1.56±0.02Aa	8.81±0.01Bb	4.86±0.40Ab	0.44±0.01Ab	0.27±0.00Ac	24.57±2.70Ab	1.53±0.19Ac
	20~40	6.23±0.15Aa	1.54±0.03Aa	8.68±0.03Bb	5.93±0.12Ac	0.70±0.02Aa	0.38±0.00Aa	34.36±0.80Aa	2.53±0.26Ab

注：不同大写字母表示两样地同一土层间的显著差异（$P<0.05$），不同小写字母表示同一样地不同土层间的显著差异（$P<0.05$）

表 6-3　围封与未围封样地中地上植被的物种重要值

生活型	物种	重要值	
		未围封	围封
一年生植物	阿尔泰狗娃花 *Heteropappus altaicus*	0.94	1.42
	刺蓬 *Salsola ruthenica*	5.23	6.13
	大画眉草 *Eragrostis cilianensis*	4.05	—
	独行菜 *Lepidium apetalum*	0.97	1.00
	灰绿藜 *Chenopodium glaucum*	0.59	—
	蒺藜 *Tribulus terrester*	1.57	—
	砂蓝刺头 *Echinops gmelini*	—	1.35
	菟丝子 *Cuscuta chinensis*	—	2.97
	雾冰藜 *Bassia dasyphylla*	1.47	—
	猪毛菜 *Salsola collina*	2.94	2.38
	白花草木犀 *Melilotus albus*	—	1.84
多年生植物	艾蒿 *Artemisia argyi*	—	1.00
	白草 *Pennisetum centrasiaticum*	3.03	1.05
	冰草 *Agropyron cristatum*	—	1.30
	糙隐子草 *Cleistogenes squarrosa*	2.28	0.95
	虫实 *Corispermum macrocarpum*	1.47	—
	刺儿菜 *Cirsium setosum*	1.93	0.76
	甘草 *Glycyrrhiza uralensis*	0.69	1.84
	黄花补血草 *Limonium aureum*	—	0.49
	赖草 *Leymus secalinus*	4.61	1.24
	蓼子朴 *Inula salsoloides*	—	1.03
	骆驼蓬 *Peganum harmala*	4.18	1.31
	蒙古韭 *Allium mongolicum*	—	1.94
	脓疮草 *Panzeria alaschanica*	—	1.20
	沙芦草 *Agropyron mongolicum*	20.00	42.89
	沙生冰草 *Agropyron desertorum*	1.42	—
	沙生大戟 *Euphorbia kozlovii*	1.30	2.36
	砂珍棘豆 *Oxytropis racemosa*	3.17	1.48
	鸦葱 *Scorzonera austriaca*	—	1.78
	银灰旋花 *Convolvulus ammannii*	—	0.62
	银叶蒿 *Artemisia argyrophylla*	1.50	—
	远志 *Polygala tenuifolia*	2.05	2.73
	针茅 *Stipa capillata*	10.70	0.99
	中华小苦荬 *Lxeridium chinense*	1.47	0.35
	猪毛蒿 *Artemisia scoparia*	8.79	4.61

续表

生活型	物种	重要值	
		未围封	围封
灌木或半灌木	老瓜头 *Cynanchum komarovii*	4.18	2.62
	油蒿 *Artemisia ordosica*	—	2.01
	柠条锦鸡儿 *Caragana korshinskii*	1.76	0.70
	牛枝子 *Lespedeza potaninii*	6.81	5.72
	猫头刺 *Oxytropis aciphylla*	0.90	—

注："—"为未出现此植物

四、围封对沙芦草群落地上植被多样性的影响

沙芦草群落整体的 Margalef 丰富度指数、Shannon-Wiener 多样性指数、Pielou 均匀度指数和 Simpson 多样性指数均表现为围封内大于围封外，通过配对 T 检验，变化差异均不显著（$P>0.05$）（图 6-3）。围栏封育后，多年生植物的 Shannon-Wiener 多样性指数、Pielou 均匀度指数增大，且差异显著（$P<0.05$），Simpson 多样性

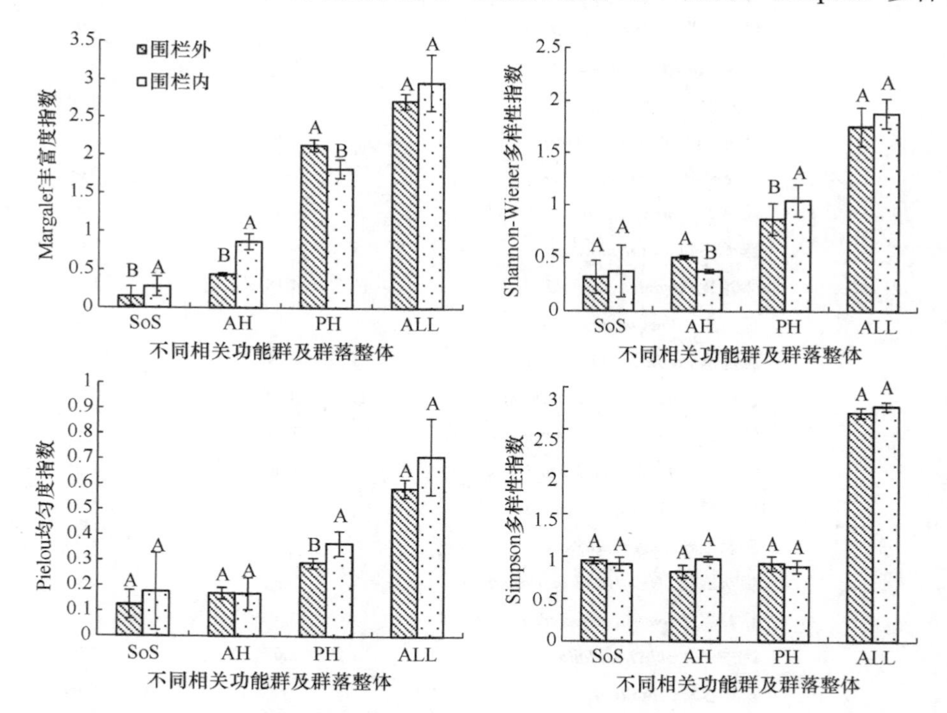

图 6-3 围封对植物群落及各相关功能群多样性指数的影响（均值±标准差）

不同大写字母表示在围封和未围封处理间差异显著（$P<0.05$）；

AH. 一年生草本植物；PH. 多年生草本植物；SoS. 灌木或半灌木；ALL. 群落整体

指数、Margalef丰富度指数有所降低，但Simpson多样性指数的变化在围栏内外差异不显著（$P>0.05$）；一年生植物的Margalef丰富度指数和Simpson多样性指数表现为围栏外小于围栏内，其中Margalef丰富度指数的变化差异显著（$P<0.05$），Shannon-Wiener多样性指数、Pielou均匀度指数均在封育后有所降低，其中Shannon-Wiener多样性指数的变化存在显著差异（$P<0.05$），而Pielou均匀度指数差异不显著（$P>0.05$）；围封后，灌木或半灌木的Margalef丰富度指数、Shannon-Wiener多样性指数、Pielou均匀度指数增大，而Simpson多样性指数降低，且除Margalef丰富度指数的变化差异显著外（$P<0.05$），Shannon-Wiener多样性指数、Pielou均匀度指数、Simpson多样性指数均无显著差异（$P>0.05$）。

五、物种多样性指数与土壤理化性质的关系

采用Pearson相关系数法分析多样性指数与土壤（0~10cm）的关系。表6-4反映的是物种多样性指数与土壤因子的相关系数。从整体来看，Shannon-Wiener多样性指数、Pielou均匀度指数与全氮和速效磷含量呈显著负或正相关关系，Margalef丰富度指数与粉粒呈显著负相关关系，相关系数为−0.906（$P<0.05$）；从不同生活型功能群来看，多年生植物的Shannon-Wiener多样性指数、Pielou均匀度指数、Simpson多样性指数与土壤各因子相关性较强，而Margalef丰富度指数与各土壤因子均无显著相关性（$P>0.05$）；一年生植物的Margalef丰富度指数与大多土壤因子有显著相关关系，其中与速效磷含量的相关性最高，达到了0.911；全氮和全磷与灌木或半灌木的各多样性指数有显著或极显著的负相关关系。

六、讨论

土壤粒径分布是土壤重要的物理特性之一。以往的研究结果显示，土壤粒径分布不仅能够反映土壤颗粒组成及大小，且对土壤的水肥状况及土壤侵蚀等有不同程度的影响（桂东伟等，2011；杨金玲等，2008；Montero，2005）。本研究中，沙芦草群落围栏内，黏粒（<2μm）含量在10~20cm土层显著高于0~10cm、20~40cm土层，粉粒（2~50μm）含量随土层的加深无显著变化，极细砂粒（50~100μm）含量在10~20cm土层处出现最小值；围栏外，极细砂粒（50~100μm）所占比例最大，其次是粉粒（2~50μm），黏粒（<2μm）在20~40cm土层含量最高；与围栏外相比，围栏内黏粒（<2μm）、粉粒（2~50μm）含量均有所增加，而极细砂粒（50~100μm）含量减少，黏粒（<2μm）、极细砂粒（50~100μm）含量的变化存在差异显著，细砂粒（100~250μm）含量在围栏内外无显著变化。这与前人（陈小红等，2010；文海燕等，2006；苏永中和赵哈林，2004；赵文智等，2002）在其他关于退化土地逆向演替的研究结果相类似。分析其原因，一是因为对沙芦草群落实施围栏封育后，

表 6-4　物种多样性指数与土壤因子的相关系数

指标	Shannon-Wiener 多样性指数				Simpson 多样性指数				Margalef 丰富度指数				Pielou 均匀度指数			
	ALL	PH	AH	SoS	ALL	PH	AH	SoS	ALL	PH	AH	SoS	ALL	PH	AH	SoS
SMC	–0.805	–0.979**	–0.763	–0.719	–0.669	–0.986**	–0.729	–0.776	–0.688	0.261	–0.826*	–0.537	–0.791	–0.971**	–0.473	–0.712
SBD	0.796	0.942**	0.665	0.615	0.722	0.949**	0.633	0.642	0.581	–0.148	0.684	0.439	0.802	0.943**	0.364	0.486
pH	0.699	0.935**	0.846*	0.646	0.535	0.951**	0.804	0.719	0.621	–0.213	0.841*	0.502	0.678	0.918**	0.586	0.725
SOC	–.299	–0.327	–0.095	–0.111	–0.405	–0.333	–0.183	–0.004	–0.016	–0.250	0.138	–0.126	–0.364	–0.362	0.069	0.353
TN	–.732	–0.797	–0.684	–0.959**	–0.525	–0.806	–0.668	–0.954**	–0.633	0.635	–0.649	–0.815*	–0.748	–0.842*	–0.535	–0.790
TP	–.843*	–0.971**	–0.695	–0.820*	–0.697	–0.972**	–0.646	–0.878*	–0.799	0.341	–0.842*	–0.629	–0.819*	–0.968**	–0.407	–0.818*
AN	0.762	0.926**	0.629	0.533	0.711	0.930**	0.618	0.570	0.588	–0.034	0.683	0.363	0.757	0.912*	0.305	0.455
AP	0.874*	0.988**	0.682	0.626	0.768	0.987**	0.643	0.723	0.670	–0.314	0.911*	0.342	0.850*	0.969**	0.373	0.698
CS	–0.784	–0.972**	–0.769	–0.699	–0.645	–0.980**	–0.730	–0.764	–0.695	0.231	–0.838*	–0.526	–0.763	–0.959**	–0.479	–0.726
SS	–0.679	–0.601	0.006	–0.745	–0.700	–0.571	0.053	–0.710	–0.906*	0.050	–0.313	–0.679	–0.649	–0.616	–0.293	–0.513
VFS	0.802	0.975**	0.746	0.728	0.664	0.981**	0.702	0.793	0.733	–0.248	0.843*	0.550	0.779	0.963**	0.451	0.753
FS	0.236	0.115	–0.377	0.443	0.340	0.087	—0.389	0.323	0.581	0.236	–0.253	0.577	0.229	0.147	–0.535	0.061

**表示在 0.01 水平上极显著相关，*表示在 0.05 水平上显著相关

注：SMC. 土壤含水量；SBD. 土壤容重；SOC. 土壤有机碳；TN. 全氮；TP. 全磷；AN. 碱解氮；AP. 速效磷；CS. 黏粒；SS. 粉粒；VFS. 极细砂粒；FS. 细砂粒；ALL. 群落整体；PH. 多年生草本植物；AH. 一年生草本植物；SoS. 灌木或半灌木

减少了家畜的践踏和采食，植被在相对稳定的环境中得以恢复，地上植被盖度的提高，有效降低了群落中地表风速，防止原有的土壤细颗粒的风蚀。与此同时，植被能够截留大气中的细颗粒物质，使其在群落中堆积（许婷婷等，2014）；二是围栏封育植被的恢复有利于改善土壤结构，另外，大气中的粉尘得以在降尘、降雨等过程中储存下来，最终导致土壤粒径分布发生改变（谭明亮等，2008）。

大量研究表明，围封可以促进荒漠草原退化植被与土壤的恢复，并使土壤养分得以富集。植被盖度、生长状况及土壤水分的蒸发是影响土壤含水量的重要原因（李军保等，2014）。本研究结果表明，围栏封育后，沙芦草群落 0~10cm 土层的土壤含水量显著提高（$P<0.05$），而 10~40cm 土层无显著变化（$P>0.05$），前人（李学斌等，2015；赵帅等，2011）的研究结果与本研究结果一致。究其原因，主要是因为围栏封育样地植被恢复良好，较高的覆盖和大量凋落物的积累有效减少了土壤水分的蒸发（黄蓉等，2014）。此外，围栏封育后地表（0~10cm）土壤容重均显著降低，深层 10~40cm 土壤无显著变化，这与前人（李洋等，2015；Pei et al.，2008）的研究结果一致。一是因为围栏封育家畜践踏的排除，直接减小了对表层土壤的压力；二是减小外界干扰后植被恢复过程中根系的生长使土壤疏松从而降低了土壤容重（Pei et al.，2008）。土壤养分是植物生长发育的必要条件之一，对植被具有重要的意义。在以往的研究中，就围封对土壤养分的影响并未得出定论（刘凤婵等，2012）。有学者（张建鹏，2017；Dormaar et al.，1989）的研究结果显示围封可以提高土壤养分；Reeder 和 Sehuman（2002）的研究结果表明围封反而降低了土壤养分含量；李香真和陈佐忠（1998）的研究认为围栏封育对土壤养分的影响极为复杂。本研究中，总体上看，围封后沙芦草群落土壤养分的变化较为复杂。与围栏外相比，围栏内 0~10cm 土层土壤有机碳、全氮、全磷含量均有所增加，全氮、全磷含量增加显著，而有机碳的变化不显著，这与张建鹏等（2017）的研究结果相似。这说明围栏封育对土壤全磷、全氮的影响主要集中在土壤表层。这是因为自然土壤中全氮、全磷主要与土壤母质和黏土矿物有关；另外凋落物分解也是其含量增加的来源。而土壤有机碳在 0~10cm 土层有所增加但不显著原因可能是，对沙芦草群落实施围栏封育后，凋落物有一部分分解，但过多凋落物堆积，严重阻碍了碳循环；另外，植被的恢复使植被对碳的需求量大大提高，不利于土壤有机碳的积累。

围封解除了家畜的践踏、采食等干扰后使得草原植被盖度提高，并且群落的物种组成和结构也发生一定改变，最终使草原生态系统在自然条件下得以恢复和重建。本研究中，在围封后，沙芦草群落整体和优势种的盖度均显著提高，围封后优势种的重要值提高，物种数有增加趋势，其中多年生植物种类增加，一年生植物种类减少，说明围栏封育后，外界干扰的减小和生境的改善有利于植被的恢复和群落沿着进展方向演替。这与大量凋落物和立枯的积累，使种群拓殖能力与群落资源（水分、矿质养分等）冗余有关（刘凤婵等，2012），其为植物的生长、发育及繁殖创造了有利条件，而这种相对稳定的环境，尤其为优势种（沙芦草）的生长提供了竞争优势，抑制了一年生植物的生长发育，从而导致地上植被的物种组成和结构均发生变化。相反，围栏外，家畜对优质牧草的采食、践踏，降低了优势种对草原资源的竞争，为一年生植物的生长创造了机会（孙世贤等，2013）。杨勇等（2016）在内蒙古新巴尔虎右旗对围封条件下内蒙古典型草原群落特征进行的研究，以及刘建等（2011）在宁夏盐池县围栏封育对沙化草地植被特性的研究也得到了类似的结果。

群落的物种多样性是群落的重要特征，群落多样性、丰富度及均匀度等指标反映了群落的结构类型、组织水平、发展阶段、稳定程度及生境差异（左万庆等，2009）。本研究中，围封对荒漠草原沙芦草群落物种的 Margalef 丰富度指数、Shannon-Wiener 多样性指数、Pielou 均匀度指数、Simpson 多样性指数均无显著影响。晁增国等（2008）对围栏封育 1 年的矮嵩草草甸群落研究表明，群落的多样性指数和均匀度指数差异都不显著。左万庆等（2009）的研究表明，围栏封育后，群落中的物种丰富度、多样性指数、均匀度指数和生态优势度均发生了一定的变化，但各指数的变化均不明显。杨勇等（2016）的围封对内蒙古典型草原群落特征的研究表明，群落多样性指数、丰富度指数、均匀度指数在围封和自由放牧处理间无显著差异。以上研究的结果与本研究的结果一致。有研究认为，在干旱区围封对物种多样性的影响较小甚至无影响，其主要是因为干旱区草原的恢复是一个非常缓慢的过程，除非一个特殊事件的驱动，如罕见的大雨（Westoby，1989），这可能也是本次研究围封内外植物多样性无显著差异的原因。但本研究中封育对群落不同生活型功能群植物的 Margalef 丰富度指数、Shannon-Wiener 多样性指数、Pielou 均匀度指数产生了一定影响，说明封育后生境的改善使群落的不同生活型功能群发生变化。有研究表明，围栏内外种群不同的竞争强度，会使物种在资源竞争过程中的相对竞争力改变（吕世杰等，2014），这可能是围封后群落不同功能群植物多样性特征发生改变的原因之一。

在以往的研究中，关于物种多样性与土壤环境因子之间关系的研究相对较多，但从不同生活功能群角度进行分析的文章比较欠缺。吴彦等（2001）对亚高山针叶林的研究发现，不同土壤环境因子对物种多样性变化的响应相类似，土壤容重、含水量随着群落物种多样性的提高而得到改善；有机碳、全磷含量等随乔、灌层物种多样性的增加而增加，全氮、土壤石砾量等指标与多样性指数无显著相关关系。王琳等（2004）的研究表明土壤有机碳、全氮等对物种多样性具有较大的影响。迟琳琳等（2012）在阿尔乡沙地的研究发现，在该研究区域，Margalef 丰富度指数直接影响着表土的有机碳含量，其表土有机碳含量随植物种类的增多而提高。就以上研究结果来看，在物种多样性与土壤理化性质的关系还没有统一的看法。本研究从不同生活功能群出发，分析物种多样性与土壤环境因子之间关系，结果表明，土壤理化性质对多年生植物的 Shannon-Wiener 多样性指数、Pielou 均匀度指数、Simpson 多样性指数和一年生植物的 Margalef 丰富度指数有明显的影响。

第三节　围封对沙芦草群落土壤种子库特征的影响

一、围封对沙芦草群落土壤种子库数量特征的影响

由表 6-5 可知，围栏外沙芦草群落土壤种子库中共有植物 23 种，隶属于 8 科 19 属，其中禾本科 7 种，菊科 5 种，藜科 4 种，蔷薇科、豆科 2 种，蓼科、蒺藜科、大戟科各 1 种；一年生植物和多年生植物分别占 52.2%、43.5%；围栏内种子库中共有植物 25 种，隶属于 8 科 21 属，其中禾本科 8 种，菊科 6 种，藜科 4 种，大戟科、蔷薇科各 2 种，蒺藜科、十字花科及豆科各 1 种；一年生植物占 44.0%，多年生植物占 52.0%。封育后，出现了旋花科植物，而蓼科植物消失，一年生植物种数减少了 8.2%，多年生植物增加了 8.5%。围栏外土壤种子库密度为（1052±273.0）粒/m^2，围栏内种子库密度为（1885±100.0）粒/m^2，围封后土壤种子库密度增加了 79%，T 检验显示，二者差异显著（$P<0.05$）；围封内外一年生植物土壤种子库密度分别为（1021±52.5）粒/m^2、（708±62.5）粒/m^2，围封使一年生植物种子库密度增加了 44.0%（$P<0.05$）；围封外土壤种子库中多年生植物和灌木或半灌木分别是（818±60.3）粒/m^2、（73±15.3）粒/m^2，围封内土壤种子库中多年生植物和灌木或半灌木分别是（815±32.8）粒/m^2、（83±17.4）粒/m^2，二者在围栏内外差异不显著（$P>0.05$）。

二、围封对沙芦草群落土壤种子库多样性的影响

由图 6-4 可知，未围封样地沙芦草群落土壤种子库中物种的 Margalef 丰富度指数、Shannon-Wiener 多样性指数、Simpson 多样性指数和 Pielou 均匀度指数均小于围封样地的，说明围封使沙芦草群落土壤种子库的多样性增加，通过 T 检验显示这种增加并不显著（$P>0.05$）；从不同生活型功能群比较，多年生草本植物的 Margalef 丰富度指数、Shannon-Wiener 多样性指数、Pielou 均匀度指数、Simpson 多样性指数、均表现为围栏内大于围栏外，但均无显著差异（$P>0.05$）；围栏封育后，一年生草本植物的 Pielou 均匀度指数增大，差异不显著（$P>0.05$），Margalef 丰富度指数、Shannon-Wiener 多样性指数、Simpson 多样性指数降低，其中 Shannon-Wiener 多样性指数有显著变化（$P<0.05$），Margalef 丰富度指数、Simpson 多样性指数的变化无显著差异（$P>0.05$）；围封样地与未围封样地土壤种子库中均只出现一种半灌木，其 Shannon-Wiener 多样性指数、Margalef 丰富度指数、Simpson 多样性指数和 Pielou 均匀度指数均为 0。

表 6-5　围封内外土壤种子库组成及密度　（单位：粒/m²）

生活型	物种	科	围封	未围封
一年生植物	地锦 *Euphorbia humifusa*	大戟科 Euphorbiaceae	43	—
	长萼鸡眼草 *Kummerowia stipulacea*	豆科 Leguminosae	—	28
	棒头草 *Polypogon fugax*	禾本科 Gramineae	—	10
	锋芒草 *Tragus racemosus*	禾本科 Gramineae	8	8
	狗尾草 *Setaria viridis*	禾本科 Gramineae	198	148
	小画眉草 *Eragrostis minor*	禾本科 Gramineae	198	178
	蒺藜 *Tribulu sterrester*	蒺藜科 Zygophyllaceae	10	57
	苦苣菜 *Sonchus oleraceus*	菊科 Compositae	28	8
	砂蓝刺头 *Echinops gmelini*	菊科 Compositae	3	7
	西伯利亚滨藜 *Atriplex sibirica*	藜科 Chenopodiaceae	38	—
	刺藜 *Chenopodium aristatum*	藜科 Chenopodiaceae	45	25
	灰绿藜 *Chenopodium glaucum*	藜科 Chenopodiaceae	330	143
	藜 *Chenopodium album*	藜科 Chenopodiaceae	—	80
	雾冰藜 *Bassia dasyphylla*	藜科 Chenopodiaceae	105	17
合计			1021±52.5A	708±62.5B
多年生植物	乳浆大戟 *Euphorbia esula*	大戟科 Euphorbiaceae	5	20
	沙芦草 *Agropyron mongolicum*	禾本科 Gramineae	260	290
	九顶草 *Enneapogon borealis*	禾本科 Gramineae	48	—
	赖草 *Leymus secalinus*	禾本科 Gramineae	18	111
	白草 *Pennisetum centrasiaticum*	禾本科 Gramineae	—	152
	糙隐子草 *Cleistogenes squarrosa*	禾本科 Gramineae	113	—
	针茅 *Stipa capillata*	禾本科 Gramineae	5	—
	野艾蒿 *Artemisia lavandulaefolia*	菊科 Compositae	73	20

续表

生活型	物种	科	围封	未围封
多年生植物	猪毛蒿 *Artemisia scoparia*	菊科 Compositae	101	62
	蒲公英 *Taraxacum mongolicum*	菊科 Compositae	32	—
	中华小苦荬 *Ixeridium chinense*	菊科 Compositae	37	—
	鸦葱 *Scorzonera austriaca*	菊科 Compositae	—	12
	西伯利亚蓼 *Polygonum sibiricum*	蓼科 Compositae	—	10
	二裂委陵菜 *Potentilla bifurca*	蔷薇科 Rosaceae	28	40
	委陵菜 *Potentilla chinensis*	蔷薇科 Rosaceae	88	30
	银灰旋花 *Convolvulus ammannii*	旋花科 Convolvulaceae	32	—
合计			815±32.8A	818±60.3A
灌木或半灌木	牛枝子 *Lespedeza potaninii*	豆科 Leguminosae	83	73
合计			83±17.4A	73±15.3A
总密度			1885±100.0A	1052±273.0B

注：不同大写字母表示在围封和未围封处理间差异显著（$P<0.05$），均值±标准误；“—”为未出现此植物

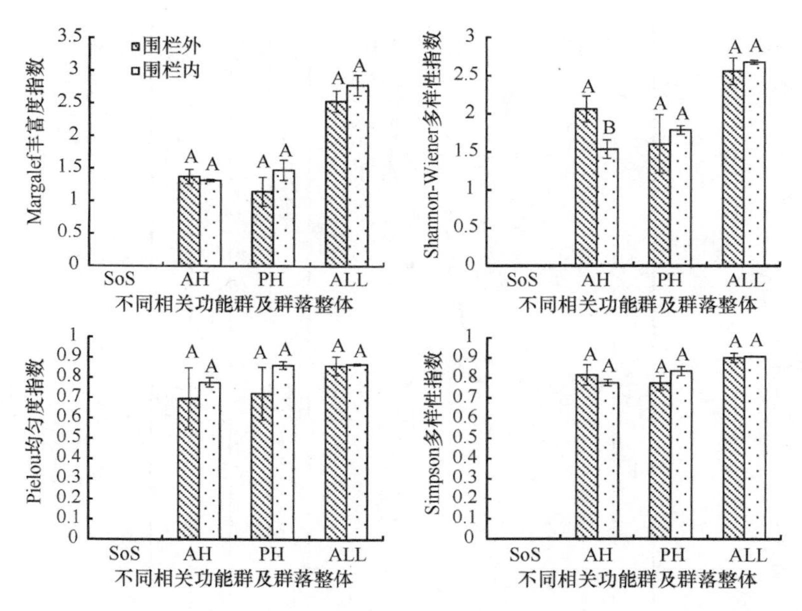

图 6-4 围栏内外土壤种子库的物种丰富度、物种多样性指数、群落均匀度和生态优势度

不同大写字母表示围栏内外差异显著（$P<0.05$）；

AH. 一年生草本植物；PH. 多年生草本植物；SoS. 灌木或半灌木；ALL. 群落整体

三、围封对土壤种子库和地上植被相似性的影响

围栏内外地上植被共同拥有物种为 18 种，两样地土壤种子库与地上植被共同拥有都为 9 种（表 6-6）。围栏内土壤种子库与其地上植被物种 Sorensen 相似性系数为 0.33，围栏外土壤种子库与其地上植被的 Sorensen 相似性系数为 0.35，两者相似水平相对较低；围栏内外地上植被之间和两样地土壤种子库之间物种的 Sorensen 相似性系数较高，分别为 0.62 和 0.71。以上结果表明，外界的干扰对地上植被的影响要强于对土壤种子库的影响。

表 6-6 围封内外地上植被与土壤种子库相似性系数

项目	相似性系数（共有种）	
	围封样地地上植被	未围封样地土壤种子库
未围封样地地上植被	0.62（18）	0.35（9）
围封样地土壤种子库	0.33（9）	0.71（17）

四、土壤种子库与地上植物种密度之间的关系

围栏内外沙芦草群落土壤种子库与地上植物种密度之间的关系见图 6-5。回归分析显示，沙芦草群落围栏内外土壤种子库密度与地上植物种密度之间均存在显

著相关性关系，其关系分别可用五次曲线来表示：$y=-2\times10^{-8}x^5+1\times10^{-5}x^4-0.0024x^3+0.1821x^2-3.6158x+5.6214$，$R^2=0.9377$，$P=0.002$，$n=46$ 和 $y=-8\times10^{-10}x^5+8\times10^{-7}x^4-0.0002x^3+0.0028x^2+0.7846x+1.9323$，$R^2=0.9404$，$P=0.000$，$n=45$。其中，围栏内外土壤种子库中多年生植物与其地上植物种密度之间也存在显著相关性，一年生植物二者密度之间无显著的相关性。

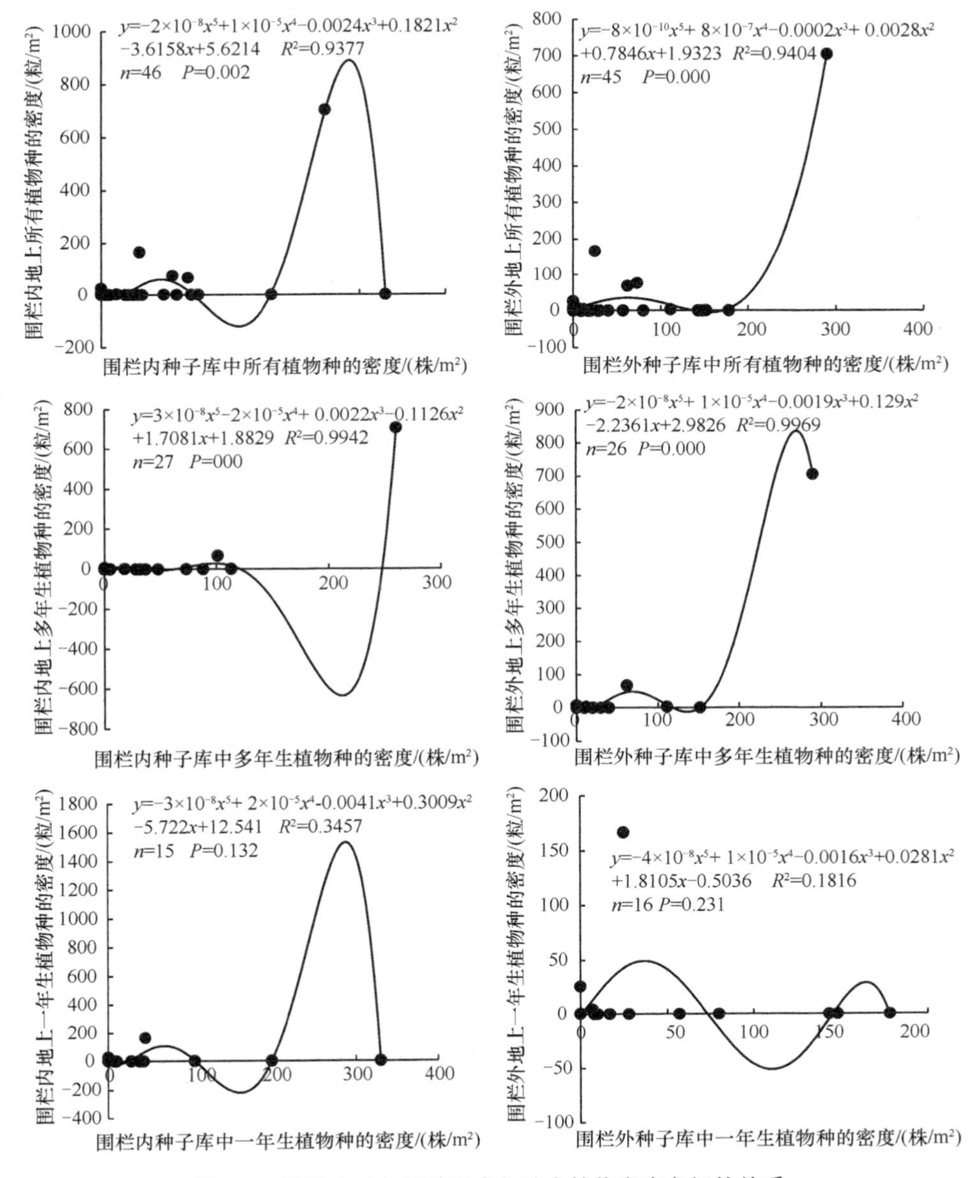

图 6-5　围栏内外土壤种子库与地上植物密度之间的关系

五、讨论

土壤种子库是植被恢复的基本保障，在植被恢复生态学的研究中占重要地位。围栏封育过程中，受生态环境、演替阶段、植被类型等因素的影响，土壤种子库组成结构和密度变化幅度较大（刘凤婵等，2012）。本研究中，对沙芦草群落实施围栏后，土壤种子库中的一年生植物减少，多年生植物增加，说明围封能增加多年生植物种类的比例，这与 Smeins 和 Kinucan（1992）及黄欣颖等（2011）的研究结果一致。这可能与地上植被物种组成、结构及封育后植物繁殖策略的改变有关。与未围封样地相比较，围封样地土壤种子库的密度显著增加（增加的比例为 79.2%），这与前人的研究结果一致（Sudebilige et al.，2000）。表明围封可以提高土壤种子库密度，这主要是由以下两方面原因引起的，一是围封后的植被明显具有更大的高度和密度，能够积聚更多的包含种子的掉落物所致；二是由于种子库物种组成、不同生活型植物比例、不同种植物种子生产性能、种子寿命以及气候等方面因素的变化和差异造成的（孙建华等，2005）。此外，围封后，一年生植物的种子库密度大于多年生植物的种子库密度，这可能是因为封育后，以沙芦草为优势种的群落在相对稳定的环境下倾向无性繁殖，而一年生植物在较大的竞争压力下产生更多的种子，围栏内大量积累的凋落物，更好地储藏了其种子。

围栏封育措施能够使地上植被和土壤种子库中的物种多样性得以保持或者提高。本研究中，整体来说未围封样地土壤种子库的 Shannon-Wiener 多样性指数、Margalef 丰富度指数、Pielou 均匀度指数及 Simpson 多样性指数均小于围封样地的，但差异不显著（$P>0.05$），这与在澳大利亚北部干旱区的研究中得出的结果相类似（Meissner and Facelli，1999）。造成这种结果的原因可能有以下两方面，一方面是因为在干旱或半干旱区围封后植被的恢复是一个极其缓慢的过程（Kelt and Valone，1995），另一方面在干旱或半干旱区植物群落的种间竞争在群落组成变化中的影响较小，不会因牲畜的选择性采食而导致一些物种消失（Waser and Price，1981）。

从以往众多研究报道中发现，不同研究学者就地上植被与土壤种子库之间的相似性并未得到统一标准（仝川等，2008）。一些文章中使用的是 Sorensen 相似性系数或 Simpson 多样性指数（Levassor et al.，1990），另外一些文章是单列出了二者之间共有种数目。本研究中，采用 Sorensen 相似性系数对地上植被与土壤种子库的相似性进行了分析，结果显示，围栏内外地上植被与土壤种子库之间的相似性均较低，且土壤种子库和其地表植被在种类组成上存在显著差异，这与 Bertiller（1992）、Hm（1998）的研究结果一致。导致土壤种子库与其地上植被之间相似性较低的原因，一方面可能跟群落优势种的繁殖方式有密切关系，另一方面是当地干旱少雨的恶劣气候直接影响着种子在土壤中的持久性。围栏内外地上植被相似性为 0.62，两地土壤种子库相似性达 0.71，相对于土壤种子库围封对地上植被的影响更为明显，这就说明外界的干扰（如放牧）对地上植被组成的影响要大于对种子库组成的影响（李锋瑞等，2003）。

地上植被的密度与土壤种子库的有效种子数是互相影响的，不同的生境、不同的繁殖对策对土壤种子库密度有不同的影响。本研究中，沙芦草群落围栏内外土壤种子库与地上植物种密度之间均存在显著相关性，说明随土壤种子库密度的增多，地上群落整体植被的植株数随之增多。这与赵丽娅等（2006）及 O'Connor 和 Pickett（1992）的研究结果一致；另外，围栏内外多年生植物种与其地上植物种之间也存在显著相关性，这与赵丽娅等（2006）的研究结果不吻合，究其原因，一方面可能与不同研究区域植物的生活史对策（繁殖对策、种子重量等）不同有关；另一方面可能是地上多年生植被的种子虽然进入土壤种子库，但其属于短时性留存种子，在试验进行之前已死亡或已萌发，导致未能发现其的存在。

第四节　围封对沙芦草种群构件生物量分配对策的影响

一、围封对沙芦草种群特性的影响

由表 6-7 可知，围栏封育后，沙芦草种群的高度、丛幅、盖度、总生物量均表现为显著增加趋势，增加比例依次为 78.96%（P=0.040）、63.50%（P=0.013）、50.89%（P=0.032）、205.38%（P=0.022）；而其密度在数值上虽有微弱的增加，但并没有达到显著水平（P=0.330）。

表 6-7　围栏内外沙芦草的种群特征（平均值±标准误）

项目	围栏内	围栏外
高度/cm	57.57±3.86A	32.17±1.51B
丛幅/cm	77.17±6.35A	47.20±2.88B
盖度/%	59.63±2.35A	39.52±1.36B
密度/（丛/m^2）	7.73±2.44A	6.80±0.81A
总生物量/（g/丛）	88.04±7.71A	28.83±1.57B

注：不同大写字母表示围栏内外差异显著（P<0.05）

二、围封对沙芦草种群各构件生物量的影响

图 6-6 为围栏内外沙芦草种群各构件的生物量的变化情况。图中可见，围栏

外根、茎、叶、穗各构件生物量依次为 13.59g、9.56g、4.40g、1.28g，围栏内依次为 38.53g、24.25g、19.10g、6.16g，围栏内外均表现为根生物量最大，穗生物量最小。围栏内除茎、叶生物量间无显著外，其他构件生物量间均有显著差异（P=0.021）；围栏外根、茎、叶、穗间均有极显著差异（P=0.000）。围栏封育后，沙芦草的根、叶、穗生物量均显著提高，提高比例依次为 183.52%（P=0.020）、334.09%（P=0.011）、381.25%（P=0.005）；茎生物量虽有提高，但未达到显著水平（P=0.065）。

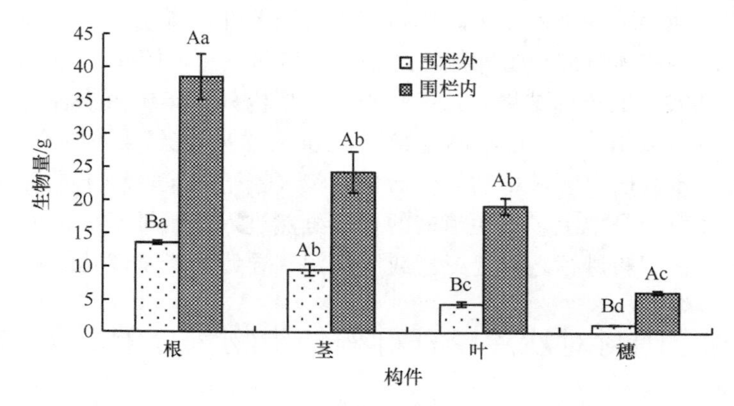

图 6-6　围栏内外沙芦草种群各构件的生物量（均值±标准误）
不同大写字母表示围栏内外差异显著（P<0.05），
不同小写字母表示同一样地不同构件之间差异显著（P<0.05），n=30

三、围封对沙芦草种群各构件生物量分配比的影响

图 6-7 中可见，围栏内外均表现为根生物量分配比最大（围栏内为 43.74%，围栏外为 47.44%），穗生物量分配比最小（围栏内为 7.09%，围栏外为 4.44%），根、茎、叶、穗之间均存在显著差异（P<0.05）；另外，围栏内外生殖枝生物量分配比（围栏内为 53.17%，围栏外为 40.42%）均大于营养枝（围栏内为 3.21%，围栏外为 12.25%）。围栏封育后，沙芦草种群生物量分配发生不同程度的变化。其中，生殖枝生物量分配比和叶生物量分配比显著增大，分别为 31.45%（P=0.020）和 4.20%（P=0.000），营养枝生物量分配比降低了 281.62%（P=0.002），根、茎分配比有所降低，但差异不显著（P>0.05）。

四、围封对沙芦草种群根冠比的影响

围栏内外沙芦草种群的根冠比如表 6-8 所示。由表可见，沙芦草种群的根冠比在围栏内外分别为 0.78 和 0.90，围栏封育后，其种群根冠比显著降低（P<0.05），

降低比例为 13.33%。

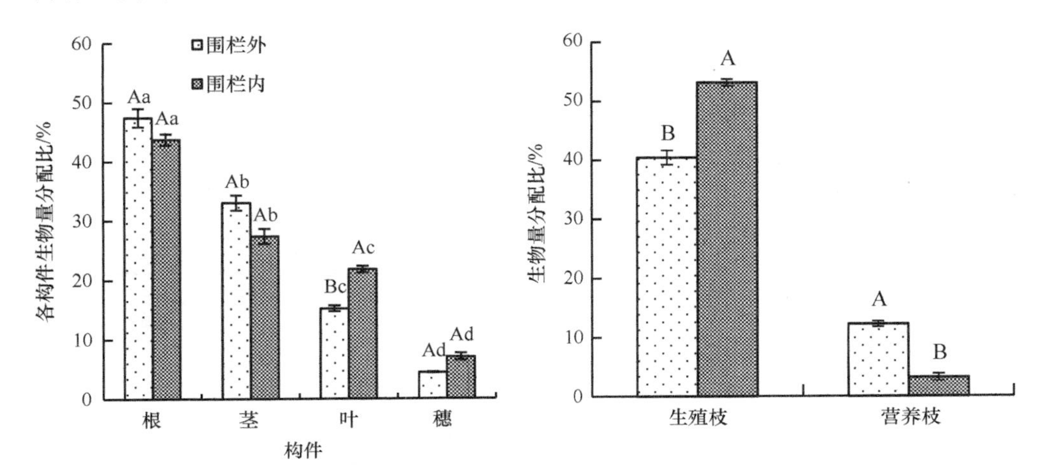

图 6-7　围栏内外沙芦草种群各构件的生物量分配比（均值±标准误）

不同大写字母表示围栏内外差异显著（$P<0.05$），不同小写字母表示同一样地不同构件之间差异显著（$P<0.05$）

表 6-8　围栏内外沙芦草种群的根冠比

项目	围栏内	围栏外
根冠比	0.78±0.028B	0.90±0.061A

注：不同大写字母表示围栏内外差异显著（$P<0.05$）

五、沙芦草种群株高、丛幅及其各构件生物量间的相关性

表 6-9 显示了沙芦草种群株高、丛幅及其各构件生物量间的相关关系。由表可见，沙芦草种群营养枝生物量与其株高，丛幅，根、茎、叶、穗、生殖枝和全株生物量间均表现为不同程度负相关关系，且与丛幅间达到了显著负相关关系，相关系数 $r=-0.834$（$P<0.05$）。株高，丛幅，根、茎、叶、穗、生殖枝及全株生物量之间均表现为显著或极显著的正相关关系，且相关系数均大于 0.875，其中以生殖枝生物量与全株生物量的相关系数最大（0.998）。

表 6-9　沙芦草种群各构件生物量及其株高、丛幅间的相关性

项目	株高	丛幅	根生物量	茎生物量	叶生物量	穗生物量	生殖枝生物量	营养枝生物量	全株总生物量
株高	1	0.875^{*}	0.960^{**}	0.975^{**}	0.970^{**}	0.975^{**}	0.980^{**}	−0.530	0.975^{**}
丛幅		1	0.971^{**}	0.932^{**}	0.948^{**}	0.887^{*}	0.951^{**}	-0.834^{*}	0.956^{**}
根生物量			1	0.979^{**}	0.994^{**}	0.958^{**}	0.996^{**}	−0.722	0.997^{**}
茎生物量				1	0.968^{**}	0.931^{**}	0.988^{**}	−0.632	0.986^{**}

续表

项目	株高	丛幅	根生物量	茎生物量	叶生物量	穗生物量	生殖枝生物量	营养枝生物量	全株总生物量
叶生物量					1	0.980**	0.995**	–0.670	0.996**
穗生物量						1	0.970**	–0.577	0.968**
生殖枝生物量							1	–0.667	0.998**
营养枝生物量								1	–0.680
全株总生物量									1

*表示显著相关（$P<0.05$）；**表示极显著相关（$P<0.01$）

六、讨论

围封解除了家畜的践踏、采食等干扰后使得草原生态系统在自然条件下向着一定方向演替。本研究中，在围栏封育后，沙芦草种群的高度、丛幅、盖度及总生物量显著提高，而密度的变化不显著。这表明，围栏封育后，外界干扰的减小和生境的改善有利于植被的恢复和生产力的提高。首先，作为优势种的沙芦草，其本身就是一种优良牧草，围栏封育使其避免了家畜的啃食和践踏，从而有效提高了沙芦草种群的高度、丛幅、盖度和生物量；其次，围栏封育后土壤养分积累、营养元素供给增加，以及土壤物理性质的改善，都有助于植物的生长繁殖（Hosseinzadeh et al.，2010；刘忠宽等，2006；李锋瑞等，2003）。这与前人（Lamas et al.，2013；郑伟和于辉，2013）的研究结果相似。沙芦草种群密度无显著变化，主要原因是，禾本科植物沙芦草主要以无性繁殖（分蘖）为主，种子繁殖为辅；另外围栏内还可能与其种内的密度效应有关，而围栏外家畜的啃食、土壤水肥等都是影响其有性繁殖因素。

生物量是反映植物同环境相互作用的重要标志，是植物对环境适应能力及生长发育规律的体现，其中个体及构件生物量又是生态系统获取能量的能力体现（宇万太和于永强，2001）。在天然围封草地生态系统中，植被通过自身多样性和复杂性的调配对异质性资源做出响应，进而有效提高整个生态系统对有限资源的利用效率（Pan et al.，2008；Wang et al.，2006；Kroons and Hutchings，1995）。本研究中，围栏内外均表现为根生物量显著大于其他构件生物量，围封显著提高了根、叶、穗的生物量。首先是因为在干旱的荒漠草原，植物为了获得生长繁殖所需要的水分和无机营养，加强根系的生长是最有效的策略之一（周兵等，2015）。其次，可能与其自身所在的生境有关，围封后，良好的生境大大提高了沙芦草的有效分蘖数，以致根、叶、穗的生物量显著增加。另外，围栏内根生物量显著增加，也可能是为了满足围封后沙芦草自身更多的营养和水分需求造成的。

本研究结果表明，围栏内外均表现为根生物量分配比最大，穗生物量分配比最小，且生殖枝生物量分配比大于营养枝。围封后，生殖枝、叶生物量分配比显著增大，营养枝生物量分配比显著降低。赵彬彬等（2009）在高寒草甸的研究表明，围栏禁牧后，放牧压力消失，植物对光照资源竞争增强，使其对光合器官的投资增加，而对生殖器官的投资减少。这与本研究结果不太一致，这可能与高寒草甸系统的土壤养分、群落组成结构以及环境资源供给能力等与荒漠草原完全不同有关。除此之外，围封年限可能也是造成植物生物量分配发生变化的重要原因。生殖生长对不同环境的适应能力方面有着优越性（王静等，2005），在围栏封育后环境中风险降低，种群更新一般优先于生殖生长。由此可知，生殖生长投资的增加是沙芦草种群在围栏封育后提高其适合度的重要因素。植物地上、地下生物量间的相关性影响着整个植物体的生长状况（Hui and Jackson，2006），而根冠比（*R/S*）是生物量在地下-地上之间分配的直接表现（Enquist and Niklas，2002）。围栏封育后沙芦草种群的根冠比显著降低。说明实施围栏封育后，土壤风蚀得到一定缓解，土壤表面相对稳定，随着沙芦草植株的生长，冠幅和生物量不断增大，最终导致 *R/S* 下降（王蕙等，2015）。

植物个体生长发育依赖于各构件生长发育间的协调，各构件生物量在个体生物量中所占的比例代表着同化产物向不同器官的分配比例和生长过程中各构件的协调关系（王伯荪等，1995）。本研究中，除营养枝生物量外与各构件生物量及株高、丛幅间表现为负相关关系外，沙芦草种群各构件生物量间以及各构件生物量与株高、丛幅之间均存在显著或极显著的正相关关系。张景慧等（2012）在以往的研究中得出了相类似的结果。说明沙芦草种群株高、丛幅及其各构件生物量之间有着密切关系，同时说明围封是植物维持其种群持续更新能力和恢复其在群落中地位的重要措施之一（鲁为华等，2009）。

第五节　围封对沙芦草种群构件物质和能量分配的影响

一、围封对沙芦草营养物质的生殖分配的影响

图 6-8 是围栏内外沙芦草种群各构件营养物质的繁殖分配比较。从图中可以看出，围栏内各构件中以根的全碳、全氮、全磷含量最低，穗的最高；围栏外以根的全碳、全氮、全磷含量最低，穗的全氮、全磷含量最高。围栏封育对沙芦草种群各构件有不同程度的影响，其中，根的全碳、全氮、全磷含量，穗的全氮、全磷含量及叶的全氮含量均显著降低（$P<0.05$），而穗的全碳含量显著提高，提高比例为 9.78%，茎的各营养元素均无显著变化。

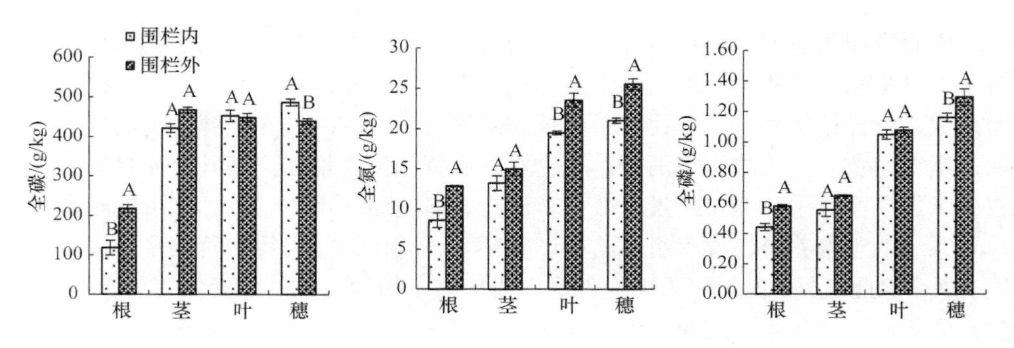

图 6-8　围栏内外沙芦草种群各构件的营养物质繁殖分配比较（均值±标准误）

不同大写字母表示围栏内外差异显著（$P<0.05$）

二、围封对沙芦草各构件能量的生殖分配的影响

表 6-10 是围栏内外沙芦草各构件能量的繁殖分配情况。从总体来看，围栏内沙芦草的根、茎、叶、穗各构件的热值依次为 17.13kJ/g、17.17kJ/g、18.52kJ/g、19.82kJ/g，围栏外依次为 16.86kJ/g、17.32kJ/g、18.65kJ/g、19.64kJ/g，围栏内外沙芦草各构件的热值均表现为穗>叶>茎>根。围栏封育后，穗、根的热值显著提高，提高比例依次为 0.91%（P=0.010）、1.60%（P=0.042）；叶的热值显著降低，降低比例为 0.70%（P=0.029），而茎的热值无显著变化（P=0.126）。从以上结果来看，无论围栏内、外，沙芦草种群的地上各构件平均热值均大于地下根系热值，且与围栏外相比较，围栏内生殖器官（穗）的热值极显著提高（$P<0.01$）。

表 6-10　围栏内外沙芦草各构件能量（热值）比较

植物构件	热值/（kJ/g）		P
	围栏内	围栏外	
根	17.13±0.02	16.86±0.08	0.042
茎	17.17±0.09	17.32±0.07	0.126
叶	18.52±0.02	18.65±0.01	0.029
穗	19.82±0.01	19.64±0.03	0.010

三、沙芦草各构件热值与营养元素含量之间相关关系分析

表 6-11 是沙芦草各构件热值与营养元素含量之间的相关关系分析情况。表中可以看出，沙芦草根、茎、叶、穗各构件热值之间，各构件热值与其碳、氮、磷含量之间，各构件碳、氮、磷含量之间均表现为正相关关系，除叶碳、叶磷、茎氮与各构件热值和营养元素之间均无显著相关关系（$P>0.05$）外，各构件热值与

表 6-11　沙芦草各构件热值与营养元素含量之间相关关系分析

		热值				碳				氮				磷			
		根	茎	叶	穗	根	茎	叶	穗	根	茎	叶	穗	根	茎	叶	穗
热值	根	1															
	茎	0.587	1														
	叶	0.894*	0.823*	1													
	穗	0.983**	0.682	0.922**	1												
碳	根	0.916*	0.530	0.833*	0.948**	1											
	茎	0.870*	0.771	0.925**	0.881*	0.787	1										
	叶	0.020	0.727	0.244	0.070	0.140	0.311	1									
	穗	0.878*	0.854*	0.930**	0.948**	0.886*	0.866*	0.312	1								
氮	根	0.876*	0.500	0.806	0.907*	0.944**	0.642	0.201	0.851*	1							
	茎	0.502	0.423	0.693	0.456	0.352	0.516	0.015	0.405	0.451	1						
	叶	0.757	0.829*	0.869*	0.834*	0.752	0.665	0.295	0.918**	0.848*	0.527	1					
	穗	0.802	0.798	0.903*	0.887*	0.875*	0.746	0.191	0.958**	0.905*	0.483	0.960**	1				
磷	根	0.894*	0.577	0.890*	0.900*	0.862*	0.701	0.108	0.837*	0.948**	0.693	0.881*	0.887*	1			
	茎	0.842*	0.426	0.774	0.802	0.714	0.574	0.186	0.683	0.849*	0.719	0.775	0.719	0.950**	1		
	叶	0.437	0.096	0.181	0.491	0.625	0.309	0.152	0.453	0.474	0.506	0.206	0.363	0.201	0.054	1	
	穗	0.557	0.474	0.708	0.619	0.692	0.429	0.17	0.653	0.823*	0.658	0.792	0.835*	0.841*	0.712	0.047	1

*表示显著相关（$P<0.05$）；**表示极显著相关（$P<0.01$）

各构件碳、氮含量，根磷含量之间存在不同程度的正相关关系，其中，根与穗的热值之间、叶与穗的热值之间、穗热值与根和穗碳含量之间和叶热值与茎和穗碳含量之间达到了极显著相关关系，相关系数分别为 0.983、0.922、0.948、0.948、0.925、0.930（$P<0.01$）；而营养元素之间关系较为复杂，根碳含量与根氮含量之间、穗碳含量与叶氮含量之间、穗氮含量与叶氮含量和穗碳含量之间、根的磷含量与根氮含量和茎磷含量之间均呈现极显著的正相关关系（$P<0.01$）。其中，穗氮含量与叶氮含量之间的相关系数高达 0.960。

四、讨论

碳、氮、磷元素作为植物生长繁殖必需的大量元素，能够在种群（Gallardo and Covelo，2005）、群落（Güsewell，2004）、生态系统（Tessier and Raynal，2003）以及全球尺度（Han et al.，2005）上反映植物养分的限制情况。徐沙等（2014）在内蒙古温带草原对不同利用方式下植物的化学计量元素变化进行了探究，结果表明，围封条件下植物叶片全碳含量无显著变化，全氮含量显著降低。周红艳等（2017）对鄱阳湖沙山单叶蔓荆的不同器官碳、氮、磷化学元素特征进行了研究，结果发现，单叶蔓荆花的全氮、全磷含量显著高于根、茎、叶的，而根的全氮、全磷含量最低。本研究中，各构件中以根的全碳、全氮、全磷含量最低，穗的最高。围栏封育后，叶的全碳和全磷无显著变化，全氮含量显著降低，这与以上研究结论相类似。说明植物枝、叶等非生殖器官与花、果等生殖器官对营养元素的富集度配置是植物种群对特定环境的进化适应。植物有机体内的营养元素组成处于一个稳定的动态平衡状态，当外界环境条件发生变化（围栏封育）时，植物体能够通过自身调节来保持自身元素组成稳定。

植物各构件的脂肪、蛋白质、碳水化合物等物质组成成分不同，因此，同一株植物的各构件之间的热值存在较大差异。植物种群能量繁殖分配情况可以反映某一物种对环境的适应程度和环境资源对种群生长与繁殖的限定状况（王仁忠等，2000）。本研究中，围栏内外沙芦草各构件的热值均表现为穗>叶>茎>根，即地上各构件平均热值均大于地下根系热值，这与前人的研究得出了相类似的结果（姜向阳等，2014）。说明脂肪和蛋白质含量较高的构件其热值较高，纤维等碳水化合物含量较高的构件热值较低（鲍雅静等，2006）。叶片等光合器官可以将太阳能转换成化学能储存于体内，这也可能是叶片热值较高的重要原因。另外，围栏封育后，穗和根的热值显著增加，叶的热值显著降低。说明围栏封育后，良好的生境使沙芦草种群增加了其有机体中的能量，把更多的热值分配给生殖构件来提高自身的生殖生长。与此同时，增加根热值分配来满足其种群更多营养物质的需求。

碳、氮、磷作为影响植物热值的主要内在因素（任海等，1999），研究主要集中在碳、氮 2 个因素对热值的影响上（郭水良等，2005；徐永荣等，2003）。高凯等（2012）在内蒙古锡林河流域对羊草草原的 15 种植物热值进行了研究，其结果表明，植物全碳、全氮含量分别与热值之间呈现极显著、显著的正相关关系。徐永荣等（2003）在天津滨海盐渍土上几种植物的热值和元素含量之间关系的研究中发现，植物的热值与碳含量呈极显著的正相关关系，与氮、磷含量无显著相关关系。可以看出，以往的研究主要集中在种群层面，而从构件层面进行的相关研究相对欠缺。本研究中，沙芦草根、茎、叶、穗各构件热值与碳、氮、磷含量之间均表现为正相关关系，其中，根与穗的热值之间，叶与穗的热值之间，穗热值与根、穗碳含量之间和叶热值与茎和穗碳含量之间达到了极显著相关关系。这是因为作为植物燃烧的主要物质，碳含量直接影响植物热值；氮作为蛋白质的主要过程元素，在植物的燃烧过程中，其含量间接影响着植物热值。孙国夫等（1993）通过对水稻叶片生育期氮含量和热值的研究表明，其叶片氮含量与热值之间并不无显著相关性。这可能与叶片所处生育期或氮在叶片中存在的状态有关（高凯等，2012）。

第六节　结　　论

本章以宁夏盐池县四墩子荒漠草原沙芦草群落为研究对象，通过室内实验和野外调查相结合的方法，研究了围封对沙芦草群落土壤种子库特性及沙芦草种群的繁殖分配对策的影响。得出的主要结论有以下几点。

（1）封育有利于改善宁夏荒漠草原的植被及土壤理化性质。围封后，地上植被盖度大大提高，地上植被物种数增加，其中，多年生草本植物增加，一年生草本植物减少；围封可以促使土壤颗粒细化，对土壤养分有不同程度的影响。

（2）围栏封育使土壤种子库物种数和密度发生明显变化。围封后，土壤种子库一年生草本植物种数减少，多年生草本植物增加；围封显著提高了沙芦草群落土壤种子库密度，其中，一年生植物种子库密度增加了 44.0%，多年生植物和灌木或半灌木均无显著变化。

（3）围封对地上植被和土壤种子库整体物种多样性均无显著影响，而对其不同生活型功能群的 Shannon-Wiener 多样性指数、Margalef 丰富度指数、Pielou 均匀度指数有显著影响。

（4）围栏内外土壤种子库与其地上植被的 Sorensen 相似性系数均为中等不相似，但外界的干扰（如放牧）对地上植被的影响大于对土壤种子库的影响。地上植被密度与土壤种子库种子密度关系密切。围栏内外植被整体土壤种子库与地上植物种密度之间和多年生植物之间均存在显著相关性，说明地上植被密度是随着土壤种子库密度的增加而增加。

（5）围栏封育对沙芦草种群构件生物量及其分配格局有显著的影响。围栏封育后，沙芦草种群的高度、丛幅、盖度及株丛生物量显著提高，密度的变化不显著；围封使沙芦草根、叶、穗生物量和生殖枝、叶的生物量分配比提高，营养枝生物量分配比和根冠比降低，且均差异显著。除营养枝生物量与各构件生物量及株高、丛幅间表现为负相关关系外，沙芦草种群各构件生物量之间均呈现极显著的正相关关系，各构件生物量与株高、丛幅之间呈现出显著或极显著的正相关关系。说明围封是植物维持其种群持续更新能力和恢复其在群落中地位的重要措施之一。

（6）围栏封育对沙芦草种群构件的营养元素和热值有不同程度的影响。围栏封育显著提高了穗的全碳含量，而显著降低了根的全碳、全氮、全磷含量，穗的全氮、全磷含量及叶的全氮含量；穗、根的热值显著提高，叶的显著降低。说明植物茎、叶等非生殖器官与穗、种子等生殖器官对营养元素和热值的富集度配置是植物种群对特定环境的进化适应。

（7）沙芦草各构件的热值与各构件碳含量（除叶）呈显著或极显著的正相关，与氮、磷含量之间不存在一致的相关关系。

第七章　矿井水排放对荒漠生态系统土壤种子库的影响

据不完全调查统计，我国矿井排水大约 42 亿 m^3/年，综合利用率却较低，以直接排放为主。鉴于矿井水无处理外排会引起矿区水资源质量的改变，带来了改变原有水资源分配的问题，会对灌溉和生活用水产生不利影响（范立民等，2016；Mccarthy and Pretorius，2009）。长期以来，矿井水被视为矿井开采的危害因素进行治理，主要治理方法为通过疏排大量的地下水降低地下水水位，排放到地表的矿井水利用率极低，绝大多数被浪费掉，还造成了地面沉降、地下水位降低、水质恶化等问题，影响了生态环境（盖美等，2005）。本研究在宁夏东北部鄂尔多斯台地的荒漠区域进行，区域内白芨滩国家级自然保护区的庙梁子水库是保护区旁东南方向的枣泉煤矿多年来采矿作业所产生的高矿化度矿井水的最终排放地。有研究表明，枣泉煤矿排出的矿井水能够促进植物生长，有利于改善矿井水库周边地区的生态环境。本研究通过宏观和微观相结合，从矿井水对地上植被、土壤种子库的影响入手，研究距矿井水库不同距离的地上植被特征、土壤特性与土壤种子库特征及相关性的变化规律，探讨干旱风沙区矿井水排放对荒漠生态系统的生态效应，揭示荒漠生态系统中植被的恢复潜能及其对矿井水的响应，对矿井水有利于植被生长的可行性进行研究，旨在为荒漠生态系统的生态恢复与重建，以及矿井水的资源化利用提供一定的理论依据和实践基础。

第一节　研究区概况和研究方法

一、研究区概况

本试验研究区位于宁夏灵武白芨滩国家级自然保护区，地处宁夏东北部鄂尔多斯台地，位于毛乌素沙漠西南边缘，是我国建立较早的荒漠生态系统类型的自然保护区。

本研究区地理坐标介于 N 106°20′22″~106°37′19″，E 37°49′05″~38°20′54″，属于典型的大陆性季风气候，平均无霜期 157d，≥10℃的年积温 3351.3℃，年平均气温 8.8℃，年均降雨量 198.9mm（展秀丽等，2017）。全年降雨量的 80%集中在

7~9 月，年平均蒸发量 1933.3mm，自然条件较为恶劣。土壤以灰钙土为主，70%的面积为荒漠化土地，属于宁夏灵武市境内引黄灌区东部的荒漠区域，生态环境十分脆弱。该区域地表水很少，属于严重缺水区。保护区内主要水蚀冲沟有长城边沟、大河子沟、二道沟、庙梁子沟、长流水沟等（王才，2017），而庙梁子水库则是保护区旁东南方向枣泉煤矿多年来高矿化度矿井水的最终排放地。研究区植被主要有柠条锦鸡儿、猫头刺（*Oxytropis aciphylla*）、沙冬青（*Ammopiptanthus mongolicus*）、沙蓬（*Agriophyllum squarrosum*）、刺沙蓬（*Salsola ruthenica*）等（图 7-1）。

图 7-1　研究区概况图（彩图请扫封底二维码）

二、实验设计

在宁夏灵武白芨滩国家级自然保护区内，以庙梁子水库边的荒漠土地为研究对象，对距庙梁子水库不同距离的土壤特性、土壤种子库与地上植被特征及相关性的变化规律进行研究。

土壤种子库取样于 2018 年 10 月初，在垂直矿井水排水口的庙梁子水库边（标记为 A 样地），垂直水库 0.5km（标记为 B 样地）、1km（标记为 C 样地）、1.5km 处（标记为 D 样地）设置 4 个样地，每个样地均设置 3 个 5m×5m 的大样方，在大样方内再按五点法设置 5 个面积为 1m×1m 的小样方，再在每个小样方中采用

20cm×20cm×10cm 的取样器用五点取样法进行取样，分别按 0~5cm、5~10cm、10~15cm 采取土样，混匀同一个 1m×1m 小样方内采样器中的同层土样，用塑封袋封装，各大样方 45 个土样，总计 180 个土样。每个样地的取样面积为 $3m^2$，取样体积为 $0.45m^3$，4 个样地总取样面积为 $12m^2$，总取样体积为 $1.8m^3$。

于 2018 年 10 月初，在 A、B、C、D 4 个样地内各随机设置 3 个 5m×5m 的大样方，在每个大样方中采取五点取样法，各设 5 个 1m×1m 的小样方，各样地均为 15 个小样方，共有小样方 45 个。在每个 1m×1m 的小样方分别按 0~10cm、10~20cm、20~30cm 取土样，全部样地总计 180 个土样带回实验室，用于土壤粒径、土壤理化性质以及土壤酶活性等相关指标的测定。

于 2018 年 7 月底进行地上植被调查，此时为植物生长最旺盛的时期。在 A、B、C、D 4 个样地内各设 5 个 5m×5m 的大样方，再随机在每个大样方内设置 5 个 1m×1m 的小样方，每个样地 25 个小样方，地上植被调查总共在 100 个小样方内进行，详细记录所有样方内植物的高度、盖度、多度、物种组成、基本特性及生活型等（图 7-2，图 7-3）。

图 7-2 样地概况图（彩图请扫封底二维码）

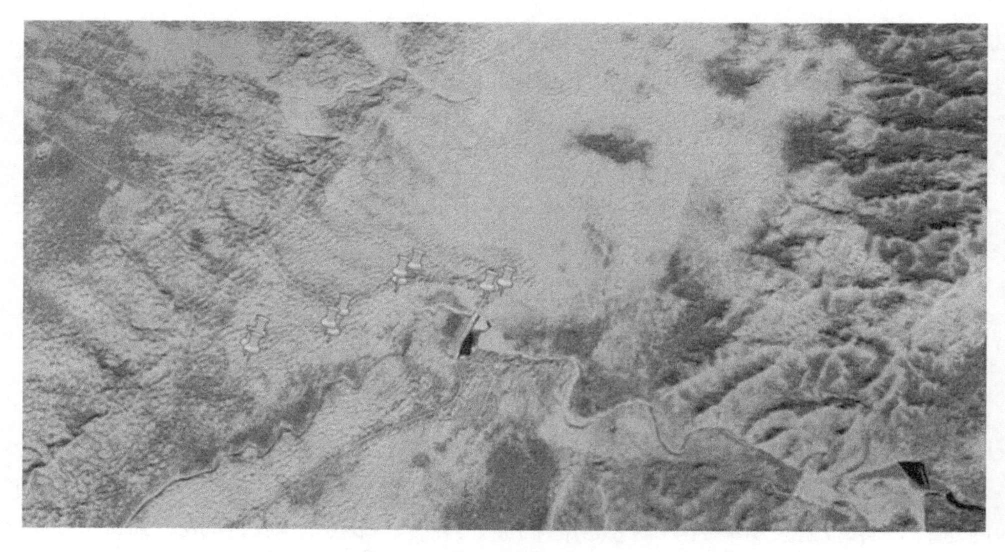

图 7-3　样地分布图（彩图请扫封底二维码）

三、研究内容

（一）距水库不同距离地上植被特征

在水库边（垂直水库 0km），垂直水库 0.5km、1km、1.5km 处分别选择植物群落，在 4 个样地内设置样方，分别对其进行植物种类、物种多度、频度、总盖度、分盖度，以及物种高度进行调查与统计，并记录各样方海拔与经纬度等信息，计算各样地内植物群落的各物种重要值、生活型与物种多样性，分析各样地植物群落间的相似性。

（二）距水库不同距离土壤特性

在水库边（垂直水库 0km），垂直水库 0.5km、1km、1.5km 处分别选择植物群落，在 4 个样地内设置样方，采集土壤样品，测定不同距离下的土壤粒径组成、土壤理化指标，以及土壤酶活性等，分析计算各样地土壤各指标间的相关性及物种多样性指数与土壤各指标的相关性，以探讨不同距离下各土壤指标在不同土层中的变化规律，以及物种多样性指数与各土壤指标的关系。其中，土壤理化因子包括 pH、电导率、含水量、容重、有机碳、全氮、全磷、碱解氮、速效磷；土壤酶活性包括脲酶、蔗糖酶、磷酸酶、过氧化氢酶。

（三）距水库不同距离土壤种子库特征

在水库边（垂直水库 0km），垂直水库 0.5km、1km、1.5km 处分别选择植物群落，在4个样地内设置样方，采集土壤样品，对不同距离下的土壤种子进行萌发试验来鉴定，记录不同距离下土壤种子库的数量特征（物种组成、种子密度），计算不同距离下土壤种子库的物种多样性指数并分析其变化规律，分析不同距离下土壤种子库之间的相似性。

（四）地上植被及土壤特性与土壤种子库的关系

对不同距离下地上植被物种与土壤种子库在物种组成上的差异及相似性进行研究，分析地上植被物种与土壤种子库之间的相关性。将各土壤指标（pH、电导率、含水量、容重、有机碳、全氮、全磷、碱解氮、速效磷、脲酶、蔗糖酶、磷酸酶、过氧化氢酶）与土壤种子库物种多样性指数（Shannon-Wiener多样性指数、Simpson多样性指数、Pielou均匀度指数、Margalef丰富度指数）作为解释变量和响应变量进行冗余分析，以探讨土壤各指标与土壤种子库物种多样性的相关性。

四、研究方法

（一）地上植被调查

地上植被调查在研究区设置的共计100个小样方内进行，打点记录每个小样方所在海拔与经纬度，调查记录每个小样方内植物的高度、盖度、冠幅、株数、频度、植物种类、基本特性及生活型等基础数据，并计算出不同距离下4个样地的地上植被的各物种重要值、物种多样性指数及样地间植物群落的相似性等（张建利等，2018；刘庆艳等，2014）。

（二）土壤各指标的测定

将土样自然风干后，除去枯枝、石子等杂物，过2mm筛，采用粒度分析的粒径范围为0.01~3500μm的英国马尔文仪器有限公司的Mastersizer 3000激光衍射粒度分析仪对其土壤粒径分布（PSD）进行检测，按美国农业部（USDA）土壤粒级标准（Su et al.，2004）对土壤进行粒径分级，分为黏粒（<2μm）、粉粒（2~50μm）、极细砂粒（50~100μm）、细砂粒（100~250μm）、中砂粒（250~500μm）、粗砂粒（500~1000μm）、极粗砂粒（1000~2000μm）和石砾（2000~3000μm）。

采用常规分析法对土壤理化性质与土壤酶活性进行测定（表7-1、表7-2）（鲍士旦，2000）。

表 7-1 土壤理化性质的测定方法

被测指标	采用方法
土壤含水量	烘干法
土壤容重	环刀法
pH	PHS-3G pH 计测定（水：土=2.5：1）
土壤电导率	DDS-307 电导率仪
土壤有机碳	重铬酸钾容量法-外加热法
全氮	半微量凯氏定氮法
全磷	钼锑抗比色法
碱解氮	碱解扩散法
速效磷	0.5mol/L $NaHCO_3$ 法

表 7-2 土壤酶活性的测定方法

被测指标	采用方法
脲酶	苯酚钠-次氯酸钠比色法
蔗糖酶	3,5-二硝基水杨酸比色法
磷酸酶	磷酸苯二钠比色法
过氧化氢酶	容量法

（三）土壤种子库测定

采用室内萌发试验对土壤种子库进行鉴定。将土样带回实验室，自然风干后将其过筛，去除其中的植物残余器官及石头等杂物，将土样均匀置于萌发盆（38cm×28cm×15cm）中不含植物种子的毛细沙（120℃高温处理 24h）上，覆土厚度 1~2cm（张蕊等，2018）。萌发盆底部使用 10cm 无种子的毛细沙作为基底（设置空白对照 3 个），土层表面采用医用无菌纱布以防止可能的种子污染。将花盆置温室中进行种子萌发试验，试验期间，每天定时浇水（上午 8：00）以保持土壤湿润，同时观察种子萌发情况。种子出苗后，对可辨认的幼苗进行种属鉴定，记录并立即去除，无法辨认的幼苗待其继续生长直至植株形态能够鉴定。在萌发 3 个月后，轻轻翻动土样以保证种子最大化萌发（李洪远等，2009）。萌发实验于 2019 年 4 月开始，10 月结束，共持续 6 个月。

五、数据处理

（一）植被重要值计算

根据本试验所调查的植物生境特征，采用各植物相对高度、相对盖度、相对频度、相对多度 4 个因素进行植被重要值计算（杜庆等，2016）。计算公式如下：

重要值（IV）=（相对高度+相对盖度+相对频度+相对多度）/4

相对多度＝（某一种多度 / 所有种多度之和）×100

相对盖度＝（某一种盖度 / 所有种盖度之和）×100

相对频度＝（某一种频度 / 所有种频度之和）×100

相对高度＝（某一种的平均高度 / 所有种的平均高度之和）×100

（二）物种多样性计算

本研究中，对地上植被与土壤种子库的物种多样性采用 Shannon-Wiener 多样性指数、Simpson 多样性指数、Pielou 均匀度指数、Margalef 丰富度指数进行计算。计算公式如下：

Shannon-Wiener 多样性指数：$H=-\sum_{i=1}^{S}(P_i \ln P_i)$

Simpson 多样性指数：$D=1-\sum_{i=1}^{S}P_i^2$

Pielou 均匀度指数：$E=H/\ln S$

Margalef 丰富度指数：$R=(S-1)/\ln N$

式中，S 为样方中植物物种总数；N 为样方中种子库或地上植被的物种个体总数；P_i 为样方中第 i 个物种个体数占物种个体总数的比例（张克斌等，2009）。

（三）相似性系数计算

本研究中，采用 Sorensen 相似性系数来计算不同距离地上植被间的相似性、土壤种子库间的相似性以及各样地地上植被与其对应的土壤种子库间的相似性（王伯荪和彭少麟，1997）。计算公式如下：

$$S_c=2w/(a+b)$$

式中，S_c 为相似性系数；w 为两样地共有物种数，a、b 分别为 2 个样地分别拥有的物种数。

（四）土壤种子库密度的计算

土壤种子库密度是通过单位面积土壤内所包含的具有活力的种子数量来表示种子库的大小（杨跃军等，2001）。本研究中，将取样面积 20cm×20cm 的种子数目换算为 1m×1m 的种子数目，即为土壤种子库的种子密度。

（五）数据处理与分析

本试验所有数据采用 Microsoft Excel 2010 进行录入、整理、计算及部分图表制作，采用 SPSS 17.0 软件进行单因素方差分析（one-way ANOVA）、显著性分析及 Pearson 相关性分析，通过 Canoco 4.5 进行冗余分析（RDA）及制图。

第二节 矿井水对地上植被特征的影响

一、矿井水对地上植被结构特征的影响

由表 7-3 可知，4 个样地中藜科、菊科植物种类居多。A 样地中出现了 16 种植物，隶属于 5 科 15 属，其中菊科 6 种，藜科 4 种，禾本科 3 种，豆科 2 种，紫葳科 1 种；从不同生活型来看，群落植物种多为一年生草本植物，共 8 种，占 50.0%，而多年生植物、灌木或半灌木各占 25.0%。B 样地中出现的植物有 14 种，隶属于 6 科 13 属，其中藜科 5 种、菊科 3 种，豆科、禾本科各 2 种，紫葳科、蓼科各 1 种；从不同生活型来看，一年生植物占优，占植物种总数的 50.0%，多年生植物比例相对于 A 中有所减少，占 21.4%，灌木或半灌木共占 28.6%。C 样地共出现 15 种植物，隶属于 7 科 14 属，其中菊科 5 种，藜科 4 种，豆科 2 种，其他科各 1 种；从不同生活型看，一年生植物占 46.7%，多年生植物、灌木或半灌木各占 26.7%。D 样地共出现 12 种植物，隶属于 4 科 11 属，其中藜科、豆科各 4 种，菊科 3 种，蓼科 1 种；从不同生活型看，一年生植物占 41.7%，多年生植物占 25.0%，灌木或半灌木占 33.3%。随着与矿井水库距离的增加，从总体上看，不仅植物种数在减少，科属种类也有减少的趋势。相较于 A，菊科植物各减少了 50.0%、16.7%、50.0%；禾本科植物各减少 33.3%、66.7%、100.0%，D 中禾本科植物消失；藜科植物无明显变化；但 D 中豆科植物种数明显增加，增加了 50.0%。4 个样地均是一年生植物占优势，但其种数呈减少趋势，相较于 A，B、C、D 依次减少了 12.5%、12.5%、37.5%；B、D 中多年生植物各减少了 25.0%；灌木或半灌木无明显变化。此外，蒙古虫实、沙蓬、雾冰藜、猪毛菜、拐轴鸦葱、沙蒿、柠条锦鸡儿和细枝岩黄耆在 4 个样地中均出现；一年生植物中的优势种均为蒙古虫实，多年生植物中的优势种均为沙蒿。随着与矿井水库距离增加，针茅只在 A 中出现，随后消失；但在 D 中出现了少花米口袋、沙拐枣（*Calligonum mongolicum*）、中间锦鸡儿等植物。

表 7-3 不同距离地上植被的物种重要值

生活型	物种	科属	重要值			
			A	B	C	D
一年生植物	滨藜 *Atriplex patens*	藜科滨藜属	—	0.09	—	—
	狗尾草 *Setaria viridis*	禾本科狗尾草属	0.14	0.02	—	—
	角蒿 *Incarvillea sinensis*	紫葳科角蒿属	0.03	0.04	0.10	—
	苦荬菜 *Ixeris polycephala*	菊科苦荬菜属	0.02	—	0.02	—
	蒙古虫实 *Corispermum mongolicum*	藜科虫实属	0.26	0.34	0.30	0.29

续表

生活型	物种	科属	重要值			
			A	B	C	D
一年生植物	沙蓬 *Agriophyllum squarrosum*	藜科沙蓬属	0.04	0.17	0.16	0.26
	砂蓝刺头 *Echinops gmelini*	菊科蓝刺头属	0.01	—	0.03	0.03
	雾冰藜 *Bassia dasyphylla*	藜科雾冰藜属	0.13	0.14	0.11	0.01
	猪毛菜 *Salsola collina*	藜科猪毛菜属	0.06	0.01	0.01	0.01
多年生植物	拐轴鸦葱 *Scorzonera divaricata*	菊科鸦葱属	0.04	0.04	0.05	0.02
	芦苇 *Phragmites australis*	禾本科芦苇属	0.08	0.01	0.01	—
	少花米口袋 *Gueldenstaedtia verna*	豆科米口袋属	—	—	—	0.02
	沙蒿 *Artemisia desertorum*	菊科蒿属	0.24	0.37	0.34	0.49
	银柴胡 *Stellaria dichotoma*	石竹科繁缕属	—	—	0.08	—
	针茅 *Stipa capillata*	禾本科针茅属	0.02	—	—	—
灌木或半灌木	油蒿 *Artemisia ordosica*	菊科蒿属	0.02	0.02	0.02	—
	蓼子朴 *Inula salsoloides*	菊科旋覆花属	0.02	—	—	—
	柠条锦鸡儿 *Caragana korshinskii*	豆科锦鸡儿属	0.02	0.02	0.02	0.05
	细枝岩黄耆 *Hedysarum scoparium*	豆科岩黄耆属	0.04	0.07	0.03	0.01
	沙木蓼 *Atraphaxis bracteata*	蓼科木蓼属	—	0.01	0.01	—
	沙拐枣 *Calligonum mongolicum*	蓼科沙拐枣属	—	—	—	0.01
	中间锦鸡儿 *Caragana intermedia*	豆科锦鸡儿属	—	—	—	0.01

注：“—”为未出现此植物

二、矿井水对地上植被多样性的影响

由图 7-4 可知，C 样地的 Pielou 均匀度指数略大于 B 样地的，但总体呈下降趋势，且 D 样地与 A、B、C 样地均存在显著差异（P<0.05）；B 样地的 Margalef 丰富度指数略大于 A 样地的，但总体也呈下降趋势，且 B、D 样地差异显著（P<0.05）。在总体上，随着与矿井水库距离增大，植物群落的 Shannon-Wiener 多样性指数、Simpson 多样性指数、Pielou 均匀度指数、Margalef 丰富度指数均表现为 A>B>C>D，通过方差分析，显示这种变化存在显著差异（P<0.05），其中 Shannon-Wiener 多样性指数、Simpson 多样性指数存在极显著降低（P<0.01）。

三、矿井水对地上植被相似性的影响

Sorensen 相似性系数在 0~0.24 表现为极不相似，0.25~0.49 表现为中等不相似，0.50~0.74 表现为中等相似，0.75~1.00 表现为极相似。由表 3-2 可知，在与矿井水库的不同距离下，地上植被间的 Sorensen 相似性系数有所差异，但

4 个样地二者的相似性系数整体较高。其中 C 样地与 A 样地的地上植被间的 Sorensen 相似性系数达到最高，为 0.84，表现为极相似；D 样地与 A、B、C 样地间的相似性系数均较低，其中 B 样地与 D 样地间的相似性最低，为 0.62，表现为中等相似（表 7-4）。

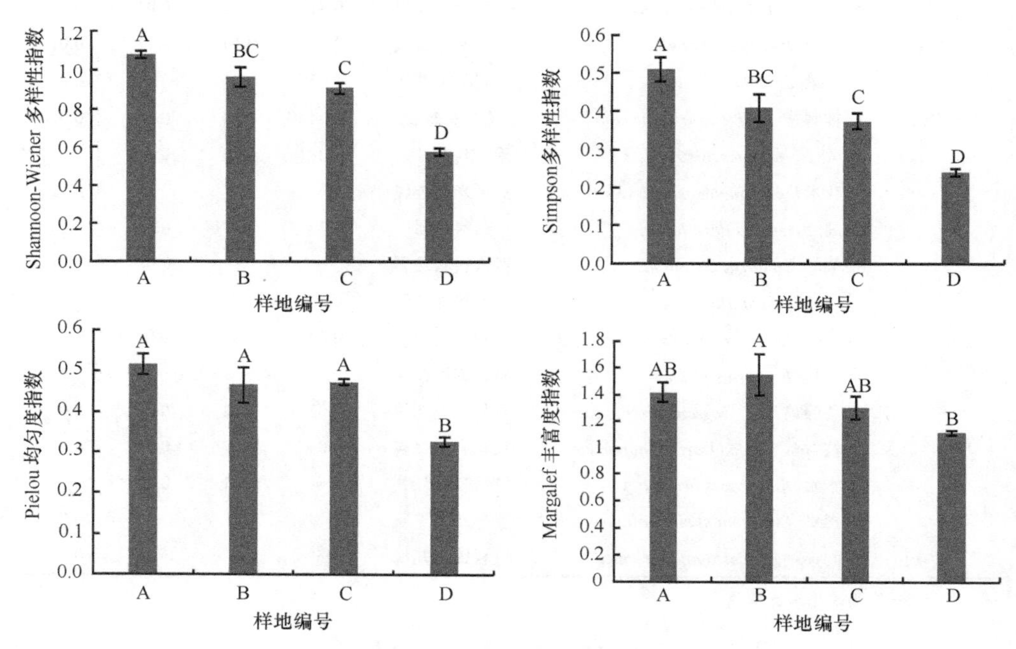

图 7-4　不同距离地上植被多样性指数（均值±标准误）

不同大写字母表示不同样地间差异显著（P<0.05），均值±标准误

表 7-4　不同距离地上植被间的相似性

样地编号	A	B	C	D
A	1.00			
B	0.73	1.00		
C	0.84	0.83	1.00	
D	0.64	0.62	0.67	1.00

四、讨论

荒漠生态系统植物群落物种多样性较其他生态系统偏低，并且群落结构相比更为简单，物种组成较为稀少（张锦春等，2006）。有研究表明，藜科植物的种类数量在沙地植物群落演替过程保持在一个较为稳定的水平，尤其处于演替早期时占有很高的优势度（赵丽娅等，2017），本研究结果与之较为一致。本研

究中，藜科、菊科植物在植物种类上占优，说明藜科、菊科植物在干旱荒漠的矿井水库周边地区相比其他科植物具有更强的适应性。从总体看，伴随着与矿井水库距离的逐渐增大，植物种数与科属种类均有所减少，说明矿井水对荒漠地区植被的生长具有正向影响，对于该地区的生境改善是较为有利的。C 样地中植物种数略高于 B 样地中的，分析导致这一结果的原因可能有以下两个方面，其一可能与两样地植物的不同生命周期、根系分布情况、繁殖策略、种子扩散程度以及物种的种间竞争有关；其二可能是因为随着与矿井水库距离的增大，土壤水分降低，导致了群落空间异质性的增大，间接的使得种间竞争减小，也令更多物种得以拥有更多的资源进行生长繁殖。随着距离增大，一年生草本植物在植物种类上占有明显的优势，均在 40%以上，但其植物种数随着距离增大有所降低，说明一年生植物对矿井水的响应较为明显，矿井水对该地区的植被恢复有一定的促进作用。

本研究中，植物群落的 Shannon-Wiener 多样性指数、Simpson 多样性指数、Pielou 均匀度指数、Margalef 丰富度指数总体上均随与矿井水库距离的增大而降低，且差异显著（$P<0.05$）。以往的一些研究发现，荒漠草原中土壤水分含量一定程度上的增大，会使得荒漠草原中物种丰富度和物种多样性增大（李一春等，2020；李新荣等，2008），这与本研究结果一致，说明矿井水对植物群落的多样性有显著性正向影响。Wantzen 等（2008）研究发现，水量过高会使得植物群落物种多样性降低，同时令物种丰富度下降，本研究结果与之不一致，可能原因是其研究区为湿地，而本研究区在荒漠区域。本研究中，各样地植物群落的物种多样性指数普遍偏低，这与荒漠生态系统恶劣的自然条件有关，导致植物群落的结构类型较为简单、组织水平较为低下（李新荣和张新时，1999），与张锦春等（2012）对库木塔格沙漠植物群落类型及其多样性的研究结果一致。

植物群落间的相似性系数一直以来都在研究植被恢复与重建、植物群落演替具有重要地位（Chalmandrier et al.，2015）。本研究中，与矿井水库不同距离的 4 个样地地上植被间的 Sorensen 相似性系数有所差异，但两两之间相似性系数整体较高。其原因可能是因为荒漠地区植物群落物种多样性较低、植物种类较为单一，是在干旱贫瘠的恶劣生境下经过长期的演替和进化生存下来的耐旱、耐盐碱的植物种类。因此，在气候条件相对一致的研究区内，这些物种的生长和繁殖相对其他物种具有更高的可能性。此外，距离矿井水库最远的 D 样地与 A、B、C 样地间的相似性系数均较低，其中 B 样地与 D 样地间的相似性最低，表现为中等相似，可能是因为 D 样地远离水库，土壤水分相对较低，不利于植被的生长与繁殖，导致其群落物种单一。

第三节　矿井水对土壤特性的影响

一、矿井水对土壤粒径组成的影响

图 7-5 是距矿井水库 4 个距离梯度下各样地的土壤粒径的分布情况。由图可知，A、B、C、D 4 个样地内土壤主要由黏粒（<2μm）、粉粒（2~50μm）和砂粒（50~2000μm）组成。其中，土壤颗粒大量分布在 50~2000μm，少量分布在 2~50μm，土壤粒径<2μm 的颗粒所占体积百分比极少。A、B、C、D 4 个样地中，土壤颗粒均以砂粒（50~2000μm）所占比例最高。A 样地中 0~10cm、10~20cm、20~30cm 土层均表现为砂粒（50~2000μm）所占体积百分比最高，其体积含量百分比分别为 79.02%、82.46%、85.74%；黏粒（<2μm）所占比例最少，其体积含量百分比分别为 1.04%、5.93%、7.70%。随着土层的加深，黏粒（<2μm）、砂粒（50~2000μm）体积百分比呈逐渐增大的趋势，粉粒（2~50μm）无明显变化，黏粒（<2μm）、粉粒（2~50μm）和砂粒（50~2000μm）体积百分比在 0~10cm、10~20cm、20~30cm 土层之间均无显著差异（$P>0.05$）；B 样地中 0~10cm、10~20cm、20~30cm 土层均表现为砂粒（50~2000μm）体积百分比最高，平均值依次为 81.16%、87.82%、89.10%，粉粒（2~50μm）与砂粒（50~2000μm）在不同土层之间均无显著差异（$P>0.05$）。C 样地中 0~10cm、10~20cm、20~30cm 土层均表现为砂粒（50~2000μm）

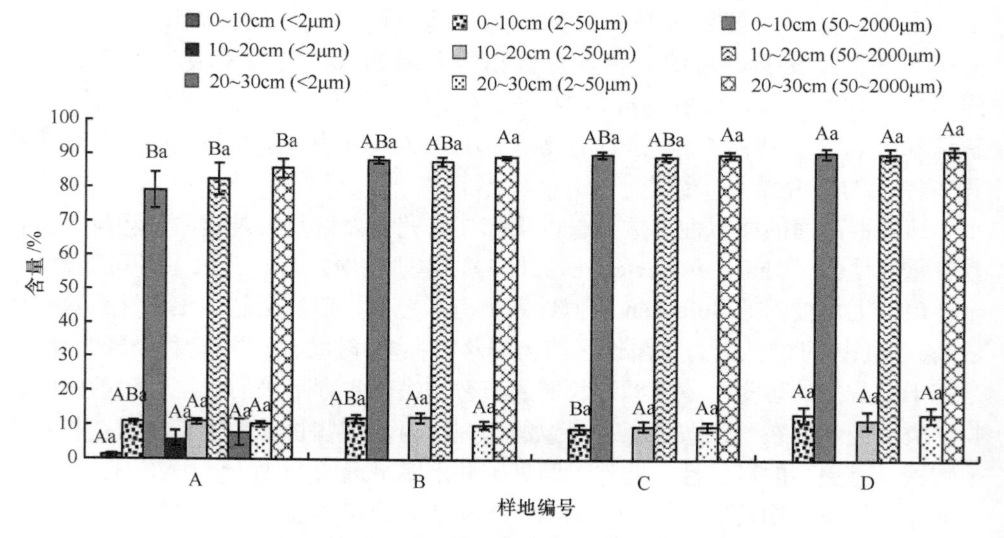

图 7-5　不同距离土壤粒径含量分布

不同大写字母表示不同样地同一土层间的显著差异（$P<0.05$），不同小写字母表示同一样地不同土层间的显著差异（$P<0.05$）

体积百分比最高，平均值分别为 89.92%、89.20%、89.83%，粉粒（2~50μm）与砂粒（50~2000μm）在各土层之间均无显著差异（P>0.05）。D 样地中 0~10cm、10~20cm、20~30cm 土层均表现为砂粒（50~2000μm）体积百分比最高，平均值分别为 90.44%、90.34%、91.20%，但在各土层之间无显著差异（P>0.05）；粉粒（2~50μm）体积百分比随土层的加深呈现“V”型变化趋势，但在各土层之间这种变化并不显著（P>0.05）。从总体看，仅 A 样地中出现黏粒（<2μm）；C 样地中，0~10cm 土层的粉粒（2~50μm）体积百分比显著低于 D 样地中的（P<0.05）；与 A 样地相比，D 样地在 0~10cm、10~20cm、20~30cm 各土层砂粒（50~2000μm）体积百分比显著增加（P<0.05），B、C 样地中 20~30cm 土层砂粒（50~2000μm）体积百分比显著增加（P<0.05）。

二、矿井水对土壤理化性质的影响

由表 7-5 可知，土壤的理化性质在距矿井水库 4 个距离梯度下的样地中存在差异。4 个样地中土壤含水量均随土层深度的增加而显著增大，随着距离增大，矿井水使得 A、B、C、D 样地中 0~10cm 土层土壤含水量呈现显著降低的趋势（P<0.05）；相较于矿井水库边的 A 样地，远离水库的 D 样地中 10~20cm、20~30cm 土层土壤含水量显著降低（P<0.05），而在 B、C 中无显著变化（P>0.05）。A、B、C、D 4 个样地中土壤容重在各土层间均无显著变化，C、D 样地中 10~20cm 土层容重显著高于 A、B 样地（P<0.05）；土壤容重变化随着与矿井水库距离的增大总体呈波动上升趋势。各样地内的土壤 pH 与电导率均随土层深度的增加呈倒“V”型变化趋势，但不同土层间变化差异并不显著（P>0.05）；A、B、C、D 4 个样地土壤 pH 与电导率在 0~10cm、10~20cm、20~30cm 土层均呈“V”型变化趋势，并且差异显著（P<0.05）。A、B、C、D 4 个样地的有机碳含量均在 0~10cm 土层表现为最高，具有表聚性，但差异并不显著（P>0.05）；有机碳含量在 0~10cm、10~20cm、20~30cm 土层均呈增大趋势，且在 20~30cm 土层变化显著（P<0.05），在 0~20cm 土层不显著（P>0.05）。各样地内的土壤全氮含量均随土层深度的增加无显著变化，但各样地在 0~10cm、10~20cm、20~30cm 土层的全氮含量均随与矿井水库距离的增大而显著降低，均在 A 和 D 间差异显著（P<0.05）。土壤全磷含量在 A 样地 0~10cm 土层达到最高，随着样地到水库的距离增大，矿井水使得土壤 0~10cm 土层全磷含量显著降低（P<0.05）。各样地土壤碱解氮含量均表现为 0~10cm 土层最高，但差异不显著（P>0.05）；远离矿井水库后，土壤碱解氮含量在 D 样地中 0~30cm 土层显著降低（P<0.05）。各样地土壤速效磷含量均在 0~10cm 达到最高；随着样地到水库的距离增大，矿井水使得土壤速效磷含量在 0~10cm、10~20cm、20~30cm 土层显著降低（P<0.05）。

表 7-5 不同距离土壤理化性状

样地	土层深度/cm	含水量/%	容重/（g/cm^3）	pH	电导率/（mS/cm×10）	有机碳/（g/kg）	全氮/（g/kg）	全磷/（g/kg）	碱解氮/（mg/kg）	速效磷/（mg/kg）
A	0~10	2.246±0.292Ab	1.452±0.024Aa	7.737±0.078Aa	70.767±3.836Ba	0.003±0.001Aa	0.028±0.002Aa	0.309±0.012Aa	16.502±1.167Aa	2.476±0.211Aa
	10~20	2.857±0.405Ab	1.450±0.017Ba	7.820±0.086Aa	75.978±4.126Aa	0.002±0.001Aa	0.027±0.002Aa	0.279±0.010Ab	15.421±0.917Aa	2.465±0.199Aa
	20~30	5.137±0.604ABa	1.447±0.021Aa	7.683±0.090Aa	71.856±4.942ABa	0.002±0.001Ba	0.029±0.001Aa	0.261±0.006Ab	14.770±0.934Aa	1.967±0.157Aa
B	0~10	2.006±0.701Bb	1.493±0.027Aa	7.397±0.093Ba	58.133±3.127Ba	0.004±0.001Aa	0.023±0.002ABa	0.279±0.005Ba	13.823±1.025Aa	2.400±0.280Aa
	10~20	3.610±0.715Aab	1.470±0.023Ba	7.437±0.090Ba	65.778±4.967ABa	0.002±0.001Aa	0.027±0.002Aa	0.279±0.008Aa	13.162±0.884ABa	2.234±0.249ABa
	20~30	5.426±0.633Aa	1.498±0.014Aa	7.408±0.101Ba	59.967±4.883Ba	0.002±0.001Ba	0.028±0.001Aa	0.272±0.007Aa	13.232±0.707ABa	2.480±0.222Aa
C	0~10	0.893±0.183Cb	1.462±0.014Aa	7.283±0.088Ca	56.711±2.906Ba	0.004±0.001Aa	0.023±0.003ABa	0.270±0.006Ba	14.829±1.248ABa	2.257±0.239ABa
	10~20	2.483±0.440Aa	1.509±0.023Aa	7.463±0.078Ba	58.267±2.212Ba	0.003±0.001Aa	0.023±0.002ABa	0.266±0.006Aa	14.558±1.270Aa	1.724±0.230BCa
	20~30	5.522±1.303Aa	1.464±0.029Aa	7.246±0.063Ba	58.222±2.707Ba	0.004±0.001ABa	0.021±0.001Ba	0.265±0.006Aa	13.940±1.509Aa	2.131±0.120Aa
D	0~10	0.376±0.046Dc	1.512±0.024Aa	7.610±0.087Aa	72.967±7.819Aa	0.006±0.001Aa	0.021±0.003Ba	0.274±0.007Ba	12.809±2.409Ba	1.678±0.202Ba
	10~20	0.781±0.085Bb	1.514±0.015Aa	7.729±0.164ABa	78.589±9.902Aa	0.005±0.001Aa	0.021±0.003Ba	0.276±0.020Aa	10.567±1.458Ba	1.512±0.179Ca
	20~30	2.839±0.213Ba	1.481±0.014Aa	7.684±0.133Aa	76.389±9.133Aa	0.006±0.001Aa	0.023±0.002Ba	0.269±0.019Aa	11.032±1.276Ba	1.563±0.258Ba

注：不同大写字母表示不同样地同一土层间的显著差异（P<0.05），不同小写字母表示同一样地不同土层间的显著差异（P<0.05）

三、矿井水对土壤酶活性的影响

由图 7-6 可知，A、B、C、D 4 个样地中土壤酶活性变化各有不同。土壤中的脲酶活性随距离增大在 0~10cm 土层显著降低（$P<0.05$），在 10~20cm 土层呈倒“V”型变化趋势，在 20~30cm 土层呈波动变化，但差异不显著（$P>0.05$）。A 样地中土壤脲酶活性随土层加深先降低后升高，且 0~10cm 与 10~20cm 土层差异显著（$P<0.05$）；B、D 样地中脲酶活性随土层加深均呈增大趋势，但 B 样地中这种变化并无显著差异（$P>0.05$）；C 样地中脲酶活性随土层加深先升高后降低；C、D 样地中均表现为 0~10cm 与 20~30cm 土层差异显著（$P<0.05$）。土壤蔗糖酶活性随距离增大有所降低，其中 A 样地的蔗糖酶活性均表现为最高，但与 B、C、D 样地间差异并不显著（$P>0.05$）。土壤磷酸酶活性在 A、B、C 样地均无显著变化，但在 D 中显著升高（$P>0.05$）。随着与水库距离的增大，4 个样地土壤过氧化氢酶活性均呈降低趋势，且 A 与 D 之间差异显著（$P>0.05$）。A、B、C、D 4 个样地的土壤蔗糖酶活性、磷酸酶活性及过氧化氢酶活性在 0~30cm 土层之间均无显著变化（$P>0.05$）。

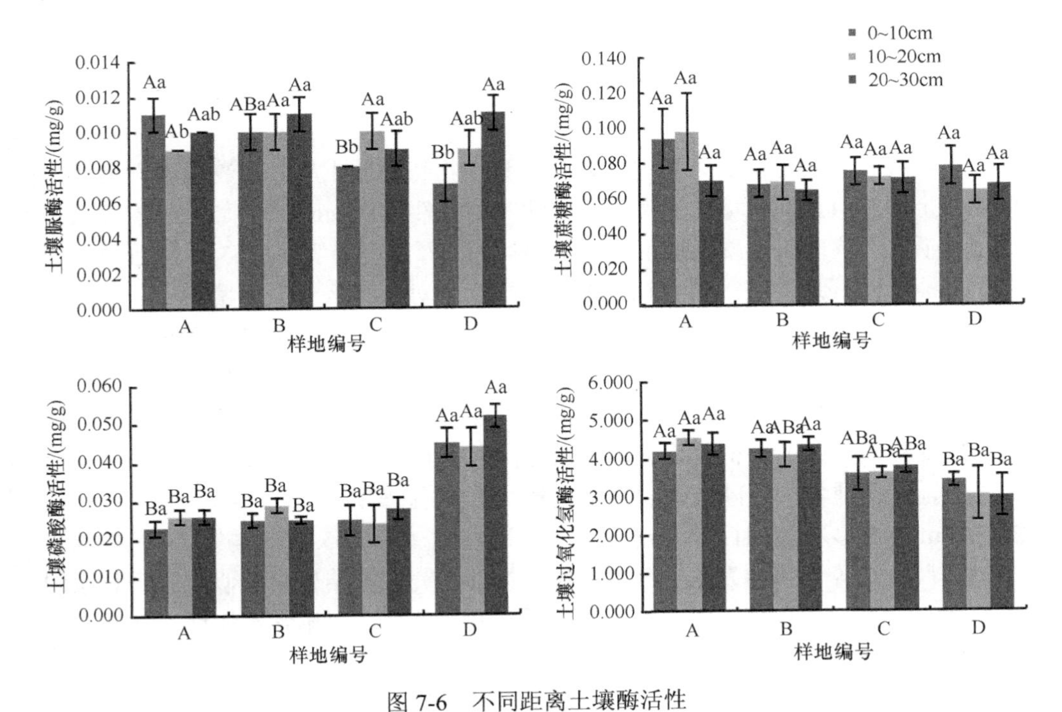

图 7-6 不同距离土壤酶活性

不同大写字母表示不同样地同一土层间的显著差异（$P<0.05$），不同小写字母表示同一样地不同土层间的显著差异（$P<0.05$）

四、土壤各指标间的相关性

由表 7-6 可知，与矿井水库不同距离土壤各指标间的相关性有所差异。4 个样地土壤中，土壤含水量对土壤各指标的影响最大，且与土壤各指标间大多呈正相关关系，但土壤含水量与 A 样地中的全氮、磷酸酶，B 样地中的过氧化氢酶，C 样地中的土壤容重、碱解氮，以及 D 样地中的电导率、土壤容重和全氮呈显著负相关关系（$P<0.05$）；土壤电导率对 D 样地中土壤各指标的影响最大，其次是 B 样地，在 A、C 样地中与各土壤指标均无显著相关性（$P>0.05$）；土壤 pH 与土壤各指标间大多呈正相关关系，但在 A 样地中与土壤有机碳呈极显著负相关关系（$P<0.01$），与 C 样地中脲酶呈显著负相关关系（$P<0.05$）；土壤容重与土壤各指标间大多呈正相关关系，但相关性不高；土壤养分指标之间相关性较低，仅是碱解氮与 A 样地中全氮呈极显著负相关关系（$P<0.01$），与 B、D 样地中速效磷呈显著（$P<0.05$）或极显著（$P<0.01$）正相关关系；土壤养分指标与土壤酶活性间相关性不高，但土壤磷酸酶活性（PHO）与 A、C 样地中碱解氮呈极显著负相关关系（$P<0.01$），与 B 和 D 样地中有机碳分别呈显著正和负相关关系（$P<0.05$）；土壤酶活性各指标间均无显著相关性（$P>0.05$）。

五、讨论

土壤粒径分布是决定许多化学、物理和生物特性的土壤基本物理属性之一，可预测土壤有机质、土壤渗透率、抗蚀性等物理性质（Sun et al.，2016），并且与成土母质、土壤理化性质和地形等因素密切相关（赵明月等，2015）。土壤粒径分布不仅能够很好地反映土壤颗粒的组成特征，还对土壤水分、土壤养分、土壤结构、植被生长、土壤侵蚀与退化等均有不同程度的影响（贺燕等，2020；杨世荣等，2020）。本研究中，4 个样地内 0~30cm 土层均表现为砂粒体积百分比最高，黏粒、粉粒与砂粒在各土层之间均无显著差异，仅有距离矿井水库最近的 A 样地中出现黏粒，且随着与矿井水库距离的增大，各样地中土壤砂粒体积百分比呈增大趋势，D 样地各土层砂粒体积百分比较 A 样地显著增大（$P<0.05$），B、C 样地 20~30cm 土层砂粒体积百分比较 A 样地显著增大（$P<0.05$），这与前人（王婷等，2019；吕发友等，2018）在水分对土壤侵蚀的研究规律结果相类似。分析其原因可能有二，其一是在距离矿井水库的不同空间尺度下，土壤含水量逐渐降低，植被盖度也逐渐降低，从而导致距离水库近的样地植被盖度较高，有利于防止土壤中粒径较小的颗粒发生风蚀；二是距水库越近，样地植被盖度与物种多样性指数越高，相对较多的植物种类、植被的根系分布有利于改良土壤结构。此外，在大

表 7-6　土壤各指标间的相关性

样地	指标	EC	pH	SMC	SBD	SOC	TN	TP	AN	AP	URE	SUC	PHO	CAT
A	EC	1.000												
	pH	0.496	1.000											
	SM	0.305	0.490	1.000										
	SBD	0.341	–0.392	–0.378	1.000									
	SOC	–0.376	–0.859**	–0.492	0.506	1.000								
	TN	0.035	–0.420	–0.786*	0.302	0.309	1.000							
	TP	0.367	0.296	–0.059	0.445	0.019	–0.317	1.000						
	AN	0.103	0.157	0.321	0.379	0.014	–0.400	0.150	1.000					
	AP	0.150	0.516	0.902**	–0.400	–0.500	–0.893**	0.063	0.313	1.000				
	URE	0.560	–0.140	0.174	0.683*	0.148	0.023	0.218	0.235	0.100	1.000			
	INV	0.173	0.296	–0.172	0.154	–0.545	0.070	0.255	–0.081	–0.022	0.166	1.000		
	PHO	–0.108	–0.220	–0.737*	–0.015	0.197	0.593	0.156	–0.808**	–0.620	–0.291	0.180	1.000	
	CAT	–0.405	0.319	0.169	–0.498	–0.290	–0.343	–0.006	0.183	0.085	–0.664	–0.040	–0.239	1.000
B	EC	1.000												
	pH	0.322	1.000											
	SM	0.687*	0.365	1.000										
	SBD	0.228	0.185	–0.003	1.000									
	SOC	0.438	–0.220	0.019	0.673*	1.000								
	TN	0.408	0.036	–0.193	–0.299	–0.203	1.000							
	TP	–0.089	0.385	0.399	–0.236	–0.369	–0.452	1.000						
	AN	0.555	0.402	0.216	–0.413	–0.086	0.625	–0.080	1.000					
	AP	0.692*	–0.021	0.025	0.050	0.499	0.658	–0.530	0.715*	1.000				
	URE	–0.071	–0.694*	–0.201	0.199	0.616	–0.293	–0.064	–0.316	0.174	1.000			

续表

样地	指标	EC	pH	SMC	SBD	SOC	TN	TP	AN	AP	URE	SUC	PHO	CAT
B	INV	0.397	0.122	–0.112	0.619	0.712*	–0.152	–0.286	–0.108	0.236	0.056	1.000		
	PHO	0.467	–0.111	0.035	0.630	0.828**	0.039	–0.209	0.001	0.575	0.628	0.405	1.000	
	CAT	–0.492	–0.432	–0.689*	0.332	0.283	–0.121	–0.500	–0.533	–0.082	0.258	0.258	0.258	1.000
C	EC	1.000												
	pH	0.225	1.000											
	SM	0.181	0.534	1.000										
	SBD	0.219	–0.245	–0.694*	1.000									
	SOC	0.180	0.115	0.230	0.132	1.000								
	TN	0.334	–0.058	0.082	0.002	–0.116	1.000							
	TP	–0.166	0.440	0.629	–0.582	–0.163	0.473	1.000						
	AN	–0.238	–0.001	–0.698*	0.562	–0.168	–0.196	–0.342	1.000					
	AP	0.404	–0.592	–0.401	0.616	–0.094	0.008	–0.499	0.082	1.000				
	URE	0.260	0.308	0.550	–0.459	0.290	0.551	0.617	–0.200	–0.321	1.000			
	INV	0.185	0.795*	0.287	–0.138	–0.106	0.085	0.329	–0.152	–0.554	–0.060	1.000		
	PHO	0.318	–0.068	0.384	–0.305	–0.123	0.324	0.187	–0.866**	0.039	–0.098	0.341	1.000	
	CAT	–0.191	0.608	0.698*	–0.446	0.591	–0.443	0.282	–0.286	–0.641	0.217	0.369	–0.048	1.000
D	EC	1.000												
	pH	0.787*	1.000											
	SM	–0.691*	–0.078	1.000										
	SBD	0.219	0.247	–0.680*	1.000									
	SOC	–0.491	–0.612	–0.007	–0.338	1.000								
	TN	0.493	0.346	–0.751*	0.803**	–0.476	1.000							
	TP	0.423	0.499	0.078	0.237	0.196	0.037	1.000						

续表

样地	指标	EC	pH	SMC	SBD	SOC	TN	TP	AN	AP	URE	SUC	PHO	CAT
D	AN	0.193	−0.161	−0.205	−0.097	0.258	0.124	0.230	1.000					
	AP	0.529	0.288	−0.330	0.178	−0.076	0.423	0.429	0.853**	1.000				
	URE	−0.056	−0.500	−0.505	0.338	0.221	0.222	−0.154	0.357	0.105	1.000			
	INV	−0.291	−0.293	0.092	0.490	−0.041	0.065	0.130	0.201	0.124	0.539	1.000		
	PHO	−0.011	0.156	0.390	−0.219	−0.724*	−0.055	−0.516	−0.078	−0.044	−0.288	0.056	1.000	
	CAT	−0.874**	−0.632	0.104	0.230	0.252	−0.055	−0.453	−0.282	−0.475	0.178	0.392	−0.008	1.000

注：EC. 土壤电导率；pH. 土壤酸碱度；SMC. 土壤含水量；SBD. 土壤容重；SOC. 土壤有机碳；TN. 全氮；TP. 全磷；AN. 碱解氮；AP. 速效磷；URE. 脲酶；SUC. 蔗糖酶；PHO. 磷酸酶；CAT. 过氧化氢酶

** 表示在 0.01 水平上极显著相关，* 表示在 0.05 水平上显著相关自然的降雨和降尘过程中，空气中的粉尘沉降下来，得以被储存在土壤中，因而改变了原本的土壤粒径分布（谭明亮等，2008）。

土壤水分在很大程度上决定着荒漠固沙植被的生长状况和分布格局（张克海等，2020）。本研究中，随着与矿井水库距离的增大，土壤含水量表现为显著降低的趋势（$P<0.05$），并且各样地其垂直分异表现为从表层向下显著增大（$P<0.05$），这与前人（张晓龙等，2019；张凯等，2011）的研究结果一致。土壤容重作为土壤的重要物理性质之一，对土壤蓄水、保水、透气性与抗侵蚀性有重要影响（李卓等，2010），土壤容重较大往往会导致土壤保水能力降低，干旱区表层土壤可能会因此加剧其干旱程度（Ravi et al.，2010）。张晓龙等（2019）对黑河下游荒漠河岸地带土壤水盐和养分的空间分布特征进行了研究，研究表明：随着沿河距离增加土壤容重呈降低趋势，这与本研究结果一致。其原因可能是随着与矿井水库距离的增大，植被逐渐减少，导致有机质输入减少，使得土壤容重增大（韩路等，2010）。土壤 pH 作为指征土壤酸碱性强弱的指标，是决定土壤肥力的重要因子之一，此外，土壤中的酶参与土壤中生化反应的速度受到土壤 pH 变化的直接影响。土壤电导率是测定土壤水溶性盐含量的指标，而土壤水溶性盐含量则是判定土壤中盐类离子是否限制作物生长的重要特征参数（杨恒山等，2009）。韩路等（2010）对塔里木荒漠河岸林植物群落演替下的土壤理化性质进行了研究，结果表明土壤 pH 与电导率均随着土壤剖面自上而下逐渐减小。安富博（2019）等对河西走廊不同类型戈壁的土壤理化性质进行了分析，研究表明戈壁土壤 pH 在垂直方向上从表层到深层差异不大，而土壤电导率总体上随着土壤深度的增加有逐渐升高的趋势。李国旗等（2019）对荒漠草原区 4 种植物群落土壤种子库特征及其土壤理化性质进行了研究，结果表明土壤 pH 随土层的加深有增大的趋势，土壤电导率在不同植物群落土壤中随土层加深而有不同的变化趋势。李刚和卢楠（2017）对蓄水条件下土壤 pH 与电导率的空间分布与关系的研究发现：在蓄水条件下，土壤 pH 和电导率均随着土壤深度的增加而增加。本研究中，随着与矿井水库距离的增大，各样地土壤 pH 与电导率均随土层加深呈倒“V”型变化趋势，但不同土层间变化差异并不显著（$P>0.05$）；A、B、C、D 4 个样地土壤 pH 与电导率在同一土层均呈“V”型变化趋势，并且差异显著（$P<0.05$），与上述研究结果有所差异，可能原因是本试验所在研究区内矿井水库对土壤有一定程度的影响，且植被类型、气候环境均有不同。

土壤养分作为能直接决定土壤质量的重要参数，是影响植物的生长繁殖、种群的分布、植物群落的动态、生态系统的结构与功能的重要因子之一（Janssens et al.，1998）。本研究中，随着与矿井水库距离的增大，各样地土壤养分均相对较低，不同样地同一土层及同一样地不同土层中的土壤养分均有差异。各样地土壤有机碳含量较低，但有机碳含量随着与矿井水库距离的增大而逐渐增大，分析其原因，可能是近矿井水库的样地其植被覆盖率较高、植被种类较多，相较于远离矿井水库的样地其植被对土壤有机碳的需求量相对较高，因此土壤中没有过多的有机碳得以积累（闫玉春等，2009）。本研究中，A、B、C、D 4 个样地中 0~10cm、10~20cm、20~30cm 土层的土壤全氮、碱解氮及速效磷含量均随着与矿井水库距离的增大而显著降低（P<0.05）；随着与矿井水库距离的增大，0~10cm 土层的土壤全磷含量显著降低（P<0.05）。通常，土壤氮素矿化能力可作为土壤氮素供给潜力的指标，土壤累积净氮矿化量与水分含量成明显的正相关关系（陈静等，2016）。大量研究表明，在一定的阈值内氮素的矿化量与土壤含水量有着显著的正相关关系，土壤氮素矿化特征在一定的特点范围内与水分条件呈正相关，而土壤含水量过低，对土壤中微生物的活动、繁殖造成了抑制效果，进而使得氮素矿化强度减弱，这与本研究结果相符（张树兰等，2002）。此外，土壤的空间变异性是土壤的重要属性之一，无论尺度大小，土壤在空间上都存在不同程度的变异（李龙等，2015），与矿井水库距离的不同使得土壤养分产生空间异质性。

土壤酶作为土壤组分中最活跃的有机成分之一，其活性反映了土壤中各种生物化学反应的强度与方向（李猛等，2017）。李雪梦等（2019）的研究表明：阴山山脉 6 种植被的土壤酶活性均有显著差异；同种植被不同酶活性下，脲酶活性最高，对于同一种土壤酶来说，植被不同，酶活性也不同。刘淑慧等（2012）在松嫩平原盐碱草地上的研究表明，不同植物群落土壤酶活性不同，且随着土壤深度的加深而呈现依次递减的规律，表层（0~10cm）土壤酶活性在所有土层中酶活性最高。孔维波等（2019）在水蚀风蚀交错带退耕草坡上的研究显示：坡位显著影响土壤酶活性，随坡位的降低，脲酶活性增大，蔗糖酶与磷酸酶活性降低，而群落类型对土壤酶活性的影响与酶类型有关。本研究中，距矿井水库不同距离的各样地土壤酶活性各有不同，且各样地土层间变化规律也存在差异。A、B、C、D 4 个样地中，土壤脲酶活性随距离增大而在 0~10cm 土层显著降低（P<0.05），说明离矿井水库较近处的土壤的供氮能力高于较远处。土壤氧化氢酶活性与蔗糖酶活性随距离增大呈降低趋势，而土壤磷酸酶活性随着与矿井水库距离的增加而增大。其原因一方面可能是土壤中植物可利用营养物匮乏时，微生物会提高土壤酶的产量以增加无机氮、磷的供给，而较高水平的氮含量抑制了土壤中根系和微生物分泌磷酸酶，使磷酸酶活性减弱（Lydia and Peter，2010）；另一方面可能是与矿井水库的距离不同，其植物种类不同，因此根系分布、根系分泌物与枯落物也不同，导致土壤酶活性不同。此外，还可能与土壤肥力、土壤质量有关（莫雪等，2020）。

本研究中，与矿井水库不同距离样地的土壤各指标间的相关性有所差异。在总体上，4 个样地土壤中，土壤含水量对土壤各指标的影响最大，土壤各指标中大多数与其呈正相关关系；土壤含水量与土壤容重呈负相关关系，其中 C 和 D 样地中的土壤容重呈显著负相关关系。邱德勋等（2019）的研究表明，土壤含水量对土壤容重影响显著；Warrick 等（1980）的研究表明，土壤含水量能在一定程度上反映土壤容重、孔隙分布等变量。刘广明和杨劲松（2001）对土壤含水量与土壤电导率的关系的相关研究发现：土壤电导率随土壤水分的增加而降低，且土壤含盐量越小，土壤电导率随水分含量的变化速率越大。这与本研究结果不一致，其可能原因是本研究与前人研究所采用土壤样品环境差异较大所致，前人所采用的试验样土均为盐渍土，土壤盐分含量极高，而本试验研究区在荒漠中，土壤贫瘠，养分基础差。土壤含水量能够影响土壤氮素矿化过程，激发土壤供氮能力。本研究中，土壤含水量与 A 样地的全氮含量、C 样地的碱解氮含量和 D 样地的全氮与碱解氮含量呈负相关关系。有研究表明，一定范围内的水分条件可与土壤氮素矿化特征呈正相关，风干土的含水量处于吸湿水含量以上及最适含水量以下这个阈值内时，含水量与氮矿化量呈正相关，且氮矿化量随含水量的增加呈近似直线的上升（王艳杰等，2005）。另有研究表明，随着水分含量的升高矿化氮量会相应增加（巨晓棠等，1998），本研究结果与之相符。A 样地的全磷含量与土壤含水量呈负相关关系，B、C 和 D 样地与土壤含水量均呈正相关关系，造成这一结果的原因可能是土壤含水量较高的 A 样地酶活性较强，使其将无机磷转变为有效磷的能力加强，因此 A 样地土壤含水量与速效磷呈极显著负相关关系。而 B、C、D 样地含水量较少，地面植被相对较少，生物酶活性也较弱，无法有效进行磷的养分活化。

第四节　矿井水对土壤种子库特征的影响

一、矿井水对土壤种子库物种组成及数量特征的影响

由表 7-7 可知，4 个样地土壤种子库中共出现植物 24 种，隶属于 10 科 23 属，其中禾本科、藜科植物种出现比例较高，分别占总物种数的 25.0%、29.2%，共占总物种数的 54.2%。此外，虎尾草、画眉草（*Eragrostis pilosa*）、狗尾草、节节草（*Equisetum ramosissimum*）在 4 个样地土壤种子库中均出现，其中节节草为多年生草本植物，其余均为一年生草本植物。与矿井水库的不同距离下，A 样地土壤种子库中共有植物 17 种，隶属于 9 科 16 属，其中禾本科 5 种，藜科 3 种，菊科、杨柳科 2 种，木贼科、鸢尾科、夹竹桃科、柽柳科、榆科各 1 种；其中禾本科、藜科植物占主要优势，分别占总物种数的 29.4%、17.6%；一年生植物占优，占总物种数的 52.9%，多年生植物、灌木或半灌木、乔木分别占 17.6%、11.8%、17.6%。B 样地土壤种子库中共有植物 17 种，隶属于 8 科 16 属，其中禾本科 6 种，藜科 4 种，杨柳科 2 种，木贼科、夹竹桃科、柽柳科、菊科、榆科各 1 种；其中禾本科、藜科植物占主要优势，分别占总物种数的 35.3%、23.5%；一年生植物占优，占总物种

表 7-7　不同距离土壤种子库组成及密度　　（单位：粒/m^2）

生活型	物种	科	A	B	C	D
一年生植物	虎尾草 *Chloris virgata*	禾本科虎尾草属	50	83	50	50
	画眉草 *Eragrostis pilosa*	禾本科画眉草属	33	17	250	33
	马唐 *Digitaria sanguinalis*	禾本科马唐属	17	50	17	—
	狗尾草 *Setaria viridis*	禾本科狗尾草属	17	167	50	17
	地肤 *Kochia scoparia*	藜科科地肤属	—	—	—	17
	莳萝蒿 *Artemisia anethoides*	菊科蒿属	50	—	—	—
	苦荬菜 *Ixeris polycephala*	菊科苦荬菜属	67	—	—	—
	猪毛菜 *Salsola collina*	藜科猪毛菜属	67	—	17	—
	沙蓬 *Agriophyllum squarrosum*	藜科沙蓬属	100	33	—	183
	蒙古虫实 *Corispermum mongolicum*	藜科虫实属	33	—	33	17
	野西瓜苗 *Hibiscus trionum*	锦葵科木槿属	—	—	17	—
	尖头叶藜 *Chenopodium acuminatum*	藜科藜属	—	67	—	—
	平卧碱蓬 *Suaeda prostrata*	藜科碱蓬属	—	33	—	—
	白茎盐生草 *Halogeton arachnoideus*	藜科盐生草属	—	33	—	—
合计			434±60.1A	483±159.0A	433±183.3A	317±166.7A
多年生植物	芦苇 *Phragmites australis*	禾本科芦苇属 e	100	367	—	—
	针茅 *Stipa capillata*	禾本科针茅属	—	67	—	—
	节节草 *Equisetum ramosissimum*	木贼科木贼属	167	17	533	417
	马蔺 *Iris lactea* var. *chinensis*	鸢尾科 Iridaceae	117	—	—	—
合计			383±66.7A	450±160.7A	533±266.7A	417±183.3A
灌木或半灌木	罗布麻 *Apocynum venetum*	夹竹桃科罗布麻属	367	33	33	—
	柽柳 *Tamarix chinensis*	柽柳科柽柳属	50	17	—	—
	黑沙蒿 *Artemisia ordosica*	菊科蒿属	—	200	—	—
合计			417±33.3A	250±76.4B	33±16.7C	—

续表

生活型	物种	科	A	B	C	D
乔木	旱柳 *Salix matsudana*	杨柳科柳属	567	217	—	—
	小叶杨 *Populus simonii*	杨柳科杨属	267	217	17	—
	旱榆 *Ulmus glaucescens*	榆科榆属	117	50	—	—
合计			950±217.9A	483±268.2AB	17±16.7B	—
总密度			2184±148.1A	1667±88.2B	1017±83.3C	733±16.7C

注：不同大写字母表示不同样地间差异显著（$P<0.05$），均值±标准误；“—”为未出现此植物

数的 47.1%，多年生植物、灌木或半灌木、乔木均分别占 17.6%。C 样地土壤种子库中共有植物 10 种，隶属于 5 科 10 属，其中禾本科 4 种，藜科 3 种，木贼科、夹竹桃科、杨柳科各 1 种；其中禾本科、藜科植物占主要优势，分别占总物种数的 40.0%、30.0%；一年生植物占优，占总物种数的 70.0%，多年生植物、灌木或半灌木、乔木均分别占 10%。D 样地土壤种子库中共有植物 7 种，隶属于 4 科 7 属，其中禾本科 3 种，藜科 2 种，锦葵科、木贼科各 1 种；其中禾本科、藜科植物占主要优势，分别占总物种数的 42.9%、28.6%；一年生植物占总物种数的 85.7%，多年生植物占 14.3%，未出现灌木或半灌木以及乔木。相较于 A 样地，远离矿井水库后，B、C、D 样地一年生菊科植物、多年生鸢尾科植物消失；B、C、D 样地中一年生植物种数分别减少了 11.1%、22.2%、33.3%，B 样地中多年生植物种数不变，但禾本科植物种数增加，C、D 样地中多年生植物只余木贼科植物；B 样地中灌木或半灌木植物种数增加了 50.0%，但 C 样地中灌木或半灌木减少了 50.0%；B 样地中乔木植物种数不变，而 C 样地中乔木减少了 66.7%。A、B、C、D 样地土壤种子库密度分别为（2184±148.1）粒/m^2、（1667±88.2）粒/m^2、（1017±83.3）粒/m^2、（733±16.7）粒/m^2；远离矿井水库后，相较于 A 样地，B、C、D 样地中土壤种子库密度分别降低了 23.7%、53.4%、66.4%，且这种降低差异显著（P<0.05）。

二、矿井水对土壤种子库多样性的影响

由图 7-7 可知，不同样地的土壤种子库多样性特征有所差异。A 样地土壤种子库中物种的 Shannon-Wiener 多样性指数、Simpson 多样性指数、Pielou 均匀度指数及 Margalef 丰富度指数均大于 B、C、D 样地中的，除了 Pielou 均匀度指数表现为 A>B>D>C，其余均表现为 A>B>C>D，说明随着距离的增加，土壤种子库的多样性呈降低趋势，通过单因素方差分析，显示 Simpson 多样性指数、Pielou 均匀度指数呈现显著降低（P<0.05），而 Shannon-Wiener 多样性指数、Margalef 丰富度指数的降低存在极显著差异（P<0.01）。

三、矿井水对土壤种子库相似性的影响

由表 7-8 可知，与矿井水库的不同距离下，土壤种子库间的 Sorensen 相似性系数有所差异，在总体上相似水平为中等相似。其中 A 样地与 C 样地的土壤种子库间的 Sorensen 相似性系数达到最高，为 0.67；D 样地与 A、B 样地间的相似性系数均相对较低，分别为 0.50 和 0.42，但 C 样地与 D 样地间土壤种子库的相似性似系数反常升高，为 0.59。

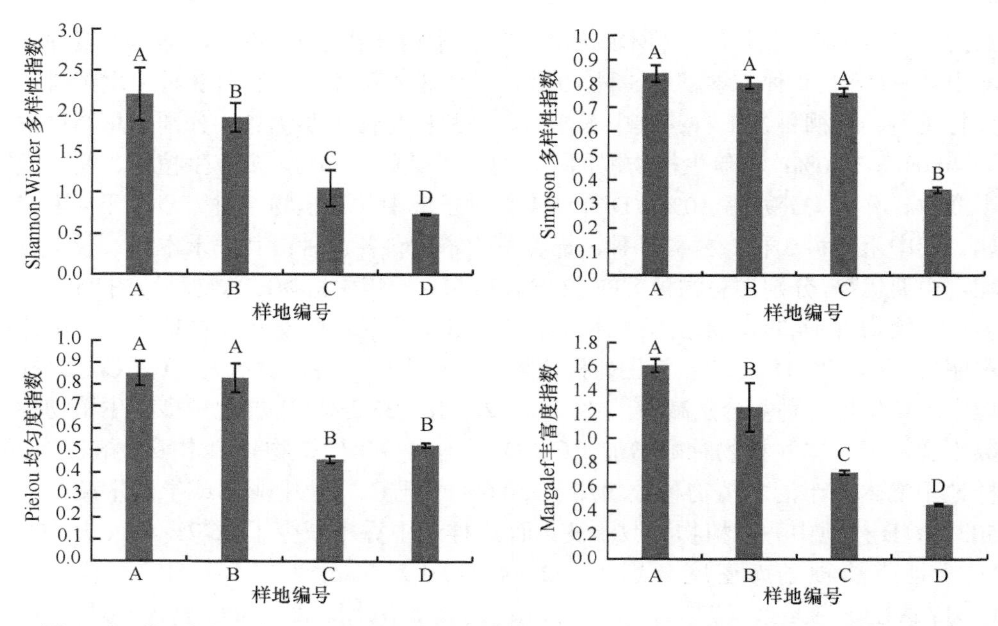

图 7-7　不同距离土壤种子库的物种多样性指数、生态优势度、群落均匀度和物种丰富度

不同大写字母表示围栏内外差异显著（$P<0.05$）

表 7-8　不同距离土壤种子库间的相似性

样地编号	A	B	C	D
A	1			
B	0.65	1		
C	0.67	0.52	1	
D	0.50	0.42	0.59	1

四、矿井水对地上植被与土壤种子库相似性的影响

由表 7-9 可知，随着与矿井水库的距离增大，各样地地上植被与土壤种子库物种的 Sorensen 相似性系数有所降低，但 4 个样地二者的相似性系数整体不高。其中 A 样地为 0.36，为中等不相似，其余均为极不相似，其中 C 样地最低，仅为 0.16。此外，随着距离增大，4 个样地共同拥有物种数逐渐减少，其中 A 样地最多，共 6 种，B 样地次之，共 3 种，C、D 样地共有种数相对较少，仅出现 2 种且二者共有种数相同。

五、土壤种子库物种多样性与土壤理化因子及土壤酶活性的 RDA 分析

本研究采用冗余分析来解释土壤种子库物种多样性与土壤理化因子及土壤酶

表 7-9　不同距离地上植被与土壤种子库相似性

样地编号	地上植被	土壤种子库	共有种	相似性系数
A	16	17	6	0.36
B	14	17	3	0.19
C	15	10	2	0.16
D	12	7	2	0.21

活性之间的关系。将 A、B、C、D 4 个样地中土壤种子库的 Shannon-Wiener 多样性指数、Simpson 多样性指数、Pielou 均匀度指数以及 Margalef 丰富度指数作为响应变量，将土壤理化因子和土壤酶活性作为解释变量，经除趋势对应分析法（DCA），发现 DCA<3，因此选择 RDA 来分析土壤种子库物种多样性与环境因子间的关系。经蒙特卡罗验证分析，土壤理化因子及土壤酶活性对土壤种子库物种多样性达到显著（$P<0.05$）。由表 7-10 可知，RDA 排序图前两个排序轴的特征值分别为 0.940 和 0.044，轴 1 和轴 2 的物种关系累计贡献率分别为 94.0 和 98.4，土壤种子库物种多样性与土壤各理化指标的 2 个排序轴相关性均为 1.000，所有典型特征值之和为 1.000。由图 7-8 可知，土壤种子库物种多样性特征指数与土壤含水量、全氮、速效磷和过氧化氢酶呈正相关，与土壤电导率、pH 和磷酸酶呈负相关，其中土壤含水量、磷酸酶、过氧化氢酶对土壤种子库物种多样性有极显著影响（$P<0.01$），全氮对土壤种子库物种多样性有显著影响（$P<0.05$）；土壤全磷、碱解氮、脲酶和蔗糖酶对土壤种子库多样性的影响较小。

表 7-10　土壤种子库物种多样性与土壤理化因子及土壤酶活性的 RDA 排序分析

排序轴	轴 1	轴 2
特征值	0.940	0.044
物种-环境相关性	1.000	1.000
变量积累百分比物种数据	94.0	98.4
物种-环境关系	94.0	98.4
所有特征值之和	1.000	
所有典型特征值之和	1.000	

六、讨论

一直以来，土壤种子库物种组成及密度都是土壤种子库研究的基本内容，是开展土壤种子库各方面研究的基础（盛丽和王彦龙，2010），在植被恢复中占重要地位。本研究中，土壤种子库密度在（733±16.7）~（2184±148.1）粒/m^2，其规模大小与前人研究结果相似（Silvertown，1984），虎尾草、画眉草、狗尾草、节节草

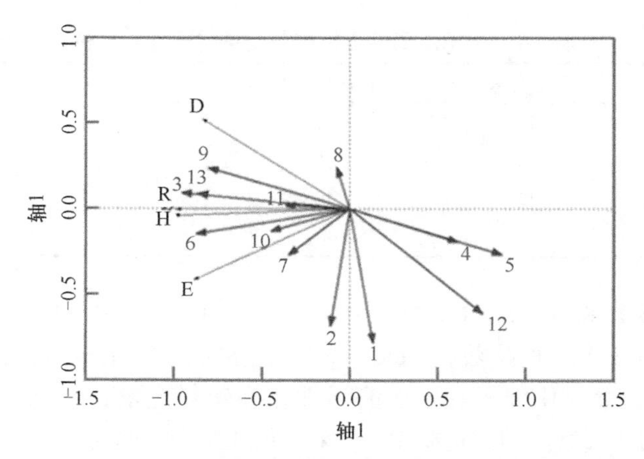

图 7-8 土壤种子库物种多样性与土壤理化因子及土壤酶活性的 RDA 排序图
（彩图请扫封底二维码）

理化因子：1. 电导率，2. pH，3. 含水量，4. 容重，5. 有机碳，6. 全氮，7. 全磷，8. 碱解氮，9. 速效磷，10. 脲酶，11. 蔗糖酶，12. 磷酸酶，13. 过氧化氢酶；土壤物种多样性：H. Shannon-Wiener 多样性指数，D. Simpson 多样性指数，E. Pielou 均匀度指数，R. Margalef 丰富度指数

在 4 个样地土壤种子库中均有出现，说明这 4 种植物在荒漠区域分布较广；禾本科、藜科植物种出现较多，可能是因为其能较好地适应荒漠区域的生长环境。随着距离的增大，土壤种子库密度及科属种类均有降低，并且土壤种子库密度差异显著（P<0.05），其原因可能是距离水库越近的样地植被高度、密度明显更大，使得更多包含种子的掉落物积聚在土壤中（詹学明等，2005），形成种子库。研究表明，草地植被长势良好、物种丰富度指数高时，土壤种子库密度与植物种数较高（程积民等，2006），这与本研究结果相类似。有大量研究表明，干旱荒漠区土壤种子库的物种主要由草本组成，相比之下，木本植物的植物种数相对较少（张涛等，2017；沈艳等，2015），本研究中 4 个样地土壤种子库中均表现为一年生草本植物所占植物种数比例较大，与上述研究结果一致。可能原因有二，一是一年生草本植物生活周期短、产生种子概率大，在生存和繁殖上占优势，使得一年生植物的比例远比其他生活型功能群大，这也是当地植被自然选择的结果；二是与地上植被的结构组成有关，研究区多为一年生植物与多年生植物，但研究区极度贫乏的养分条件不足以维持多年生植物生长和发育。

土壤种子库的多样性不仅能够反映植物群落潜在种群的组成结构和稳定性，对预测群落演替发展具有重要意义，还能对环境状况作出指示（张继义等，2004）。本研究中，随着与矿井水库的距离增大，土壤种子库的 Shannon-Wiener 多样性指数、Simpson 多样性指数、Pielou 均匀度指数及 Margalef 丰富度指数均呈现降低趋势，且差异显著（P<0.05）。说明随着距离的增加，土壤种子库的多样性降低，矿井水能够使得植物群落潜在稳定性显著增大。有研究表明，

土壤种子库物种多样性越高、丰富度越大，则物种均匀度降低（包秀霞等，2010），这与本研究结果不一致，原因可能是前人研究区为放牧区，本研究区为禁牧保护区。

距矿井水库不同距离的土壤种子库间相似性系数结果表明，在干旱荒漠区，随着土壤水分的减少，土壤种子库间的物种相似性系数有降低趋势，这与曾彦军等（2003）的研究结果较为一致。但C样地与D样地间土壤种子库的相似性似系数反常升高，可能是因为远离水库后，一些适应干旱缺水生境的物种逐渐体现出优势，导致其掉落到土壤里的种子有较多的相同植物种。本研究中，土壤种子库间相似性系数均相对较低，其原因可能是荒漠区土壤肥力不高导致植被多样性不高、植物群落结构单一，因此土壤种子库本身的植物种数较少。

群落结构与类型不同，地上植被与土壤种子库的相似性则不同。以往关于地上植被与土壤种子库相似性的研究中，一些学者采用了Sorensen相似性系数、Simpson多样性指数、群落系数等（王相磊等，2003），另外一些学者只是将二者之间共同拥有的物种数目列出。本实验采用Sorensen相似性系数研究发现，地上植被与土壤种子库之间的相似性总体较低，这与盛丽（2010）、张建利（2008）、李翠（2019）等的研究结果一致。其原因一方面可能是本试验研究区气候干旱且风大，使得地上植被与土壤种子库受到干扰，影响了种子在土壤中的持久性；另一方面可能与研究区植被自身的耐旱、耐盐碱程度，繁殖策略及其生态阈值有关；也有可能是由于面积-物种法则的影响，导致地上植被物种种类与地下土壤种子库的发育具有不同步性。此外，随着与水库的距离增大，地上植被与土壤种子库相似性有所降低，且共有种数也随之减少，说明距离越大，矿井水对地上植被与土壤种子库相似性的影响越大，但总体来说地上植被与土壤种子库的关系受矿井水影响不大。

Gad和Kelan（2012）对埃及西奈半岛北部的三个沙丘土壤种子库进行了研究，发现土壤种子库和种子的萌发不仅受到沙丘位置、方向和水平的显著影响，而且土壤理化性质也对其有重要影响，此外，微生境也能显著影响土壤种子库的种子分布格局。陈颖颖等（2016）对赣南飞播马尾松林土壤种子库的萌发特征及其与土壤理化性质的关系进行了分析，研究发现非毛管孔隙、土壤含水量、全氮、全磷、有机质等5个理化因子对土壤种子库均有不同程度的影响，其中非毛管孔隙和土壤含水量对土壤种子库的影响较大。翟付群等（2013）对天津蓟运河故道消落带土壤种子库与土壤理化性质进行了分析，研究表明土壤理化性质对土壤种子库特征有重要影响，土壤含水量、有机质、全盐对土壤种子库物种分布的影响较大，此外，研究发现适当地进行人为管理和调控对土壤环境的改善及土壤种子库多样性增加有积极作用。李国旗等（2019）对荒漠草原区4种植物群落土壤种子库特征及其土壤理化性质进行了研究，结果表明土壤pH

和电导率对种子库物种多样性的影响最为显著，其次为含水量和碱解氮，而土壤容重和全磷含量与种子库物种多样性的相关性相对较低。张丽娜等（2019）对黑岱沟露天煤矿排土场不同植被重建类型土壤种子库、土壤物理性质及土壤酶活性进行了研究，发现土壤孔隙度和含水量与土壤种子库各指标之间均呈现负相关关系，土壤酶活性与土壤种子库密度、物种多样性之间呈正相关关系。本研究中，土壤含水量、全氮、磷酸酶、过氧化氢酶对土壤种子库物种多样性有显著（$P<0.05$）或极显著（$P<0.01$）的影响，而土壤全磷、碱解氮、脲酶和蔗糖酶对土壤种子库多样性的影响较小，有关原因可能有二，其一是研究区内矿井水对土壤理化性质和土壤酶活性产生不同程度的影响，从而直接或间接地影响地上植被的种子形成；其二是研究区属于干旱荒漠区，风沙较大，引入了外来种子进入土壤中。

第五节　结　　论

本章通过野外调查与室内实验相结合的方法，对荒漠生态系统中矿井水库边（A 样地），垂直水库 0.5km（B 样地）、1km（C 样地）、1.5km（D 样地）处 4 个距离梯度的地上植被特征、土壤特性与土壤种子库特征及相关性的变化规律进行了研究，分析了矿井水对地上植被、土壤特性及土壤种子库的影响，得出的结论主要有以下几点。

（1）矿井水可以促进荒漠生态系统中植被的生长。矿井水库周边地上植被物种数随着与矿井水库距离的增大而呈降低趋势，且均表现为藜科、菊科植物种类居多。其中一年生植物占优势，但其种数随距离增大呈减少趋势，一年生植物对矿井水的响应较为明显。

（2）矿井水有利于改善荒漠生态系统的土壤特性。随着与矿井水库距离的增大，各土层砂粒体积百分比均显著增加；土壤含水量显著降低；土壤各养分指标除有机碳含量逐渐增大以外，土壤全氮、全磷、碱解氮及速效磷含量均有显著降低。土壤脲酶、蔗糖酶、过氧化氢酶活性均随距离增大有不同程度的降低，而土壤磷酸酶活性显著升高。

（3）矿井水使得土壤种子库物种数和种子密度发生显著变化。随着与矿井水库距离的增大，土壤种子库植物种数与种子密度显著降低。土壤种子库中一年生植物种数所占比例较大，但也随距离增大而减少。

（4）矿井水对地上植被与土壤种子库的物种多样性指数具有显著的影响，对地上植被、土壤种子库以及地上植被与土壤种子库间的相似性均有不同程度的影响。地上植被与土壤种子库的 Shannon-Wiener 多样性指数、Simpson 多样性指数、Pielou 均匀度指数及 Margalef 丰富度指数均随与矿井水库距离的增大而显著降低。随着与矿井水库距离的增大，地上植被、土壤种子库，以及地上植被与土壤种子库间的相似性均呈降低趋势。地上植被间的 Sorensen 相似性系数整体较高，相似水平介于极相似与中等相似之间；土壤种子库间的相似水平在总体上表现为中等相似；不同距离地上植被与土壤种子库的相似水平整体不高，介于中等不相似与极不相似之间。此外，随着距离增大，地上植被与土壤种子库共有种数逐渐减少。

（5）土壤理化性质和土壤酶活性与土壤种子库物种多样性存在相关性。土壤含水量、全氮与过氧化氢酶对土壤种子库物种多样性有显著或极显著正相关关系，磷酸酶与土壤种子库物种多样性呈极显著负相关关系。

第八章　半干旱区农田杂草土壤种子库研究

宁夏南部山区地处干旱半干旱地区，年降雨量200~450mm，水分比较亏缺，是典型的雨养农业区。水分条件是限制农作物及田间杂草生长和种子萌发的重要环境因子，尤其是对雨养农业区来说，水分条件对田间杂草群落和杂草土壤种子库的影响已成为土壤种子库研究的一大热点（李淑君，2014）。大部分研究表明，不同水分梯度对土壤种子库的激活效应不同；不同植物群落种子萌发的需水规律也不尽相同。本实验通过设置4个水分梯度，研究不同水分条件对土壤理化性质及杂草土壤种子库的激发效应，了解不同水分条件对农田杂草的影响，以及农田杂草发生的历史和现状、掌握杂草种子库的消长规律、探明农田杂草种子库的群落组成和分布；同时通过调查地上植被特征，了解农田杂草种子库与地上植被的耦合关系，预测未来田间草害的发生状况，为有效管理田间杂草提供理论依据；探究田间杂草群落的消减规律，对制定合理的杂草综合治理措施提供可靠的理论依据（章超斌等，2012）。同时田间杂草土壤种子库影响地面杂草群落的演替，是杂草以潜在杂草群落存在的一种方式，也是农田发生杂草危害的根源（戚志强，2003），只有耗竭土壤杂草种子库、打断杂草在农田中的生活史周期，才能达到从源头管理杂草、减少化学除草剂的使用和维护农田生态系统平衡的目的（李儒海和强胜，2007）。

第一节　研究区概况和研究方法

一、研究区概况

研究区位于宁夏回族自治区东南部、六盘山西麓的黄土高原中心地带固原市西吉县火石寨乡，北纬35°35′~36°14′，东经105°20′~106°04′，属黄土高原干旱丘陵区，海拔1688~2633m；属于温带大陆性气候，年平均气温12.7℃，最高气温42℃，最低气温−21.80℃，≥0℃的年积温3430.3℃，≥5℃的年积温2949.9℃，年日照时数2867.9h，年均降雨量391mm，年最大降雨量592.4mm，年最小降雨量220.3mm，无霜期达198d；土层深厚，土质疏松，主要土壤为黑垆土；植被组成主要有长芒草（*Stipa bungeana*）、赖草、二裂委陵菜（*Potentilla bifurca*）、冷蒿（*Artemisia frigida*）等。

二、研究内容

1. 田间杂草地上植被特征调查

分别于 2014 年 4 月、6 月和 8 月对 5 个样地内的植被物种种类、分盖度、个体数量、生物量、生活型及物种多样性等进行对比分析。

2. 不同水分条件田间杂草土壤种子库特征

采用五点取样法和室内萌发法，通过设置水分梯度，分析农田杂草种子库储量、物种组成、生活型，以及通过物种多样性、相似性等特征进行对比分析。

3. 不同水分条件田间土壤理化性质特征

通过实验，对土壤含水量、pH、全盐、有机质、全氮和全磷等土壤理化性质进行对比分析。

4. 田间杂草土壤种子库与地上植被的耦合关系

将地上植被特征分别与不同水分条件下土壤种子库特征的耦合关系等进行对比分析，得出不同水分条件下土壤种子库与地上植被的相似性大小。

三、研究方法

（一）土壤种子库实验设计方法

在研究区采样沿山路南北走向每隔 200m 随机选取一块样地（25m×35m），总共选取 5 块样地进行地上植被调查及土壤种子库取样。根据宁夏南部雨养农业区作物的物候特点，于 2014 年 3 月底种子未开始萌发前进行取样，在每个 25m×35m 的样地内采用五点法取样，用采样器（20cm×20cm×10cm）分 0~5cm、5~10cm 两层取样，总共选取 5 块样地。实验设置 4 个水分梯度，分别为年灌溉量 200mm/m^2、400mm/m^2、600mm/m^2 和 700mm/m^2，按 0~5cm、5~10cm 将土样分层置于发芽盆，每个梯度分别做 5 个重复，共 40 个样品。室内萌发实验持续 4 个月，实验过程中详细记录幼苗的萌发数量、物种种类、植株密度等特征，每 2 个月翻一次土。

（二）土壤种子库萌发方法

将所采土样按 0~5cm、5~10cm 分层混合、过筛后充分混匀，平铺到 30cm×40cm×10cm 的萌发盆，箱内预先铺设约 3cm 的沙粒作为基质，为幼苗的萌发提供足够的营养。为使得土壤中的杂草种子充分萌发，在萌发试验过程中光照充足，温度控制在 20~25℃，每天适时补充水分以保持萌发盆内湿润。将混合后的土样放置萌发盆，每个处理各设 5 个重复试验，定时统计萌发盆内的物种数量、组成结构等特征，土壤种子库种子萌发实验持续 4 个月后，若连续 2 周无新幼苗萌发则结束萌发试验。

（三）地上杂草群落调查方法

植被调查分别在 4 月和 7 月进行，在取过土样的农田采用五点法进行地上杂草植被调查，选定后用 1m×1m 的探针支架框圈定样方，用目测法估测其总盖度，并用探针法测定其分盖度，数植物总数及单个植物数量测其频度后对样方内的地上植被进行贴地采集并装入密封袋，在实验室对植被进行分类除杂并剪去其残余的根部后称其鲜重，然后放在 65℃烘箱中进行烘干，48h 后称取其干重直到恒重为止，测定地上部分鲜干比。

（四）土壤理化性质测定方法

土壤理化性质测定在室内进行，其中土壤含水量用烘干法；土壤密度（容重）用环刀法；pH 用电位法；土壤有机质碳用重铬酸钾容量法-外加热法；土壤全磷用高氯酸-硫酸比色法；土壤全氮用半微量凯氏定氮法。

四、数据处理

1. 生活型

物种的生活型依据《中国植被》（吴征镒，1980）生活型系统，将记录到的植物物种分为一年生草本植物、多年生草本植物和半灌木 3 种类型，分别统计每种类型植物所占植物种总数的比例。

2. 土壤种子库储量与密度

土壤种子库储量指单位取样面积的土壤中所有有活力的种子数量。

密度（density）是指单位面积上的植物株数，用公式表示为：

$$D=N/S$$

式中，D 为密度，N 为样地内某种植物的个体数目，S 为样地面积。

3. 频度、盖度与多度

频度（frequency）是指群落中某种植物出现的样方数占整个样方数的百分比。

$$F=P/T\times100$$

式中，F 为频度，P 为某一种出现的样方数目，T 为全部样方数目。

盖度（coverage）是指植物体地上部分的垂直投影面积占样地面积的百分比，又称投影盖度。

多度（abundance）是对植物群落中物种个体数目多少的一种估测指标，多用于植物群落的野外调查中。

4. 物种的重要值和优势度

重要值（important value）是指某个种在群落中的地位和作用的综合数量指标（牛翠娟等，2007）。计算公式如下：

重要值（IV）=相对高度+相对频度+相对盖度

优势度（dominance）表示植物群落内各植物种类处于何种优势或劣势状态的群落测定度，计算公式如下：

优势度（DV）=IV/2×100

5. 多样性的测定

Margalef 丰富度指数，公式可表示为：

$$R = (S-1)/\ln N$$

式中，S 为物种总数，N 为样方中总的个体数。

Simpson 多样性指数是基于一个无限大小的群落中，随机抽取两个个体，它们属于同一物种的概率是多少这样的假设而推导出来的（牛翠娟等，2007）。用公式表示为：

$$D = 1 - \sum_{i=1}^{S} P_i^2$$

$$P_i = N_i/N$$

式中，P_i 为属于种 i 的个体在全部个体中的比例，N_i 为种 i 的个体数；N 为种群中全部物种的个体数。

Shannon-Wiener 多样性指数是用来描述种的个体出现的紊乱和不确定性。不确定性越高，多样性也就越高（牛翠娟等，2007）。其计算公式为：

$$H = -\sum_{i=1}^{S} (P_i \ln P_i)$$

Pielou 均匀度指数。其计算公式为：

$$E = H/H_{\max}$$

式中，H 为实际观察的物种多样性指数，$H_{\max}$ 为最大的物种多样性指数，$H_{\max}$= $\ln S$（S 为群落中的总物种数）。

6. Jacccard 相似性系数

Jacccard 相似性系数是植物群落相似性的一种最简单的数学表达方式，是根据两样地间共有种数与全部种数之比来表达，其公式为：

$$\mathrm{ISJ} = c/(a+b-c)\times 100$$

式中，a 为样方 A 中种的总数，b 为样方 B 中种的总数，c 为样方 A 和 B 中的共有种数。

7. 群落相关性系数

$$S_c=2w/(a+b)$$

式中，S_c 为群落相关性系数，w 为土壤种子库与地上植被共有物种数，a 为样地内土壤种子库物种数，b 为样地内地上植被物种数。

8. 土壤种子库物种共有度

$$E=n/N$$

式中，土壤种子库物种的共有度 E，表示土壤种子库来源于地上植被的程度；n 表示该生活型共有种的数量；N 表示土壤种子库中该生活型物种总数。

本实验数据分析和制图均采用 SPSS 19.0、Origin 7.5 和 Canoco for windows 4.5 软件完成。

第二节　田间杂草群落地上植被特征

生物群落（biological community）指生态学中，在一个群落生境内相互之间具有直接或间接关系的所有生物的总和。生物群落同种群一样也有一系列的基本特征，这些特征不是单独存在的，而是由组成它的各个群落所能包括的，也就是说，只有在群落总体综合水平上，这一系列的特征才能显示出来（孙曦浩，2006）。生物群落的基本特征包括群落中物种的多样性、群落的生长形式和结构、优势种、相对丰富度、营养结构等（丁瑞丰等，2009）。田间杂草是指非人类有意识种植的生长在田间对农作物产生危害的草本植物（曲贵海和马光泉，2001）。包括人们在田间耕作时种的草，也包括农作物中非人类有意识种植的其他作物，例如在农田生长的荞麦。田间杂草的存在是在长期适应田间生态环境、土壤条件、作物栽培制度、耕作方式及人为干扰因素，与种植的农作物竞争的结果（王晓红，2005）。农田生态系统中生物群落结构较简单，优势群落往往只有一种或数种作物，杂草作为农田生态系统的伴生生物（王万磊，2008），是农田生态系统的重要组成部分，直接影响农田生态系统的稳定性（刘鸣达等，2008）。在农田生态系统研究过程中，以往研究通常忽略了作物的伴生杂草，近几年随着人们对作物产量和品质的提高，利用生物手段防止杂草越来越受到关注，从而对杂草的物种多样性及其对农田生态系统的影响的研究越来越多（汤雷雷等，2010）。

本研究以宁夏南部山区农田为研究对象，研究了农田杂草群落的物种组成、密度、盖度、频度、生活型、物种多样性以及地上植被的生物量等特征，以掌握田间杂草地上植被的特征以及动态变化规律，为科学、有效的防除杂草，保护农田生态环境提供理论依据。

一、田间杂草群落地上植被物种组成分析

研究区田间杂草地上植被共统计到32种植物，分属14科27属；其中菊科（达8种）、禾本科（6种）所占物种比例最高，其次是藜科4种，蓼科3种，旋花科2种，毛茛科、木贼科、唇形科、茜草科、蔷薇科、马齿苋科、牻牛儿苗科、车前科、紫草科各1种（表8-1）。

表8-1　田间杂草地上植被物种组成分析

科	物种	属	生活型	密度/m^2	重要值
禾本科	稗 *Echinochloa crusgalli*	稗属	A	392	6.08
	野青茅 *Deyeuxia arundinacea*	野青茅属	P	96	3.49
	冰草 *Agropyron cristatum*	冰草属	P	172	7.31
	燕麦 *Avena sativa*	燕麦属	A	64	1.78
	赖草 *Leymus secalinus*	赖草属	P	192	6.42
	狗尾草 *Setaria viridis*	狗尾草属	A	176	7.90
菊科	青蒿 *Artemisia carvifolia*	蒿属	A	356	6.25
	长裂苦苣菜 *Sonchus brachyotus*	苦苣菜属	P	928	14.24
	风毛菊 *Saussurea japonica*	菊花属	P	148	2.67
	野艾蒿 *Artemisia lavandulaefolia*	蒿属	P	88	2.85
	向日葵 *Helianthus annuus*	向日葵属	A	24	1.08
	刺儿菜 *Cirsium setosum*	蓟属	P	644	10.13
	蒲公英 *Taraxacum mongolicum*	蒲公英属	P	184	3.32
	鳢肠 *Eclipta prostrata*	鳢肠属	A	84	1.99
藜科	香藜 *Chenopodium botrys*	藜属	A	900	14.49
	灰绿藜 *Chenopodium glaucum*	藜属	A	468	11.27
	杂配藜 *Chenopodium hybridum*	藜属	A	64	1.78
	尖头叶藜 *Chenopodium acuminatum*	藜属	A	236	4.97
蓼科	苦荞麦 *Fagopyrum tataricum*	荞麦属	A	132	2.50
	萹蓄 *Polygonum aviculare*	蓼属	A	116	6.44
	荞麦 *Fagopyrum esculentum*	荞麦属	A	220	6.45
旋花科	田旋花 *Convolvulus arvensis*	旋花属	P	624	10.74
	打碗花 *Calystegia hederacea*	打碗花属	P	188	5.01
毛茛科	欧洲唐松草 *Thalictrum aquilegifolium*	唐松草属	P	420	10.76
木贼科	节节草 *Equisetum ramosissimum*	木贼属	P	144	6.46
唇形科	香薷 *Elsholtzia ciliata*	香薷属	A	756	14.06
茜草科	原拉拉藤 *Galium aparine*	拉拉藤属	P	1002	18.08
蔷薇科	二裂委陵菜 *Potentilla bifurca*	委陵菜属	P	140	2.58
马齿苋科	马齿苋 *Portulaca oleracea*	马齿苋属	A	80	2.22
牻牛儿苗科	鼠掌老鹳草 *Geranium sibiricum*	老鹳草属	A	144	4.00
紫草科	琉璃草 *Cynoglossum furcatum*	琉璃草属	P	104	3.02
车前科	平车前 *Plantago depressa*	车前属	P	180	4.93

注：A表示一年生草本植物；P表示多年生草本植物；S表示灌木，下同

田间杂草地上植被物种重要值特征分析，以原拉拉藤（*Galium aparine*）、香藜（*Chenopodium botrys*）、长裂苦苣菜（*Sonchus brachyotus*）、香薷（*Elsholtzia ciliata*）为主要群落，重要值分别为 18.08、14.49、14.24、14.06，其次为灰绿藜、欧洲唐松草（*Thalictrum aquilegifolium*）、田旋花、刺儿菜（*Cirsium setosum*）、狗尾草，重要值为 11.27、10.76、10.74、10.13、7.90。田间杂草生活型特征表现为，菊科主要以多年生草本为主，禾本科一年生和多年生植物均等，藜科和蓼科均为一年生草本植物，旋花科主要为多年生草本植物。田间杂草地上植被密度特征表现为，茜草科拉拉藤属的原拉拉藤（达 1002 株/m^2），菊科苦苣菜属的长裂苦苣菜（928 株/m^2），藜科藜属的香藜（900 株/m^2）密度最高，其次为唇形科香薷属的香薷（756 株/m^2），菊科蓟属的刺儿菜（644 株/m^2），旋花科旋花属的田旋花（624 株/m^2），藜科藜属的灰绿藜（468 株/m^2），毛茛科唐松草属的欧洲唐松草（420 株/m^2），禾本科稗属的稗（*Echinochloa crusgalli*）（392 株/m^2），菊科蒿属的青蒿（*Artemisia carvifolia*）（356 株/m^2）（表 8-1）。

二、田间杂草地上植被生物量及物种特征分析

田间杂草地上生物量分析（表 8-2）表明，香藜、蒲公英（*Taraxacum mongolicum*）、香薷、赖草、田旋花、鼠掌老鹳草（*Geranium sibiricum*）、二裂委陵菜、狗尾草地上生物量较高，刺儿菜、琉璃草（*Cynoglossum furcatum*）、青蒿、原拉拉藤、欧洲唐松草、野艾蒿、尖头叶藜、节节草、萹蓄（*Polygonum aviculare*）、打碗花（*Calystegia hederacea*）次之；田间杂草地上植被总生物量特征表现为菊科>藜科>禾本科>旋花科>蓼科。田间杂草地上植被优势度分析（表 8-2）表明，研究区田间杂草群落中原拉拉藤、香藜、长裂苦苣菜、香薷、灰绿藜、欧洲唐松草、田旋花、刺儿菜为主要优势种，优势度分别为 904.13、724.69、712.17、702.98、563.69、538.19、536.97、506.50。

表 8-2　田间杂草地上植被物种特征分析

科	物种	优势度	生物量 g/m^2
禾本科	稗 *Echinochloa crusgalli*	304.14	59.90
	野青茅 *Deyeuxia arundinacea*	174.29	131.03
	冰草 *Agropyron cristatum*	365.35	350.37
	燕麦 *Avena sativa*	88.79	70.79
	赖草 *Leymus secalinus*	321.18	585.71
	狗尾草 *Setaria viridis*	394.87	560.29
菊科	青蒿 *Artemisia carvifolia*	312.41	466.05
	长裂苦苣菜 *Sonchus brachyotus*	712.17	312.55
	风毛菊 *Saussurea japonica*	133.42	189.73

续表

科	物种	优势度	生物量 g/m^2
菊科	野艾蒿 *Artemisa lavandulaefolia*	142.64	490.78
	向日葵 *Helianthus annuus*	53.85	166.21
	刺儿菜 *Cirsium setosum*	506.50	503.00
	蒲公英 *Taraxacum mongolicum*	166.24	716.81
	鳢肠 *Eclipta prostrata*	99.42	200.35
旋花科	欧洲金盏花 *Calendula arvensis*	536.97	582.61
	打碗花 *Calystegia hederacea*	250.56	422.82
蓼科	苦荞麦 *Fagopyrum tataricum*	124.92	153.04
	萹蓄 *Polygonum aviculare*	321.90	486.62
	荞麦 *Fagopyrum esculentum*	322.35	168.09
藜科	香藜 *Chenopodium botrys*	724.69	932.93
	灰绿藜 *Chenopodium glaucum*	563.69	410.60
	杂配藜 *Chenopodium hybridum*	88.79	114.64
	尖头叶藜 *Chenopodium acuminatum*	248.66	433.97
毛茛科	欧洲唐松草 *Thalictrum aquilegifolium*	538.19	480.31
木贼科	节节草 *Equisetum ramosissimum*	323.07	415.99
唇形科	香薷 *Elsholtzia ciliata*	702.98	634.10
茜草科	原拉拉藤 *Galium aparine*	904.13	490.30
蔷薇科	二裂委陵菜 *Potentilla bifurca*	129.17	568.80
马齿苋科	马齿苋 *Portulaca oleracea*	110.99	196.55
牻牛儿苗科	鼠掌老鹳草 *Geranium sibiricum*	199.79	580.59
紫草科	缘毛卷耳 *Cerastium furcatum*	151.14	530.01
车前科	平车前 *Plantago depressa*	246.31	386.13

三、田间杂草地上植被物种多样性与土壤理化性质的关系

图 8-1 表示，田间杂草地上植被物种的 Margalef 丰富度指数、Simpson 多样性指数、Shannon-Wiener 多样性指数和 Pielou 均匀度指数分别为 2.76、0.94、3.14 和 0.91。

物种多样性与不同土壤特征因子相关性差异较大（表 8-3），其中土壤理化性质与物种多样性之间存在明显的相关性，表现为土壤 pH 与 Margalef 丰富度指数、Pielou 均匀度指数呈显著负相关（$P<0.05$），土壤有机质与 Simpson 多样性指数、Shannon- Wiener 多样性指数呈显著负相关，而土壤含水量与 Margalef 丰富度指数、Pielou 均匀度指数、Simpson 多样性指数呈显著正相关。

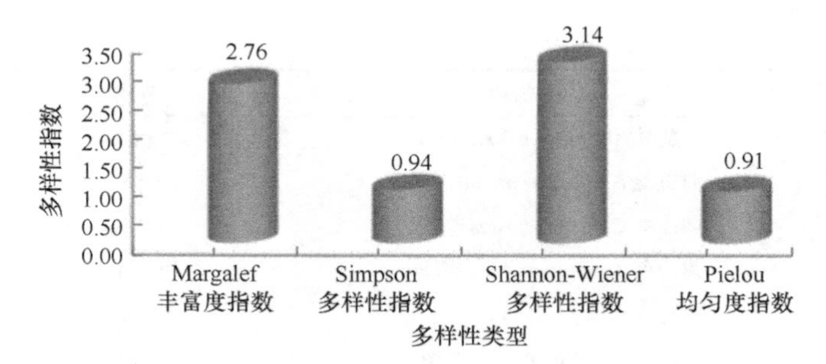

图 8-1 田间杂草地上植被物种多样性分析

表 8-3 物种多样性与土壤特征因子相关性分析

土壤理化性质	Margalef 丰富度指数	Pielou 均匀度指数	Shannon-Wiener 多样性指数	Simpson 多样性指数
pH	–0.997*	–0.998*	–0.992	–0.996
有机质	–0.996	–0.995	–0.989*	–0.997*
含水量	0.989*	0.996*	0.995	0.998*

**表示在 0.01 水平上极显著相关；*表示在 0.05 水平上显著相关

四、小结

田间杂草群落是农田生态系统的重要组成部分，与农作物竞争土壤水分、养分、光照等自然资源，对作物不利（李儒海等，2008；Yin et al.，2006）。其物种组成特征、物种多样性及杂草的发生主要受土壤水分、地理位置、水肥条件等自然环境条件，以及耕作方式、农作物种类及除草方式等非生物因素影响（王开金等，2005；强胜等，2003；钦绳武等，1998）。由于特定的田间杂草群落的物种组成、结构反映当地的农田生态系统的状况（魏有海等，2011），因此，研究田间杂草群落结构、物种组成特征及生物多样性，可为田间杂草的可持续治理，以及对农田的合理耕作技术的应用与推广提供科学的理论依据（魏有海等，2013）。

本节通过研究田间杂草群落地上植被物种组成、生物量及物种特征、物种多样性及其与土壤特征因子的关系，主要结论有以下几点。

（1）田间杂草共统计到 32 种，分属 14 科 27 属，菊科、禾本科物种总数最丰富，地上总生物量最大；原拉拉藤、香藜、长裂苦苣菜、香薷为主要群落，原拉拉藤（达 1002 株/m^2）、长裂苦苣菜（928 株/m^2）、香藜（900 株/m^2）密度最高。

（2）物种多样性 Shannon-Wiener 多样性指数最高，Margalef 丰富度指数次之，Simpson 多样性指数和 Pielou 均匀度指数相对较低；Margalef 丰富度指数和 Pielou 均匀度指数与土壤 pH 显著负相关，Margalef 丰富度指数、Simpson 多样性指数和 Pielou 均匀度指数与土壤含水量显著正相关；Shannon-Wiener 多样性指数和 Simpson

多样性指数与土壤有机质含量呈显著负相关；因此，土壤有机质含量主要影响物种Shannon-Wiener多样性指数和Simpson多样性指数，而Margalef丰富度指数和Pielou均匀度指数主要取决于土壤pH和土壤含水量的高低。

第三节　不同水分条件田间杂草土壤种子库特征

杂草种子库（weed seed bank）是指存留在土壤中的杂草种子或营养繁殖体的总体。杂草种子成熟后散落在地上，经翻耕等农事操作被埋在土中，年复一年的输入，在土壤中积存了大量的各种杂草种子（强胜，2010；李扬汉，1998；唐洪元，1991）。土壤是贮存杂草种子的天然场所，作为种子的贮存场所，土壤一方面为杂草种子的休眠及种子萌发提供了适宜的环境条件，另一方面使种子避免被动物觅食。杂草种子库是杂草以潜在杂草群落存在的一种方式，在构建地上杂草群落以及发挥杂草群落的生态功能上起着非常重要且独特的作用，同时也是农田发生杂草危害的根源（朱文达等，2007）。因此，通过对田间杂草土壤种子库的物种组成、储量、密度及多样性的研究，可以掌握田间杂草土壤种子库的演替规律和生活史周期（王杰青等，2006），从源头管理和控制杂草，为维护农田生态环境系统提供科学的理论依据。

土壤杂草种子库属于非稳定动态系统，主要由输入、输出和滞留三部分组成（图8-2）。杂草土壤种子库的萌发与生长受多种因素的影响，有光照、水分、气温等自然环境条件，也有土壤有机质、pH、微生物、酶活性等土壤特征因子，还受耕作制度与施肥模式等人为干扰。研究区西吉县火石寨位于宁夏南部雨养农业区，

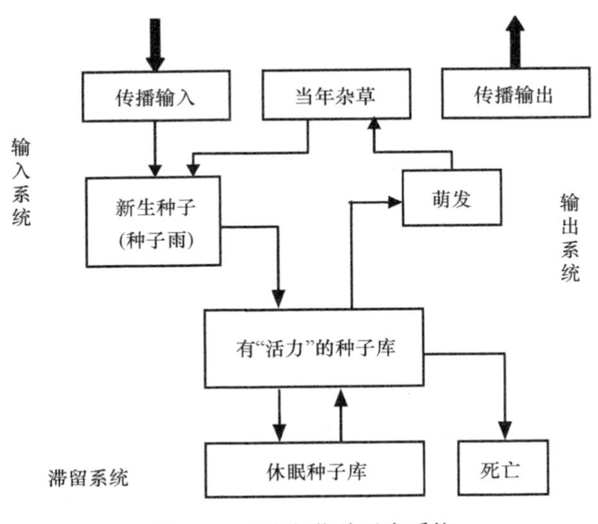

图8-2　土壤杂草种子库系统

属于干旱半干旱区，水分较少。水分条件作为杂草土壤种子库种子萌发与生长的主要制约因子（张志权等，1996），对田间杂草土壤种子库的密度、储藏数量、物种组成有重要的作用（张黎敏，2005）。本研究通过不同水分对田间杂草土壤种子库物种组成特征、物种多样性及其动态等指标的影响，揭示了水分条件对田间杂草种子库的激活效应，以及杂草土壤种子库萌发需要的适宜土壤水分条件，为掌握田间杂草土壤种子库演替规律、运用生物手段有效防除杂草提供科学的理论依据。

一、不同水分条件下田间杂草土壤种子库物种组成及其特征

（一）不同水分条件下土壤种子库物种组成及其密度

不同土层杂草土壤种子库物种组成及密度统计（表 8-4）表明，田间杂草土壤种子库中共统计到 29 种植物，分属 16 科 24 属，其中禾本科植物最多，共 6 种，占物种总数的 20.69%；其次是藜科和菊科，分别有 5 种和 3 种，占物种总数的 17.24% 和 10.34%，再次为蓼科、旋花科，各 2 种，占物种总数的 6.90%；豆科、木贼科、唇形科、锦葵科、蒺藜科、毛茛科、茜草科、车前科、石竹科、马齿苋科和牻牛儿苗科各 1 种，占物种总数的 3.45%。不同水分条件处理下土壤种子库总密度 600mm>400mm>700mm>200mm，分别为 4650 粒/m^2、3685 粒/m^2、2592 粒/m^2、907 粒/m^2；土壤种子库中尖头叶藜的密度最大，灰绿藜、刺儿菜、田旋花次之；在垂直方向土壤种子库密度 0~5cm 土层共计 8272 粒/m^2，5~10mm 土层共计 3562 粒/m^2，不同水分条件下土壤种子库密度均随着土壤深度的增加而减少。

表 8-4　不同深度杂草土壤种子库物种组成及密度

科	物种	属	生活型	土层/cm	种子密度/（粒/m^2）			
					200mm	400mm	600mm	700mm
禾本科	狗尾草 *Setaria viridis*	狗尾草属	A	0~5	70	56	39	46
				5~10	24	19	14	5
	早熟禾 *Poa annua*	早熟禾属	A	0~5	7	5	3	—
				5~10	—	1	2	1
	赖草 *Leymus secalinus*	赖草属	P	0~5	2	10	2	2
				5~10	3	—	31	—
	棒头草 *Polypogon fugax*	棒头草属	A	0~5	4	2	—	3
				5~10	1	—	—	2
	野青茅 *Deyeuxia Arundinacea*	野青茅属	P	0~5	1	3	—	—
				5~10	6	—	2	3
	稗 *Echinochloa crusgalli*	稗属	A	0~5	19	7	2	5
				5~10	10	3	10	32

续表

科	物种	属	生活型	土层/cm	种子密度/（粒/m^2）			
					200mm	400mm	600mm	700mm
藜科	灰绿藜 *Chenopodium glaucum*	藜属	A	0~5	14	187	222	91
				5~10	7	59	83	2
	圆头藜 *Chenopodium strictum*	藜属	A	0~5	—	3	10	14
				5~10	—	3	32	19
	小藜 *Chenopodium serotinum*	藜属	A	0~5	5	24	102	75
				5~10	—	24	15	56
	尖头叶藜 *Chenopodium acuminatum*	藜属	A	0~5	215	341	447	560
				5~10	181	273	340	307
	香藜 *Chenopodium botrys*	藜属	A	0~5	1	2	20	1
				5~10	—	12	17	1
菊科	青蒿 *Artemisia carvifolia*	蒿属	A	0~5	4	29	64	41
				5~10	3	37	32	25
	野艾蒿 *Artemisia lavandulaefolia*	蒿属	P	0~5	2	58	20	7
				5~10	1	26	19	10
	刺儿菜 *Cirsium setosum*	蓟属	P	0~5	2	166	175	50
				5~10	1	73	95	20
蓼科	萹蓄 *Polygonum aviculare*	蓼属	A	0~5	—	—	33	9
				5~10	—	—	19	1
	荞麦 *Fagopyrum esculentum*	荞麦属	A	0~5	—	5	—	2
				5~10	—	—	3	2
旋花科	田旋花 *Convolvulus arvensis*	旋花属	P	0~5	1	116	167	20
				5~10	—	100	120	16
	打碗花 *Calystegia hederacea*	打碗花属	P	0~5	—	95	166	15
				5~10	—	81	109	4
豆科	白车轴草 *Trifolium repens*	车轴草属	P	0~5	4	22	40	50
				5~10	3	30	35	48
唇形科	黄芩 *Scutellaria baicalensis*	黄芩属	P	0~5	—	73	164	20
				5~10	15	138	62	10
锦葵科	野西瓜苗 *Hibiscus trionum*	木槿属	A	0~5	3	63	26	118
				5~10	5	123	61	121
蒺藜科	骆驼蓬 *Peganum harmala*	骆驼蓬属	P	0~5	—	—	—	5
				5~10	—	9	—	—
毛茛科	欧洲唐松草 *Thalictrum aquilegifolium*	唐松草属	P	0~5	—	108	165	5
				5~10	—	69	99	24
茜草科	原拉拉藤 *Galium aparine*	拉拉藤属	P	0~5	1	16	6	—
				5~10	—	3	4	—

续表

科	物种	属	生活型	土层/cm	种子密度/（粒/m²）			
					200mm	400mm	600mm	700mm
车前科	平车前 *Plantago depressa*	车前属	P	0~5	—	—	2	—
				5~10	—	—	1	—
石竹科	繁缕 *Stellaria media*	繁缕属	P	0~5	—	1	3	2
				5~10	—	—	—	—
马齿苋科	马齿苋 *Portulaca oleracea*	马齿苋属	A	0~5	—	2	11	2
				5~10	—	—	2	7
木贼科	节节草 *Equisetum ramosissimum*	木贼属	P	0~5	—	5	153	8
				5~10	1	4	31	6
牻牛儿苗科	鼠掌老鹳草 *Geranium sibiricum*	老鹳草属	A	0~5	—	9	16	1
				5~10	—	7	9	—
合计					907	3685	4650	2592

注："—"为未出现此植物，下同

（二）不同水分条件下土壤种子库物种生活型特征

不同土层深度田间杂草土壤种子库（表8-5），一年生草本植物在0~5cm土层和5~10cm土层出现的频度（59.09%~80.00%）均高于多年生草本植物（20.00%~40.91%）。0~5cm土层深度一年生草本植物出现的频度400mm水分处理最高（70.00%），200mm水分处理次之（64.29%），700mm水分处理再次之（63.64%），600mm水分处理最低（59.09%）；多年生草本植物出现的频度为600mm水分处理最高（40.91%），700mm处理次之（36.36%），200mm水分处理再次之（35.71%），400mm水分处理最低（30.00%），生活型比例变化所需水分条件与一年生植物相反。深层5~10cm土层深度一年生植物出现频度表现为700mm处理最高（80.00%），400mm水分处理次之（76.47%），600mm水分处理再次之（72.73%），200mm水分处理最低（69.23%）；多年生草本植物出现的频度则表现为200mm水分处理最高（30.77%），600mm水分处理次之（27.27%），400mm水分处理再次之（23.53%），700mm处理最低（20.00%）。

表8-5　不同土层深度土壤种子库物种生活型比例

生活型	土层/cm	200mm	400mm	600mm	700mm
一年生草本植物	0~5	64.29%	70.00%	59.09%	63.64%
	5~10	69.23%	76.47%	72.73%	80.00%
多年生草本植物	0~5	35.71%	30.00%	40.91%	36.36%
	5~~10	30.77%	23.53%	27.27%	20.00%

二、不同水分条件下土壤种子库物种多样性与优势度分析

（一）不同水分条件下土壤种子库物种多样性分析

田间杂草土壤种子库物种多样性分析（图 8-3）显示：在不同水分条件下田间杂草土壤种子库物种多样性均表现为 Margalef 丰富度指数最高，Shannon-Wiener 多样性指数、Simpson 多样性指数次之，Pielou 均匀度指数最低；在不同水分条件下 0~5cm 土壤 Margalef 丰富度指数表现为 400mm>700mm>600mm>200mm，Shannon-Wiener 多样性指数、Simpson 多样性指数和 Pielou 均匀度指数均表现为 400mm 和 600mm 水分处理最高，700mm 水分处理次之，200mm 水分处理的最低；在不同水分条件下 5~10cm 土壤 Margalef 丰富度指数表现为 600mm>700mm>400mm>200mm，Shannon-Wiener 多样性指数和 Pielou 均匀度指数均表现为 600mm>400mm>700mm>200mm，Simpson 多样性指数表现为 400mm>600mm>700mm>200mm；在垂直方向物种多样性在水分缺乏时 Margalef 丰富度指数随着土层的加深而递减，在水分条件充沛时 Margalef 丰富度指数由 0~5cm 土壤向 5~10cm 土壤呈递增趋势，Shannon-Wiener 多样性指数、Simpson 多样性指数和 Pielou 均匀度指数在各水分处理间均表现为随着土层的加深而递减。

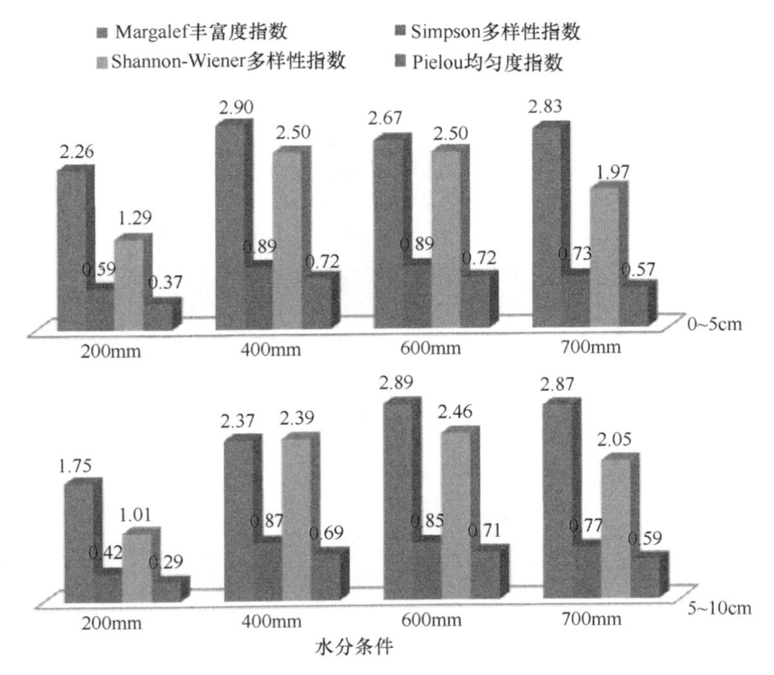

图 8-3　水分条件对土壤种子库物种多样性指数变化情况（彩图请扫封底二维码）

（二）不同水分条件下土壤种子库物种优势度分析

水分影响田间杂草土壤种子库物种优势度（表 8-6），具体表现为：200mm 水分处理中主要优势种为尖头叶藜、狗尾草、稗、青蒿、灰绿藜，其中藜科的尖头叶藜、香藜，菊科的青蒿，旋花科的田旋花，唇形科的黄芩（*Scutellaria baicalensis*），茜草科的原拉拉藤 0~5cm 土层的物种优势度低于 5~10cm 土层，其他物种的 0~5cm

表 8-6　不同土层深度土壤种子库物种优势度分析

物种	优势度							
	0~5cm				5~10cm			
	200mm	400mm	600mm	700mm	200mm	400mm	600mm	700mm
狗尾草 *Setaria viridis*	33.79	11.32	6.52	8.02	17.91	5.57	4.64	3.57
早熟禾 *Poa annua*	8.13	3.86	3.14	—	—	2.07	1.94	2.97
赖草 *Leymus secalinus*	3.65	6.04	3.10	0.30	—	—	5.91	—
棒头草 *Polypogon fugax*	4.15	1.88	—	0.59	—	—	—	3.09
野青茅 *Deyeuxia arundinacea*	3.21	2.01	—	—	—	—	1.94	3.33
稗 *Echinochloa crusgalli*	17.95	4.03	1.59	0.89	13.09	2.29	2.57	10.21
灰绿藜 *Chenopodium glaucum*	13.31	21.29	17.37	15.75	11.92	10.93	13.40	3.09
圆头藜 *Chenopodium strictum*	—	2.01	3.53	2.38	—	4.29	6.03	8.32
小藜 *Chenopodium serotinum*	7.58	7.09	9.76	13.07	—	6.00	2.95	16.38
尖头叶藜 *Chenopodium acuminatum*	71.21	27.90	40.30	97.41	94.54	36.63	23.42	54.02
香藜 *Chenopodium botrys*	3.11	1.88	4.05	0.15	4.82	4.96	4.86	2.95
青蒿 *Artemisia carvifolia*	7.03	5.70	7.82	7.06	10.64	9.12	5.96	9.20
野艾蒿 *Artemisa lavandulaefolia*	6.38	5.46	4.04	1.19	5.05	10.87	5.03	4.28
刺儿菜 *Cirsium setosum*	6.44	17.98	14.99	8.64	5.05	12.12	12.48	5.56
萹蓄 *Polygonum aviculare*	—	—	4.70	1.54	—	—	5.00	3.02
荞麦 *Fagopyrum esculentum*	—	3.90	—	0.30	—	—	2.07	3.09
白车轴草 *Trifolium repens*	7.09	6.97	5.05	8.67	5.82	6.50	6.23	12.35
田旋花 *Convolvulus arvensis*	3.16	14.16	14.57	3.56	4.82	14.37	16.16	5.12
打碗花 *Calystegia hederacea*	3.05	12.51	14.53	2.58	—	12.81	15.34	3.34
黄芩 *Scutellaria baicalensis*	3.00	9.12	10.06	3.56	14.92	19.60	14.42	4.28
野西瓜苗 *Hibiscus trionum*	6.70	8.34	9.99	20.49	6.56	18.31	4.32	28.23
骆驼蓬 *Peganum harmala*	—	—	—	0.89	—	4.72	—	—
欧洲唐松草 *Thalictrum aquilegifolium*	—	13.52	12.99	0.89	—	11.76	12.79	9.03
原拉拉藤 *Galium aparine*	3.21	2.94	3.31	—	4.88	2.22	2.08	—
平车前 *Plantago depressa*	—	—	1.59	—	—	—	1.88	—
繁缕 *Stellaria media*	—	1.82	1.66	0.30	—	—	—	—
马齿苋 *Portulaca oleracea*	—	1.87	3.58	0.32	—	—	1.98	3.80
节节草 *Equisetum ramosissimum*	3.00	2.11	13.86	1.31	5.05	2.29	5.94	3.62
鼠掌老鹳草 *Geranium sibiricum*	3.00	4.21	3.84	0.17	—	2.55	2.45	2.88

土层的优势度均高于 5~10cm 土层；400mm 水分处理中主要优势种为尖头叶藜、灰绿藜、狗尾草、刺儿菜、田旋花、打碗花、欧洲唐松草，其中藜科的尖头叶藜、香藜、圆头藜（*Chenopodium strictum*），菊科的青蒿、野艾蒿，旋花科的田旋花，唇形科的黄芩，锦葵科的野西瓜苗（*Hibiscus trionum*）0~5cm 土层的物种优势度低于 5~10cm 土层，其他物种的优势度 0~5cm 土层均高于 5~10cm 土层；600mm 水分处理中主要优势种为尖头叶藜、灰绿藜、刺儿菜、田旋花、打碗花、欧洲唐松草，其中 0~5cm 土层的物种优势度均高于 5~10cm 土层；对照处理中主要优势种为灰绿藜、小藜（*Chenopodium serotinum*）、尖头叶藜、野西瓜苗、稗，其中刺儿菜、尖头叶藜、灰绿藜、狗尾草 0~5cm 土层的物种优势度高于 5~10cm 土层，其他物种的优势度 0~5cm 土层均低于 5~10cm 土层。

三、不同水分条件下土壤种子库物种聚类分析

田间杂草土壤种子库物种聚类分析（图 8-4）表明，0~5cm 和 5~10cm 土层种子库物种主要划分为 2 组，其中 0~5cm 土层，400mm 和 600mm 水分处理土壤种子库物种相似性首先聚为一类，而后又与 700mm 聚为一类，200mm 水分处理单独为一类；5~10cm 土层，600mm 和 700mm 水分处理土壤种子库物种相似性首先聚为一类，而后又与 400mm 水分处理聚为一类，200mm 水分处理单独为一类。土壤种子库物种相似性跟土壤水分、种子埋藏深度密切相关，0~5cm 土层在 400mm 和 600mm 水分处理时土壤种子库物种相似性最高，700mm 水分处理的物种相似性次之，200mm 水分处理时物种相似性最低；而 5~10cm 土层则在 600mm 和 700mm 水分处理时土壤种子库物种相似性最高，400mm 水分处理的物种相似性次之，200mm 水分处理时物种相似性最低。由此可见，较为充足的土壤水分田间下更有利于土壤种子库的种子打破休眠状态，物种相似性也相对较高。

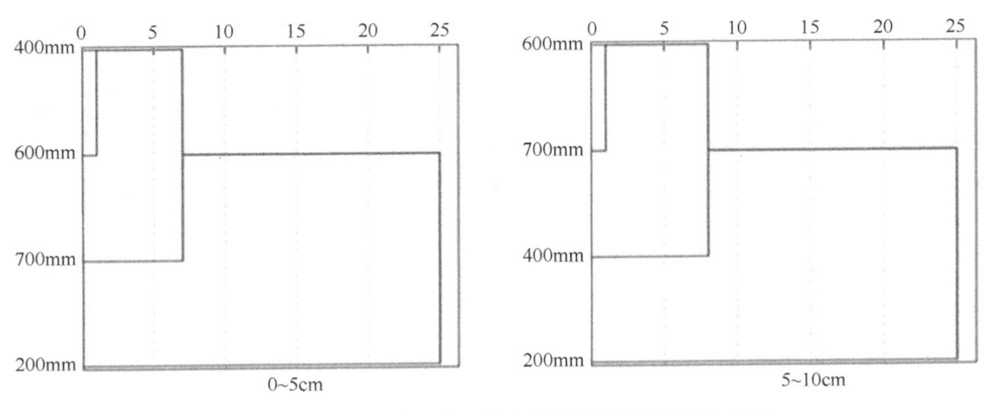

图 8-4　不同土层深度田间杂草土壤种子库聚类分析

四、讨论与小结

田间杂草地上植被群落的种群动态与田间杂草土壤种子库密切相关（何云核等，2007）。田间杂草土壤种子库种类繁多、储量巨大，主要影响因素包括植物物种种子的大小、质量、形态等生物因素和耕作方式、施肥模式及人工除草等非生物因素。冯远娇和王建武（2001）研究表明，随着季节的变化，种植模式、除草方式都会影响田间杂草土壤种子库物种的种群数量、优势种的动态变化；李伟伟（2005）研究表明，土壤水分、肥力指标对田间杂草土壤种子库的物种组成、数量及结构类型影响很大，例如原拉拉藤等喜旱性杂草对土壤含水量要求较低；土壤含水量不同，输入杂草土壤种子库的物种数量不同，导致杂草土壤种子库的差异与本研究结论一致（陈智平，2005）。埋藏深度影响杂草土壤种子库的分布格局，娄群峰（1998）、吴竞仑（2001）、张红梅等（2002）研究表明，杂草土壤种子库在垂直方向分布很广，而田间杂草土壤种子库大部分种子主要分布在 0~10cm 土壤耕作层，而这部分的杂草土壤种子库与田间杂草的生长、演替密切相关。Barberi 等（1997）研究结果表明，田间杂草种子库物种生活型通常由一年生或二年生杂草组成，主要以阔叶杂草物种占绝大多数。随着对农田生态系统平衡的重视，越来越多的学者开始对田间杂草土壤种子库的物种组成、多样性等特征进行大量的研究（张起鹏，2010）。

本节通过对土壤种子库物种组成及其密度、生活型比例、物种多样性、物种优势度，以及物种聚类分析，主要结论有以下几点。

（1）田间杂草土壤种子库中共统计到 29 种植物，分属 16 科 24 属，其中禾本科植物最多，藜科和菊科次之；土壤种子库总密度 600mm>400mm>700mm>200mm，分别为 4650 粒/m^2、3685 粒/m^2、2592 粒/m^2、907 粒/m^2，在垂直方向土壤种子库密度随着土壤深度的增加而减少；一年生草本植物在表层（0~5cm）和深层（5~10cm）土壤出现的频度均高于多年生草本植物。

（2）杂草土壤种子库物种多样性均表现为 Margalef 丰富度指数最高，Shannon-Wiener 多样性指数、Simpson 多样性指数次之，Pielou 均匀度指数最低；在垂直方向物种多样性在水分缺乏时 Margalef 丰富度指数随着土层的加深而递减，在水分条件充沛时 Margalef 丰富度指数由表层土壤向深层土壤呈递增趋势，Shannon-Wiener 多样性指数、Simpson 多样性指数和 Pielou 均匀度指数均表现为 0~5cm 土层高于 5~10cm 土层；杂草土壤种子库主要优势种为尖头叶藜、狗尾草、青蒿、灰绿藜、田旋花、刺儿菜。

（3）田间杂草土壤种子库物种主要划分为 2 组，表层（0~5cm）土壤，水分 400mm、600mm 和 700mm 物种相似性很高聚为一类，水分 200mm 为一类；深层

（5~10cm）土壤，水分 600mm、700mm 和水分 400mm 土壤种子库物种相似性很高聚为一类，水分 200mm 为一类。

第四节　不同水分条件对土壤理化性质及土壤种子库的影响

田间杂草土壤种子库的萌发除了受外界生态条件诸如水分、温度、光照、氧气、埋藏深度等因素的影响（罗小娟等，2012），还受土壤酸碱度、土壤有机质含量、土壤盐分含量、土壤酶活性等土壤特征因子的影响（颜启传和李稳香，1995）。在干旱半干旱区，由于水资源比较亏缺，所以水分条件对农田土壤理化性质、田间杂草土壤种子库以及田间杂草群落的分布有着至关重要的作用。水分的高低直接影响土壤水分、土壤湿度，进而影响土壤的理化性质、土壤酶的活性等土壤肥力指标（文都日乐等，2010），而土壤肥力指标直接影响到对农田杂草土壤种子库的激活效应（冯远娇等，2001）。在干旱半干旱环境中，水分通常是不可预测的，水分条件特别是土壤水分条件往往是杂草植物种子萌发和正常出苗生长的主要决定因子（尚占环等，2009a）。众多研究认为，土壤水分通过影响土壤微生物的生长和养分的有效性，间接影响土壤理化性质的高低，进而调控着整个地下生物化学过程（贾丙瑞等，2005）。

研究区位属于干旱半干旱区，水分是影响土壤基本特征的主要制约因素，进而对田间杂草土壤种子库的物种储量、密度及多样性有着重要作用。本节通过研究不同水分对土壤含水量、pH、全盐、全氮、全磷等土壤基本特征因子的影响，掌握不同水分梯度对土壤理化性质的影响及对杂草土壤种子库的激活效应，为有效掌握不同水分条件下田间土壤理化性质、田间杂草土壤种子库的演替规律，以及田间杂草群落的分布特征提供科学理论依据。

一、不同水分条件对土壤理化性质的影响

（一）水分对土壤全盐含量的影响

不同水分处理中 0~5cm 土层的全盐含量高于 5~10cm 土层，其中表层（0~5cm）土壤中 200mm 水分处理的全盐含量最高，分别比 400mm、600mm 和 700mm 处理高出 1.14%、7.23%和 7.23%，深层（5~10cm）土壤 200mm 水分处理的全盐含量最高，分别比 700mm、600mm 和 400mm 处理高出 3.66%、10.39%和 23.19%（图 8-5）。

通过对 4 个不同水分处理进行 Duncan 法单因素方差分析，0~5cm 土层全盐含量 200mm、400mm 水分处理与 600mm、700mm 处理差异显著，5~10cm 土层全盐含量 200mm 水分处理分别与 700mm、600mm 和 400mm 水分处理差异显著（图 8-5）。

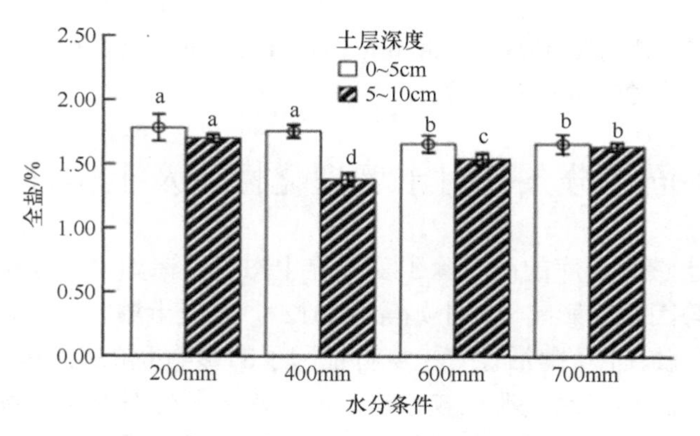

图 8-5 不同土层深度土壤全盐含量

不同小写字母表示在 0.05 水平上存在显著差异

（二）水分对土壤有机质含量的影响

土壤有机质含量在垂直方向均表现为深层（5~10cm）土壤高于表层（0~5cm）土壤，其中表层土壤中600mm水分处理的有机质含量最高，分别比700mm、400mm和200mm处理高出9.02%、20.07%和25.49%，深层土壤400mm水分处理的有机质含量最高，分别比200mm、600mm和700mm处理高出0.92%、3.66%和6.47%（图 8-6）。

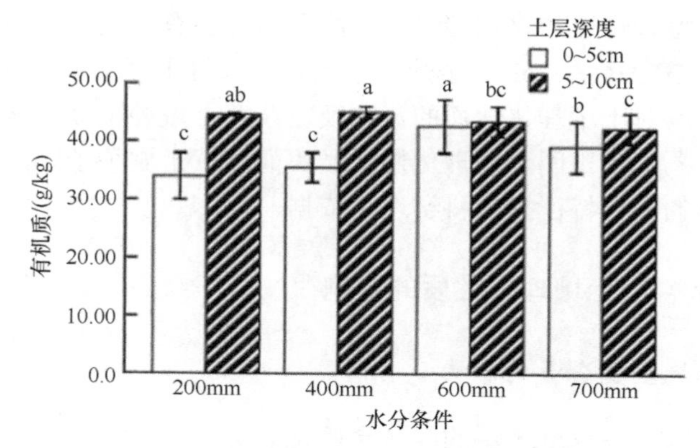

图 8-6 不同土层深度土壤有机质含量

不同小写字母表示在 0.05 水平上存在显著差异

通过对 4 个不同水分处理组间 Duncan 法单因素方差分析，0~5cm 土层有机质含量 600mm 水分处理与 200mm、400mm 和 700mm 处理差异显著；200mm 和 400mm 处理之间没有明显差异。5~10cm 土层有机质含量 400mm 水分处理分别与 200mm、600mm 和 700mm 水分处理差异显著；400mm 水分处理与 200mm 水分处理、200mm 水分处理与 600mm 水分处理差异极显著（图 8-6）。

（三）水分对土壤全磷含量的影响

土壤全磷含量在垂直方向均表现为深层（5~10cm）土壤高于表层（0~5cm）土壤，其中表层土壤中 600mm 水分处理全磷含量最高，分别比 700mm、400mm 和 200mm 处理高出 1.52%、4.17%和 13.0%；深层土壤 600mm 水分处理的全磷含量最高，分别比 700mm、400mm 和 200mm 处理高出 5.94%、7.0%和 7.53%（图 8-7）。

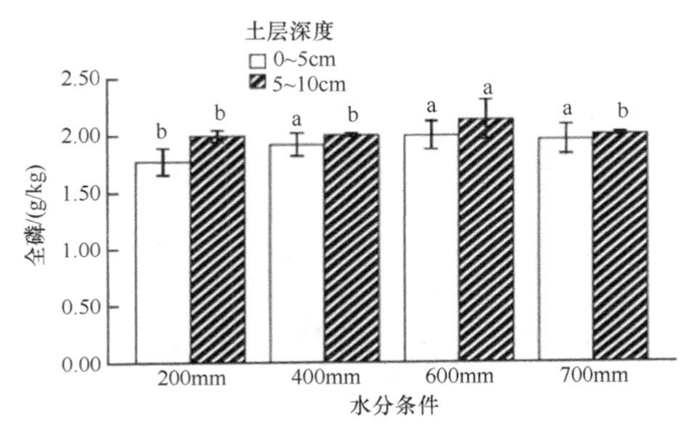

图 8-7　不同土层深度土壤全磷含量分析

不同小写字母表示在 0.05 水平上存在显著差异

通过对 4 个不同水分处理组间 Duncan 法单因素方差分析，0~5cm 土层全磷含量在 400mm、600mm 和 700mm 分别与 200mm 水分处理差异显著，400mm、600mm 和 700mm 水分处理之间没有明显差异；5~10cm 土层全磷含量 600mm 水分处理分别与 200mm、400mm 和 700mm 水分处理差异显著，200mm、400mm 和 700mm 处理之间没有明显差异（图 8-7）。

（四）水分对土壤 pH 的影响

土壤 pH 在垂直方向均表现为表层（0~5cm）土壤高于深层（5~10cm）土壤，其中表层土壤中 700mm 处理 pH 最高，分别比 600mm、400mm 和 200mm 处理高出 0.84%、2.06%和 3.57%；深层土壤 700mm 处理 pH 最高，分别比 600mm、400mm 和 200 处理高出 0.36%、1.33%和 2.71%（图 8-8）。

通过对 4 个不同水分处理组间 Duncan 法单因素方差分析，0~5cm 土层 pH 在 700mm、600mm、400mm、200mm 水分处理之间差异显著；5~10cm 土层 pH 在 600mm 和 700mm 处理分别与 400mm、200mm 水分处理差异显著，400mm、200mm 水分处理没有明显差异（图 8-8）。

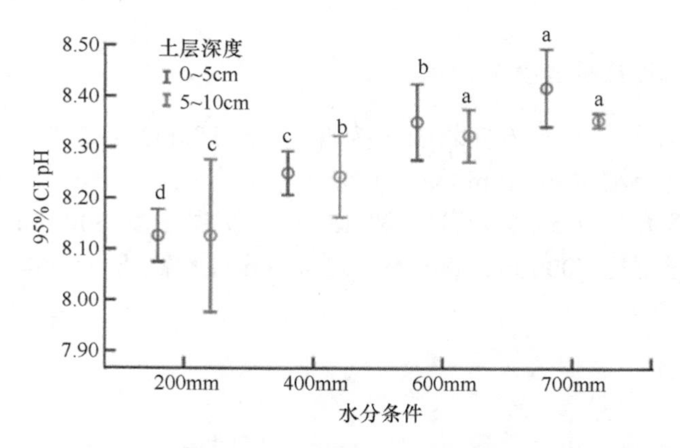

图 8-8　不同土层深度土壤 pH（彩图请扫封底二维码）

不同小写字母表示在 0.05 水平上存在显著差异

（五）水分对土壤含水量的影响

如图 8-9 所示，土壤含水量在垂直方向均表现为深层（5~10cm）土壤高于表层（0~5cm）土壤，其中表层土壤中 700mm 处理含水量最高，分别比 600mm、400mm 和 200mm 处理高出 32.57%、72.84%和 184.17%；深层土壤 700mm 处理含水量最高，分别比 600mm、400mm 和 200mm 处理高出 15.80%、40.62%和 168.54%。

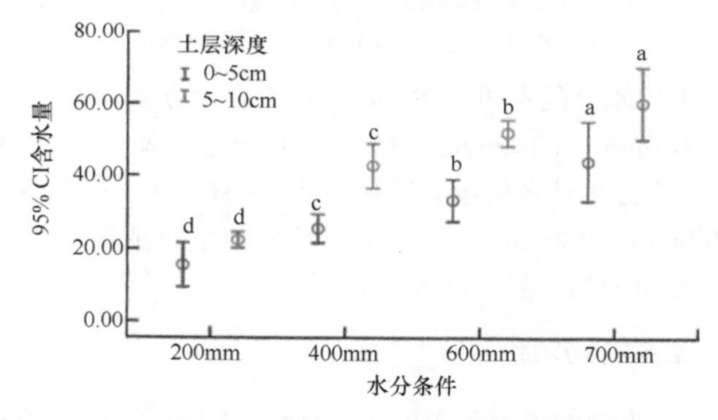

图 8-9　不同土层深度土壤含水量（彩图请扫封底二维码）

不同小写字母表示在 0.05 水平上存在显著差异

通过对 4 个不同水分处理组间 Duncan 法单因素方差分析，0~5cm 土层含水量在 700mm、600mm、400mm、200mm 水分处理组之间差异显著；5~10cm 土层含水量在 700mm、600mm、400mm、200mm 水分处理组之间差异显著。

（六）水分对土壤全氮含量的影响

土壤全氮含量在垂直方向均表现为深层（5~10cm）土壤高于表层（0~5cm）土壤，其中表层土壤中 400mm 水分处理全氮含量最高，分别比 600mm、200mm

和 700mm 处理高出 36.0%、41.67%和 47.83%；深层土壤 400mm 水分处理全氮含量最高，分别比 200mm、600mm 和 700mm 处理高出 43.24%、112%和 140.9%（图 8-10）。

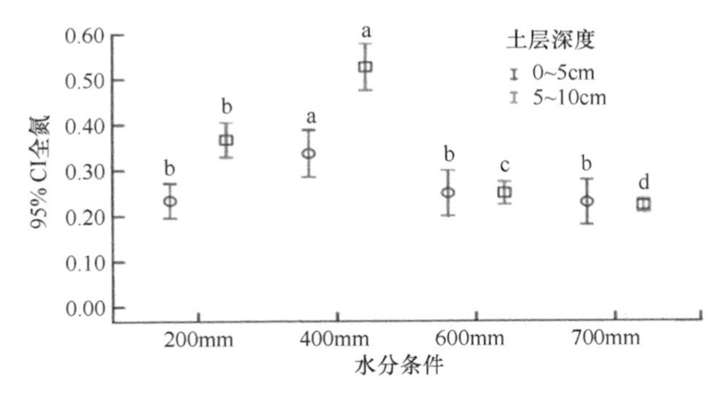

图 8-10　不同土层深度土壤全氮含量（彩图请扫封底二维码）

不同小写字母表示在 0.05 水平上存在显著差异

通过对 4 个不同水分处理组间 Duncan 法单因素方差分析，0~5cm 土层全氮含量 400mm 水分处理分别与 200mm、600mm 和 700mm 水分处理之间差异显著，200mm、600mm 和 700mm 处理之间没有明显差异；5~10cm 土层全氮含量在 400mm、200mm、600mm 和 700mm 水分处理组之间差异显著（图 8-10）。

二、土壤理化性质与土壤种子库物种分布的 CCA 排序

（一）0~5cm 土层理化性质与土壤种子库物种 CCA 排序

0~5cm 土层田间杂草土壤种子库物种与土壤理化性质 CCA 排序轴分析结果（表 8-7），说明土壤理化性质与土壤种子库的 CCA 排序结果能够很好地反映土壤理化性质与土壤种子库物种分布之间的关系。轴 1 和轴 2 的特征值分别为 0.238 和 0.073，杂草土壤种子库物种与土壤理化性质呈正相关，说明土壤理化性质作为土壤环境因子，影响田间杂草群落结构的变化。4 个排序轴物种关系的累积贡献率分别为 61.5%、80.3%、93.2%和 93.4%，物种-环境关系总特征值分别为 65.8%、86.0%、99.7%和 99.9%，说明了土壤理化性质影响田间杂草土壤种子库物种的分布。

表 8-7　0~5cm 土层土壤种子库物种与土壤理化性质 CCA 排序统计

排序轴	特征值	物种与环境相关性	物种关系的累积贡献率/%	物种-环境关系总特征值/%
轴 1	0.238	0.979	61.5	65.8
轴 2	0.073	0.981	80.3	86.0
轴 3	0.050	0.907	93.2	99.7
轴 4	0.001	0.820	93.4	99.9

田间杂草土壤种子库具体物种与土壤理化性质 CCA 排序结果显示（图 8-11），0~5cm 土层田间杂草土壤种子库物种与土壤理化性质分为 4 个聚类组，聚类 1 组位于 CCA 排序图的右下方，主要是菊科的青蒿，藜科的圆头藜、小藜、尖头叶藜，禾本科的棒头草（*Polypogon fugax*）和锦葵科的野西瓜苗等对土壤含水量、有机质含量要求比较高的物种分布区，且呈正相关关系；禾本科的野青茅，旋花科的荞麦（*Fagopyrum esculentum*），茜草科的原拉拉藤，菊科的野艾蒿、刺儿菜对土壤含水量、有机质含量要求较高并与之呈负相关关系。聚类 2 组位于 CCA 排序图的左下方，其中土壤 pH 和全磷含量对禾本科的野青茅、藜科的小藜、菊科的青蒿、车前科的平车前（*Plantago depressa*）、木贼科的节节草、石竹科的繁缕、蓼科的萹蓄和马齿苋科的马齿苋（*Portulaca oleracea*）影响较大且与之呈正相关关系；禾本科的狗尾草和稗也受土壤 pH 和全磷含量的影响且与之呈负相关关系。聚类 3 组位于 CCA 排序图的左上方，其中禾本科的野青茅、早熟禾（*Poa annua*）、赖草，藜科的灰绿藜、香藜，菊科的野艾蒿、刺儿菜，旋花科的荞麦、田旋花、打碗花，唇形科的黄芩，毛茛科的欧洲唐松草，茜草科

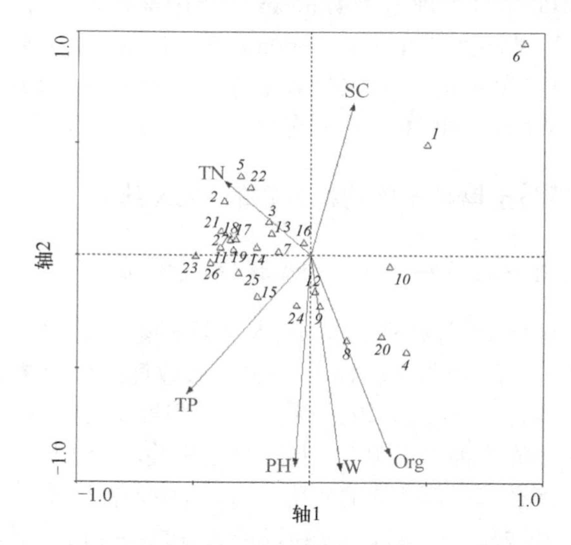

图 8-11　0~5cm 土层种子库物种与土壤理化性质的 CCA 排序（彩图请扫封底二维码）

1. 狗尾草（*Setaria viridis*）；2. 早熟禾（*Poa annua*）；3. 赖草（*Leymus secalinus*）；4. 棒头草（*Polypogon fugax*）；5. 野青茅（*Deyeuxia arundinacea*）；6. 稗（*Echinochloa crusgalli*）；7. 灰绿藜（*Chenopodium glaucum*）；8. 圆头藜（*Chenopodium strictum*）；9. 小藜（*Chenopodium serotinum*）；10. 尖头叶藜（*Chenopodium acuminatum*）；11. 香藜（*Chenopodium botrys*）；12. 青蒿（*Artemisia carvifolia*）；13. 野艾蒿（*Artemisa lavandulaefolia*）；14. 刺儿菜（*Cirsium setosum*）；15. 萹蓄（*Polygonum aviculare*）；16. 荞麦（*Fagopyrum esculentum*）；17. 田旋花（*Convolvulus arvensis*）；18. 打碗花（*Calystegia hederacea*）；19. 黄芩（*Scutellaria baicalensis*）；20. 野西瓜苗（*Hibiscus trionum*）；21. 欧洲唐松草（*Thalictrum aquilegifolium*）；22. 原拉拉藤（*Galium aparine*）；23. 平车前（*Plantago depressa*）；24. 繁缕（*Stellaria media*）；25. 马齿苋（*Portulaca oleracea*）；26. 节节草（*Equisetum ramosissimum*）；27. 鼠掌老鹳草（*Geranium sibiricum*）；W. 土壤含水量；Org. 有机质；SC. 全盐；TN. 全氮；TP. 全磷

的原拉拉藤和牻牛儿苗科的鼠掌老鹳草对全氮含量要求较高并与之呈正相关关系；菊科的青蒿，藜科的圆头藜、小藜、尖头叶藜，禾本科的棒头草和锦葵科的野西瓜苗与土壤全氮含量呈负相关关系。聚类4组位于CCA排序图的右上方，土壤全盐含量对禾本科的野青茅、狗尾草影响较大并与之呈正相关关系；石竹科的繁缕、菊科的青蒿、藜科的小藜、蓼科的萹蓄对土壤全盐含量要求较高并与之呈负相关关系。

（二）5~10cm 土层理化性质与土壤种子库物种 CCA 排序

田间5~10cm土层杂草土壤种子库物种与土壤理化性质CCA排序轴分析结果表明（表8-8），土壤理化性质与土壤种子库的CCA排序结果能够很好地反映土壤理化性质与土壤种子库物种分布之间的关系。轴1和轴2的特征值分别为0.204和0.008，杂草土壤种子库物种与土壤理化性质呈显著正相关，说明土壤理化性质作为土壤环境因子，影响田间杂草群落结构的变化。4个排序轴物种关系的累积贡献率分别为42.3%、65.4%、79.7%和80.4%，累积贡献率较0~5cm土层较低，说明土层深度影响物种关系累积贡献率。

表8-8　5~10cm土层土壤种子库物种与土壤理化性质CCA排序统计

排序轴	特征值	物种与环境相关性	物种关系的累积贡献率/%	物种-环境关系总特征值/%
轴1	0.204	0.862	42.3	52.5
轴2	0.008	0.988	65.4	81.2
轴3	0.052	0.979	79.7	99.0
轴4	0.083	0.512	80.4	99.8

田间5~10cm土层杂草土壤种子库具体物种与土壤理化性质CCA排序结果分为3个聚类组（图8-12），其中聚类1组位于左下方，菊科的野艾蒿、刺儿菜、青蒿，旋花科的田旋花、荞麦，蓼科的萹蓄，木贼科的节节草，禾本科的早熟禾，毛茛科的欧洲唐松草对土壤含水量、有机质和pH要求较高，且与之呈正相关关系；藜科的尖头叶藜，禾本科的狗尾草对土壤含水量、有机质和pH要求较高，且与之呈负相关关系。聚类2组土壤全氮含量与藜科的灰绿藜、唇形科的黄芩、茜草科的原拉拉藤呈正相关关系；与藜科的圆头藜、小藜，禾本科的野青茅、稗，锦葵科的野西瓜苗，马齿苋科的马齿苋呈负相关关系。聚类3组土壤全磷含量与茜草科的原拉拉藤，唇形科的黄芩，藜科的灰绿藜、香藜，牻牛儿苗科的鼠掌老鹳草和旋花科的打碗花呈正相关关系；与禾本科的稗、藜科的尖头叶藜呈负相关关系；菊科的野艾蒿，旋花科的田旋花、打碗花，牻牛儿苗科的鼠掌老鹳草，藜科的香藜与土壤全盐呈负相关关系。

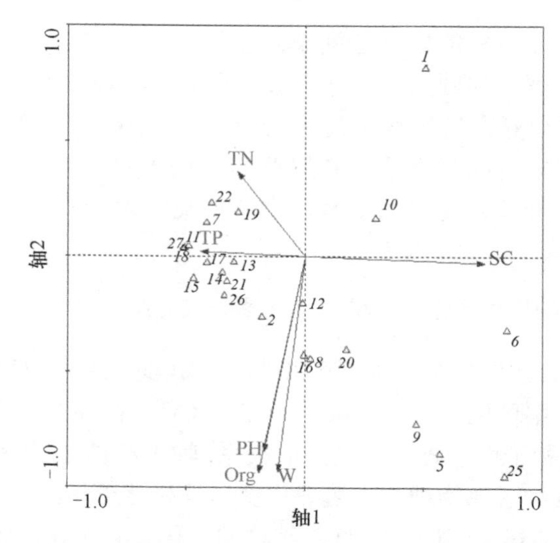

图 8-12　5~10cm 土壤种子库物种与土壤理化性质的 CCA 排序（彩图请扫封底二维码）

1. 狗尾草（*Setaria viridis*）；2. 早熟禾（*Poa annua*）；3. 赖草（*Leymus secalinus*）；4. 棒头草（*Polypogon fugax*）；5. 野青茅（*Deyeuxia arundinacea*）；6. 稗（*Echinochloa crusgalli*）；7. 灰绿藜（*Chenopodium glaucum*）；8. 圆头藜（*Chenopodium strictum*）；9. 小藜（*Chenopodium serotinum*）；10. 尖头叶藜（*Chenopodium acuminatum*）；11. 香藜（*Chenopodium botrys*）；12. 青蒿（*Artemisia carvifolia*）；13. 野艾蒿（*Artemisa lavandulaefolia*）；14. 刺儿菜（*Cirsium setosum*）；15. 萹蓄（*Polygonum aviculare*）；16. 荞麦（*Fagopyrum esculentum*）；17. 田旋花（*Convolvulus arvensis*）；18. 打碗花（*Calystegia hederacea*）；19. 黄芩（*Scutellaria baicalensis*）；20. 野西瓜苗（*Hibiscus trionum*）；21. 欧洲唐松草（*Thalictrum aquilegifolium*）；22. 原拉拉藤（*Galium aparine*）；23. 平车前（*Plantago depressa*）；24. 繁缕（*Stellaria media*）；25. 马齿苋（*Portulaca oleracea*）；26. 节节草（*Equisetum ramosissimum*）；27. 鼠掌老鹳草（*Geranium sibiricum*）；W. 土壤含水量；Org. 有机质；SC. 全盐；TN. 全氮；TP. 全磷

三、讨论与小结

影响田间杂草种子库的因素很多，除了受埋藏深度、耕作制度的影响，还主要受土壤 pH、全盐、全氮、全磷等理化性质的影响（虎锋等，2003；张咏梅等，2003）。在干旱半干旱区，水分通过影响土壤含水量进而影响土壤 pH、全盐、全氮、全磷等理化性质，影响田间杂草土壤种子库的分布格局。CCA 排序空间能够直接反映田间杂草土壤种子库在土壤理化性质特征指标上的分布规律，通过对土壤含水量、pH、全盐、全氮、全磷等理化性质与土壤种子库物种排序轴的相关性分析，可以得出与之对应排序轴显著相关的土壤特征指标（白玉宏，2014），进而可以得出影响田间杂草群落空间分布格局的主要指标（郝翠等，2009；曹同等，2000）。

本节通过不同水分对田间土壤含水量、pH、全盐、全氮、全磷等土壤理化性质的影响，以及田间杂草土壤种子库分别与土壤含水量、pH、全盐、全氮、全磷等土壤理化性质的 CCA 排序分析，主要得出以下几点结论。

（1）0~5cm 土层全盐在 200mm 水分处理含量最高，700mm 水分处理含量最低，而土壤 pH 和土壤含水量则与之相反，说明随着水分的增加土壤含盐量递减，土壤 pH 和土壤含水量随着水分的增加而递增；土壤有机质和全氮在 400mm 处理时含量最高，说明土壤中有机质的含量直接影响全氮的含量；土壤全磷在 600mm 水分处理时含量最高。5~10cm 土层全盐在 200mm 水分处理含量最高，而土壤 pH 和土壤含水量则在 700mm 水分处理时最高，说明随着水分的增加土壤含盐量递减，土壤 pH 和土壤含水量则与之相反；土壤有机质和土壤全磷在 600mm 水分处理含量最高，土壤全氮在 400mm 水分处理含量最高，说明水分通过影响土壤含水量进而影响土壤 pH、全盐、全氮、全磷等理化性质。

（2）影响田间杂草土壤种子库物种组成和分布的主要特征因子为土壤水分、有机质、全盐和全氮；土壤理化性质作为土壤环境因子，影响田间杂草群落结构的变化；累积贡献率 0~5cm 土层高于 5~10cm 土层，说明土层深度影响物种关系累积贡献率。

第五节　不同水分条件下田间杂草土壤种子库与地上植被的耦合关系

田间杂草土壤种子库与田间地上植被的耦合关系在以往的研究中都有提到，但是研究结果却表现不一，从有没有相似性到有相似性甚至相似性很高并没有统一的定论。众多研究表明，田间杂草土壤种子库与田间地上植被的耦合关系主要取决于田间地上杂草群落的演替阶段（赵凌平等，2012），演替初期田间杂草群落的地上优势种主要是一些以风播为主的一年生草本植物，这些植物的种子具有明显的休眠性，加之其颗粒形状比较细小易于储藏，进而组成土壤种子库；而此阶段的田间地上杂草群落与其对应的田间杂草土壤种子库之间存在明显的耦合关系，相似性也相对较高。随着田间杂草群落的不断演替，田间杂草群落被相对稳定的植物种类所代替，而此时植物的种子特征大多形状较之演替初期大，产量相对较小，因此田间杂草土壤种子库中主要种子依然以演替初期的种子为主（黄雍容等，2010）。此阶段田间地上杂草群落与其对应的田间杂草土壤种子库之间的耦合关系较初期小，相似性系数也相对减少，由于田间杂草土壤种子库亦受季节和年际变化，所以田间地上杂草群落与其对应的田间杂草土壤种子库之间的耦合关系随时间而变化。当然种子能否打破休眠从而萌发、出苗还受到温度、光照、水分等生态因子，土壤理化性质、土壤微生物数量、土壤酶活性等土壤特征因子，耕作方式、施肥模式等人为干扰，以及种子埋藏深度等因素的影响，所以对于田间地上杂草群落和其对应的田间杂草土壤种子库二者的耦合关系还需进一步深入研究。

一、不同水分条件下田间杂草土壤种子库与地上植被物种组成耦合关系

田间杂草地上植被统计到 32 种植物，土壤种子库统计到 29 种，其中共有种 21 种，仅出现在田间地上植被中的物种有 11 种，仅出现在田间杂草土壤种子库中的植物中有 8 种。田间杂草土壤种子库和田间杂草地上植被物种组成之间的 Jacccard 相似性系数为 68.85%。

不同土层深度、不同水分处理量的田间杂草土壤种子库和田间杂草地上植被在物种组成上相似性表现出不同的程度（表 8-9）。其中在表层（0~5cm）土壤中，随着水分处理量的增加，Jacccard 相似性系数呈增长趋势，600mm 水分处理时共有种最多（19 种），Jacccard 相似性系数为 50.00%；水分处理量为 400mm 处理时田间杂草土壤种子库物种类最多（26 种），Jacccard 相似性系数为 45.00%。在深层（5~10cm）土壤中，随着水分处理量的增加，Jacccard 相似性系数整体呈递增趋势，600mm 水分处理时田间杂草土壤种子库物种、共有种均最多，分别为 27 种和 21 种，Jacccard 相似性系数为 55.26%，其次为 700mm 水分处理，田间杂草土壤种子库物种、共有种分别为 24 种和 18 种，Jacccard 相似性系数为 47.37%；再次为 400mm 水分处理，田间杂草土壤种子库物种、共有种分别为 25 种和 15 种，Jacccard 相似性系数为 35.71%；200mm 水分处理时田间杂草土壤种子库物种、共有种最低，分别为 13 种和 11 种，Jacccard 相似性系数为 32.35%。

表 8-9　不同土层杂草土壤种子库与地上植被 Jacccard 相似性系数

土层	处理	土壤种子库物种数	地上植被物种数	共有种	Jacccard 相似性系数/%
0~5cm	200mm	17	32	14	40.00
	400mm	26	32	18	45.00
	600mm	25	32	19	50.00
	700mm	25	32	18	46.15
5~10cm	200mm	13	32	11	32.35
	400mm	25	32	15	35.71
	600mm	27	32	21	55.26
	700mm	24	32	18	47.37

二、不同水分条件下土壤种子库密度与地上植被植株数耦合关系

不同水分处理田间杂草土壤种子库密度和田间杂草地上植被物种植株数之间的 Pearson 相关性系数不同（表 8-10），具体表现为：200mm 水分处理田间杂草土壤种子库密度和田间杂草地上植被物种植株数之间呈显著负相关（r=−0.820，P=0.046），400mm、600mm 水分处理和 700mm 水分处理田间杂草土壤种子库密度

和田间杂草地上植被物种植株数之间呈显著正相关（r 值分别为 0.859、0.851、0.873，P 值分别为 0.029、0.032、0.023）。总体来看，田间杂草土壤种子库密度和地上植被物种植株数之间存在显著相关性（r=0.868，P<0.05，N=40）。

表 8-10　田间土壤种子库密度与地上植被株数间 Pearson 相关性分析

处理	Pearson 相关性系数	显著性（双侧）	N
200mm	−0.820*	0.046	6
400mm	0.859*	0.029	6
600mm	0.851*	0.032	6
CK	0.873*	0.023	6

*表示在 0.05 水平（双侧）上显著相关

三、不同水分条件下土壤种子库与地上植被物种组成和数量级密度比较

田间杂草土壤种子库和田间地上植被物种组成、数量级密度比较分析表明（图 8-13），研究区田间地上植被物种总共统计到 32 个物种，田间杂草土壤种子库物种总共统计到 29 个物种，地上植被和土壤种子库共有种总共统计到 21 个物种，分别是狗尾草、赖草、稗、野青茅、青蒿、野艾蒿、刺儿菜、香藜、灰绿藜、田旋花、打碗花、萹蓄、尖头叶藜、荞麦、欧洲唐松草、节节草、香薷、原拉拉藤、平车前、马齿苋、鼠掌老鹳草；仅出现在田间地上植被的物种总共统计到 11 个植物种，分别是冰草、燕麦（*Avena sativa*）、长裂苦苣菜、风毛菊（*Saussurea japonica*）、向日葵（*Helianthus annuus*）、蒲公英、鳢肠（*Eclipta prostrata*）、杂配藜（*Chenopodium hybridum*）、二裂委陵菜、琉璃草、苦荞麦（*Fagopyrum tataricum*）；仅出现在田间杂草土壤种子库的物种总共统计到 8 个物种，分别是早熟禾、棒头草、繁缕、圆头藜、小藜、白车轴草（*Trifolium repens*）、野西瓜苗、骆驼蓬。仅出现在田间地上植被的物种数量级较大的为菊科的长裂苦苣菜和蒲公英、禾本科的冰草；地上植被和土壤种子库共有种中地上植被出现的数量级较大的有茜草科的原拉拉藤、唇形科的香薷、旋花科的田旋花，土壤种子库出现的数量级较大的有藜科的尖头叶藜和灰绿藜、菊科的刺儿菜。

在物种储量上田间杂草土壤种子库储存的种子数远远高于相对应的田间地上植被物种的植株数，田间杂草种子库密度数量级也远远大于田间地上植被物种的植株数。田间杂草土壤种子库总密度是田间地上植被物种植株数的 5 倍。研究表明田间杂草土壤种子库是常年集聚的过程，而田间地上植被仅仅是土壤种子库中一小部分种子萌发的结果，由于土壤特征因子、自然条件、人为干扰等因素影响，其中有相当大量的种子没有萌发继续留存在土壤种子库中，从而使得田间地上植被的物种植株数与田间杂草土壤种子库密度在数量级上差异显著，同时也造成了田间杂草土壤种子库的物种密度远远高于相对应的田间地上植被的植株数。

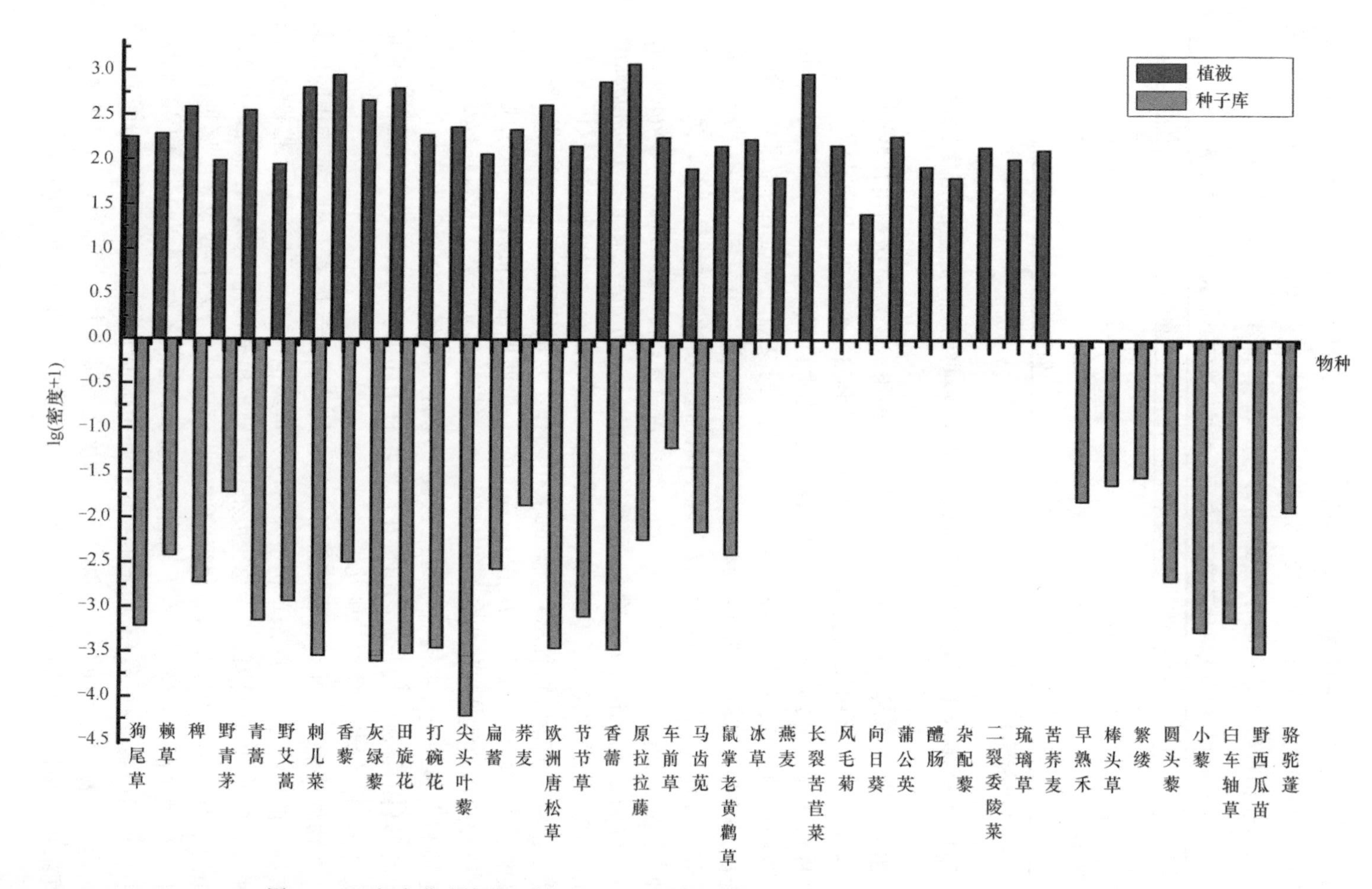

图 8-13 田间杂草土壤种子库与地上植被物种组成和数量级密度比（彩图请扫封底二维码）

四、讨论与小结

杂草土壤种子库指积聚在土壤表面及土层中具有活力的所有杂草种子的总称（强胜，2001；Roberts and Totterdell，1981）。杂草土壤种子库在农田中以“潜杂草群落”的方式存在，其物种组成结构、密度等特征决定了未来田间地上植被“显杂草群落”的发生规律，其动态变化与土壤特征因子、自然环境条件、人为因素密切相关（Cardina et al.，2002；Barberi et al.，2001；杨小波等，1999；Ball，1992；Cardina et al.，1991；Burnside et al.，1986；）。杂草土壤种子库在水分、温度、土壤肥力等适宜的环境条件下，通过激活并萌发埋藏在土壤中的种子补充田间杂草地上植被的植株数，使杂草土壤种子库与田间杂草地上植被之间形成了“源”与“汇”的关系（伊晨刚，2013）。以往研究表明，在物种组成、密度、结构特征以及地上植被物种植株数上，杂草土壤种子库与田间杂草地上植被之间的耦合关系分为两种（王宁等，2009），分别为杂草土壤种子库与田间杂草地上植被之间存在显著相关性和不存在显著相关性但存在显著差异性。赵丽娅等（2003）研究表明，土壤种子库密度与地上植被物种植株数之间存在显著相关性，而曾彦军（2003）、刘庆艳（2013）研究表明土壤种子库密度与地上植被物种植株数之间不存在显著相关性，刘瑞雪（2013）、Hall（1980）、安树青等（1996）研究表明土壤种子库与地上植被物种组成之间存在显著差异性但不存在显著相关性，主要原因在于地上植被的植株与相对应的土壤中存储的种子存在差异。

本研究通过对田间杂草土壤种子库与田间杂草地上植被物种组成耦合关系、土壤种子库密度与地上植被植株数耦合关系、土壤种子库与地上植被物种组成和数量级密度比较分析，主要得出以下几点结论。

（1）研究区出现的植物共统计到 32 种，在田间杂草土壤种子库和田间地上植被均出现的共有种总共统计到 21 种，仅在田间地上植被中出现的植物种类为 11 种，仅在田间杂草土壤种子库中出现的植物种类为 8 种；仅出现在田间地上植被中的菊科植物多为多年生草本植物，而仅出现在田间杂草土壤种子库中的植物多为禾本科和藜科的一年生草本植物，说明田间杂草植物的生活型对田间杂草土壤种子库和田间地上植被的物种组成有较大的影响。

（2）土壤种子库密度与地上植被植株数耦合关系随水分的不同而表现出明显的差异，随着水分的增加，Jacccard 相似性系数整体呈增长趋势，600mm 水分处理时共有种最多，Jacccard 相似性系数也相对最高；田间杂草土壤种子库密度和田间杂草地上植被物种植株数之间的 Pearson 相关性系数在 0.05 水平上存在显著相关性。

（3）田间杂草土壤种子库密度与地上植被物种植株数在数量级上差异显著，同时田间杂草土壤种子库的物种储量、物种密度数量级远远高于相对应的田间地上植被的植株数。

第六节　结　　论

本章通过研究不同水分对田间杂草地上植被、杂草土壤种子库、田间土壤特征因子的影响，得出以下结论。

（1）研究区田间杂草土壤种子库和地上植被共统计到32种，分属14科27属，共有种共统计到21种，地上植被特有种共计11种，田间杂草土壤种子库特有种共计8种；就植物种数的多少而言，菊科和禾本科分别排第一和第二，其地上生物量也非常大。其中原拉拉藤、长裂苦苣菜、香藜是密度最高的前三种。

（2）田间杂草土壤种子库密度0~5cm土层高于5~10cm土层，一年生草本植物在0~5cm和5~10cm土层出现的频度均高于多年生草本植物；土壤有机质含量主要影响物种Shannon-Wiener多样性指数和Simpson多样性指数，而Margalef丰富度指数和Pielou均匀度指数主要取决于土壤pH和土壤含水量的高低，0~5cm土层杂草土壤种子库物种Margalef丰富度指数、Shannon-Wiener多样性指数、Simpson多样性指数和Pielou均匀度指数在400mm水分处理时最高，而5~10cm土层杂草土壤种子库物种则在600mm水分处理时最高；杂草土壤种子库主要优势种为尖头叶藜、狗尾草、青蒿、灰绿藜、田旋花、刺儿菜。

（3）水分通过影响土壤含水量进而影响土壤pH、全盐、全氮、全磷等理化性质。土壤理化性质作为土壤环境因子，影响田间杂草群落结构的变化。其中，影响杂草土壤种子库物种组成和分布的主要特征因子为土壤水分、有机质、全盐和全氮；土壤理化性质对杂草土壤种子库的累积贡献率0~5cm土层高于5~10cm土层，说明土层深度影响物种关系累积贡献率。

（4）随着水分的增加，Jacccard相似性系数整体呈增长趋势；600mm水分处理下共有种最多，Jacccard相似性系数也相对最高。田间杂草土壤种子库密度和田间杂草地上植被物种植株数之间的Pearson相关性系数存在显著相关性；田间杂草土壤种子库密度与地上植被物种植株数在数量级上差异显著，同时田间杂草土壤种子库的物种储量、物种密度数量级远远高于相对应的田间地上植被的植株数。

参考文献

安富博, 张德魁, 赵锦梅, 等. 2019. 河西走廊不同类型戈壁土壤理化性质分析[J]. 中国水土保持, (6): 42-47.

安韶山, 黄懿梅, 刘梦云. 2007. 宁南山区土壤酶活性特征及其与肥力因子的关系[J]. 中国生态农业学报, 15(5): 55-58.

安树青, 林向阳, 洪必恭. 1996. 宝华山主要植被类型土壤种子库初探[J]. 植物生态学报, 20(1): 41-50.

安渊, 王育青. 1997. 沙地草场补播技术及其生态效益研究[J]. 草地学报, 5(1): 33-41.

白文娟, 焦菊英. 2006. 土壤种子库的研究方法综述[J]. 干旱地区农业研究, 24(6): 195-198+203.

白勇. 2006. 河北坝上保护性耕作麦田杂草管理技术研究[D]. 中国农业大学硕士学位论文, 16-24.

白玉宏. 2014. 山西接骨木生存群落的数量分析[D]. 山西师范大学硕士学位论文, 12-29.

包秀霞, 易津, 刘书润, 等. 2010. 不同放牧方式对蒙古高原典型草原土壤种子库的影响[J]. 中国草地学报, 32(5): 66-72.

宝音陶格涛, 刘海松, 图雅, 等. 2009. 退化羊草草原围栏封育多样性动态研究[J]. 中国草地学报, 31(5): 37-41.

鲍士旦. 2000. 土壤农化分析. 3 版[M]. 北京: 中国农业出版社, 30-81.

鲍雅静, 李政海, 韩兴国, 等. 2006. 植物热值及其生物生态学属性[J]. 生态学杂志, 25(9): 1095-1103.

北京大学考古系碳十四实验室. 1996. 碳十四年代测定报[J]. 文物, (6).

曹同, 郭水良, 高谦. 2000. 应用排序分析藓类植物分类群分布与气候因素的关系[J]. 应用生态学报, 11(5): 680-686.

常青, 张大维, 李雪, 等. 2011. 中国矿区土壤种子库研究的必要性与挑战[J]. 应用生态学报, 22(5): 1343-1350.

常学礼, 赵爱芬, 李胜功. 2000. 科尔沁沙地固定沙丘植被物种多样性对降水变化的响应[J]. 植物生态学报, 24(2): 147-151.

常兆丰, 赵明, 韩福贵, 等. 2004. 民勤沙丘不同稳定性沙丘植被生境条件研究[J]. 干旱区研究, 21(4): 384-388.

晁增国, 汪诗平, 徐广平, 等. 2008. 围封对退化矮嵩草草甸群落结构和主要种群空间分布格局的影响[J]. 西北植物学报, 28(11): 2320~2326.

陈迪马. 2006. 天山云杉天然更新微生境及其幼苗格局与动态分析[D]. 新疆农业大学硕士学位论文, 1-103.

陈静, 李玉霖, 冯静, 等. 2016. 温度和水分对科尔沁沙质草地土壤氮矿化的影响[J]. 中国沙漠, 36(01): 103-110.

陈林, 宋乃平, 王磊, 等. 2017. 基于文献计量分析的蒿属植物研究进展[J]. 草业学报, 26(12): 223-235.

陈路, 赵家荣, 倪学明, 等. 1999. 古莲的研究现状及意义(一)[J]. 植物学通报, 34(11): 1-2.

陈小红, 段争虎, 谭明亮, 等. 2010. 沙漠化逆转过程中土壤颗粒分形维数的变化特征——以宁夏盐池县为例[J]. 干旱区研究, 27(2): 297-302.
陈颖颖, 吴自荣, 潘萍, 等. 2016. 飞播马尾松林土壤种子库的萌发特征及其与土壤理化性质的关系[J]. 土壤通报, 47(1): 92-97.
陈云, 袁志良, 任思远, 等. 2014. 宝天曼自然保护区不同生活型物种与土壤相关性分析[J]. 科学通报, 59(24): 2367-2376.
陈云明, 侯喜禄, 刘文兆. 2000. 黄土丘陵半干旱区不同类型植被水保生态效益研究[J]. 水土保持学报, 14(3): 57-61.
陈云云. 2004. 宁夏东部干旱风沙区退化柠条灌丛草地恢复过程中植被与土壤动态特征研究[D]. 宁夏大学硕士学位论文, 8-14.
陈智平. 2005. 子午岭林区油松林种子雨、种子库研究[D]. 甘肃农业大学硕士学位论文, 9-22.
程积民, 程杰, 邱莉萍, 等. 2008. 六盘山森林土壤种子库与植被演替过程[J]. 水土保持学报, 22(6): 187-192.
程积民, 胡相明, 赵艳云. 2009. 黄土丘陵区柠条灌木林合理平茬期的研究[J]. 干旱区资源与环境, 23(2): 196-200.
程积民, 万惠娥, 胡相明. 2006. 黄土高原草地土壤种子库与草地更新[J]. 土壤学报, 58(4): 679-683.
迟琳琳, 安宇宁, 张莉莉, 等. 2012. 围封对阿尔乡沙地植物群落和土壤养分的影响[J]. 防护林科技, (3): 52~54.
慈恩, 杨林章, 程月琴, 等. 2009. 不同耕作年限水稻土土壤颗粒的体积分形特征研究[J]. 土壤, 41(3): 396-401.
德英, 敖特根, 布仁吉雅. 2008. 放牧强度对草原化荒漠土壤种子库物种多样性和生活型的影响[J]. 干旱区研究, 25(5): 637-641.
丁瑞丰, 翟海燕, 汪飞, 等. 2009. 扁桃-麦间作果园节肢动物群落与各亚群落之间在均匀度、优势度、优势集中性上的关系[J]. 新疆农业科学, 2: 346-349.
窦红霞, 王明玖. 2008. 浑善达克沙地不同沙丘类型土壤种子库时空动态[J]. 草业科学, 25(3): 116-118.
杜建会, 严平, 丁连刚, 等. 2009. 民勤绿洲不同演化阶段白刺灌丛沙堆表面土壤理化性质研究[J]. 中国沙漠, 29(2): 245-253.
杜茜, 马琨. 2007. 宁夏荒漠草原恢复演替过程中物种多样性与生产力的变化[J]. 生态环境, 16(4): 1225-1228.
杜茜, 沈海亮, 王季槐. 2006. 宁夏荒漠草原植物群落结构和物种多样性研究[J]. 生态学杂志, 25(2): 222-224.
杜庆, 李美君, 边振, 等. 2016. 不同土地利用方式下草地植被动态变化特征——以宁夏盐池县为例[J]. 干旱区研究, 33(3): 569-576.
段吉闯, 周华坤, 汪诗平, 等. 2009. 高寒草地土壤种子库研究进展及展望[J]. 草业科学, 2(26): 39-46.
范立民, 向茂西, 彭捷, 等. 2016. 西部生态脆弱矿区地下水对高强度采煤的响应[J]. 煤炭学报, 52(11): 2672-2678.
方祥, 王东丽, 李佳, 等. 2020. 围封对固沙樟子松林土壤种子库的影响[J]. 草业科学, 37(4): 635-644.
冯秀, 仝川, 丁勇, 等. 2007. 土壤种子库在植被恢复与重建中的作用与潜力[J]. 内蒙古大学学报(自然科学版), 38(1): 102-108.
冯远娇, 王建武. 2001. 农田杂草种子库研究综述[J]. 土壤与环境, 10(2): 158-160.
付瑞玉, 苏宏新, 张忠华, 等. 2018. 中国森林生物多样性监测网络(CForBio)的研究态势与热点:

基于文献计量分析. 生物多样性, 26(12): 1255-1267.
傅强, 杨期和, 叶万辉. 2003. 种子休眠的解除方法[J]. 广西农业生物科学, 3(22): 230~234.
盖美, 耿雅冬, 张鑫. 2005. 海河流域地下水生态水位研究. 地域研究与开发, (1): 119-124.
高凯, 谢中兵, 徐苏铁, 等. 2012. 内蒙古锡林河流域羊草草原15种植物热值特征[J]. 生态学报, 32(2): 588-594.
高晓原, 贝盏临, 雷茜, 等. 2009. 宁夏苦豆子资源基本情况及综合开发现状[J]. 中国野生植物资源, 28(2): 17-20.
葛斌杰. 2010. 天童山森林土壤种子库的微地形分异研究[D]. 华东师范大学硕士学位论文.
顾增辉, 张义军, 徐本美. 1988. 古莲子发芽与活力[J]. 种子世界, (10): 19-20.
关松荫. 1986. 土壤酶及其研究法[M]. 北京: 农业出版社.
桂东伟, 雷加强, 曾凡江, 等. 2011. 绿洲农田土壤粒径分布特征及其影响因素分析——以策勒绿洲为例[J]. 土壤, 43(3): 411-417.
郭继勋, 祝廷成. 1997. 羊草草原土壤微生物的数量和生物量[J]. 生态学报, 17(1): 78-82.
郭曼, 郑粉莉, 安韶山, 等. 2009. 黄土丘陵植被恢复过程中土壤种子库萌发数量特征及动态变化[J]. 干旱地区农业研究, 3(27): 233-238.
郭水良, 黄华, 晁柯, 等. 2005. 金华市郊10种杂草的热值和灰分含量及其适应意义[J]. 植物研究, 25(4): 460-464.
哈斯, 庄燕美, 王蕾, 等. 2006. 毛乌素沙地南缘横向沙丘粒度分布及其对风向变化的响应[J]. 地理科学进展, 25(6): 42-51.
韩丽君, 白中科, 李晋川, 等. 2007. 安太堡露天煤矿排土场土壤种子库[J]. 生态学杂志, 26(6): 817-821.
韩路, 王海珍, 彭杰, 等. 2010. 塔里木荒漠河岸林植物群落演替下的土壤理化性质研究[J]. 生态环境学报, 19(12): 2808-2814.
韩有志, 卜政权. 2003. 两个林分水曲柳土壤种子库空间格局的定最比较[J]. 应用生态学报, 14(4): 487-492.
郝翠, 梁耀元, 孟伟庆, 等. 2009. 天津滨海新区自然湿地植物分布与土壤理化性质的关系[J]. 湿地科学, 7(3): 267-271.
何明珠. 2010. 阿拉善高原荒漠植被组成分布特征及其环境解释Ⅳ. 土壤种子库特征研究[J]. 中国沙漠, 30(2): 287-295.
何全发, 王占军, 蒋齐, 等. 2007. 干旱风沙区人工柠条林对退化沙地改良效果的关联度分析与综合评价[J]. 水土保持研究, 14(1): 234-235, 238.
何维明, 钟章成. 1997. 植物繁殖对策的概念及其研究内容[J]. 生物学杂志, 15(6): 1-3.
何云核, 强胜. 2007. 安徽沿江水稻田杂草种子库研究[J]. 武汉植物学研究, 27(4): 343-349.
贺金生, 陈伟烈. 1997. 陆地植物群落物种多样性的梯度变化特征[J]. 生态学报, 17(1): 91-99.
贺燕, 魏霞, 魏宁, 等. 2020. 祁连山区主要下垫面土壤粒径分布特征. 水土保持研究, 27(2): 42-47+54.
侯瑞萍, 张克斌, 乔锋, 等. 2004. 农牧交错区土地荒漠化与生物多样性研究——以宁夏盐池县为例[J]. 生态环境, 13(3): 350-353.
侯志勇, 谢永红, 于小英, 等. 2009. 洞庭湖青山垸退耕地不通过水位土壤种子库特征[J]. 应用生态学报, 20(6): 1323-1328.
胡相明, 程积民, 万惠娥, 等. 2006. 黄土丘陵区地形、土壤水分与草地的景观格局[J]. 生态学报, 26(10): 3276-3285.
虎锋, 李召虎, 武菊英. 2003. 农田杂草种子库及其动态研究进展[J]. 杂草科学, (4): 1-3.

黄德青, 于兰, 张耀生, 等. 2011. 祁连山北坡天然草地地上生物量及其与土壤水分关系的比较研究[J]. 草业学报, 20(3): 20-27.
黄红兰, 张露, 廖承开. 2012. 毛红椿天然林种子雨、种子库与天然更新[J]. 应用生态学报, 23(4): 972-978.
黄金燕, 周世强, 谭迎春, 等. 2007. 卧龙自然保护区大熊猫栖息地植物群落多样性研究: 丰富度、物种多样性指数和均匀度[J]. 林业科学, 43(3): 73-78.
黄蓉, 王辉, 王蕙, 等. 2014. 围封年限对沙质草地土壤理化性质的影响[J]. 水土保持学报, 28(1): 183-188.
黄欣颖, 王堃, 王宇通, 等. 2011. 典型草原封育过程中土壤种子库的变化特征[J]. 草地学报, 19(1): 38-42.
黄雍容, 马祥庆, 庄凯, 等. 2010. 福建闽清福建青冈天然林种子雨和种子库[J]. 热带亚热带植物学报, 19(1): 68-74.
黄忠良, 孔国辉, 何道泉. 2000. 鼎湖山植物群落多样性的研究[J]. 生态学报, 20(2): 193-198.
贾丙瑞, 周广胜, 王风玉, 等. 2005. 土壤微生物与根系呼吸作用影响因子分析[J]. 应用生态学报, 15(8): 1547 -1552.
贾倩民, 陈彦云, 杨阳, 等. 2014. 不同人工草地对干旱区弃耕地土壤理化性质及微生物数量的影响[J]. 水土保持学报, 37(1): 178-182+220.
姜向阳, 范仲卿, 格桑, 等. 2014. 山东主要农作物籽实及不同器官的热值研究[J]. 中国农学通报, 30(27): 109-113.
洁琼, 李新荣, 鲍婧婷. 2014. 施氮对荒漠化草原土壤理化性质及酶活性的影响[J]. 应用生态学报, 25(3): 664-670.
金海洙, 金锺熙. 2011. 猪毛蒿对其他植物生长的他感作用[J]. 烟台大学学报(自然科学与工程版), 14(3): 180-184.
巨晓棠, 李生秀. 1998. 土壤氮素矿化的温度水分效应[J]. 植物营养与肥料学报, 5(1): 37-42.
孔维波, 石芸, 姚毓菲, 等. 2019. 水蚀风蚀交错带退耕草坡地土壤酶活性和碳氮矿化特征[J]. 水土保持研究, 26(2): 1-8+16.
邝高明. 2012. 陕北半干旱黄土区陡坡微地形分布规律[D]. 北京林业大学硕士学位论文.
赖江山, 李庆梅, 谢宗强. 2003. 濒危植物秦岭冷杉种子萌发特性的研究[J]. 植物生态学报, 27(5): 661-666.
李翠, 王庆海, 陈超, 等. 2019. 蔡家河湿地土壤种子库特征及其与地上植被和土壤因子的关系[J]. 生态科学, 38(3): 133-142.
李锋瑞, 赵丽娅, 王树芳, 等. 2003. 封育对退化沙质草地土壤种子库与地上群落结构的影响[J]. 草业学报, 12(4): 90-99.
李阜棣, 喻子牛, 何绍红. 1996. 农业微生物学实验技术[M]. 北京: 中国农业出版社.
李刚, 卢楠. 2017. 蓄水条件下土壤 pH 与电导率的空间分布与关系的研究[J]. 节水灌溉, (12): 94-96+103.
李国旗, 李淑君, 蒙静, 等. 2013. 土壤种子库研究方法评述[J]. 生态环境学报, 22(10): 1721-1726.
李国旗, 邵文山, 赵盼盼, 等. 2018. 封育对荒漠草原两种植物群落土壤种子库的影响[J]. 草业学报, 27(6): 52-61.
李国旗, 邵文山, 赵盼盼, 等. 2019. 荒漠草原区 4 种植物群落土壤种子库特征及其土壤理化性质[J]. 生态学报, 39(17): 6282-6292.
李红艳, 杨晓晖, 黄选瑞, 等. 2007. 盐池封育草场土壤种子库特征及其与植被的关系[J]. 生态环境, 16(2): 533-537.

李红艳. 2005. 封育措施对毛乌素沙地西南缘地上植被和土壤种子库的影响[D]. 河北农业大学硕士学位论文.
李洪远, 莫训强, 郝翠. 2009. 近 30 年来土壤种子库研究的回顾与展望[J]. 生态环境学报, 18(2): 731-737.
李华东. 2012. 天山云杉林土壤种子库年际变化与海拔梯度分布格局研究[D]. 新疆农业大学硕士学位论文.
李金花, 李镇清, 刘振国. 2004. 不同刈牧强度对冷蒿生长与资源分配的影响[J]. 应用生态学报, 15(3): 408-412.
李军保, 曹庆喜, 吐尔逊娜依•热依木江, 等. 2014. 围封对伊犁河谷春秋草场土壤理化性质及酶活性的影响[J]. 中国草地学报, 36(1): 84-89.
李龙, 姚云峰, 秦富仓. 2015. 黄花甸子流域土壤全氮、速效磷、速效钾的空间变异. 生态学杂志, 34(2): 373-379.
李猛, 张恩平, 张淑红, 等. 2017. 长期不同施肥设施菜地土壤酶活性与微生物碳源利用特征比较[J]. 植物营养与肥料学报, 23(1): 44-53.
李秋艳, 赵文智. 2005. 干旱区土壤种子库的研究进展[J]. 地球科学进展, 20(3): 350-358.
李蓉, 叶勇. 2005. 种子休眠与破眠机理研究进展[J]. 西北植物学报, 25(11): 2350-2355.
李儒海, 强胜, 邱多生等. 2008. 长期不同施肥方式对稻油两熟制油菜田杂草群落多样性的影响[J]. 生物多样性, 16(2): 118-125.
李儒海, 强胜. 2007. 杂草种子传播研究进展[J]. 生态学报, 26(12): 345-336.
李瑞, 张克斌, 刘云芳, 等. 2008. 西北半干旱区湿地生态系统植物群落空间分布特征研究[J]. 北京林业大学学报, 30(1): 6-13.
李淑君. 2014. 荒漠草原不同柠条林土壤种子库研究[D]. 宁夏大学硕士学位论文, 13-22.
李伟伟. 2005. 苏南地区水田杂草潜群落及潜综合草害评价的研究[D]. 南京农业大学硕士学位论文, 15-29.
李香真, 陈佐忠. 1998. 不同放牧率对草原植物与土壤 C、N、P 含量的影响[J]. 草地学报, 6(2): 90-98.
李新荣, 何明珠, 贾荣亮. 2008. 黑河中下游荒漠区植物多样性分布对土壤水分变化的响应[J]. 地球科学进展, 23(7): 685-691.
李新荣, 张新时. 1999. 鄂尔多斯高原荒漠化草原与草原化荒漠灌木类群生物多样性的研究[J]. 应用生态学报, 9(6): 665-669.
李学斌, 陈林, 樊瑞霞, 等. 2015. 围封条件下荒漠草原 4 种典型植物群落枯落物输入对土壤理化性质的影响[J]. 浙江大学学报(农业与生命科学版), 41(1): 101-110.
李雪华, 韩士杰, 宗文君. 2007. 科尔沁沙地沙丘演替过程的土壤种子库特征[J]. 北京林业大学学报. 29(2): 66-69.
李雪华, 李晓兰, 蒋德明, 等. 2006. 干旱半干旱荒漠地区一年生植物研究综述[J]. 生态学杂志, 25(7): 851-856.
李雪梦, 姚庆智, 崔丽, 等. 2019. 阴山山脉典型森林植被土壤酶活性与微生物数量的研究[J]. 干旱区资源与环境, 33(10): 150-155.
李扬汉. 1998. 中国杂草志[M]. 北京: 中国农业出版社, 1-32.
李洋, 严振英, 郭丁, 等. 2015. 围封对青海湖流域高寒草甸植被特征和土壤理化性质的影响[J]. 草业学报, 24(10): 33-39.
李一春, 余海龙, 王攀, 等. 2020. 降水量对荒漠草原植物群落多样性和 C∶N∶P 生态化学计量特征的影响[J]. 中国草地学报, 42(1): 117-126.

李永宏. 1995. 草地生态系统可持续管理的原则. //李博. 现代生态学讲座[C]. 北京: 科学出版社, 79-88.
李有志, 张灿明, 林鹏. 2009. 土壤种子库评述[J]. 草业科学, 26(3): 83-90.
李卓, 吴普特, 冯浩, 等. 2010. 容重对土壤水分蓄持能力影响模拟试验研究[J]. 土壤学报, 47(4): 611-620.
梁倍, 邸利, 赵传燕, 等. 2013. 祁连山天涝池流域典型灌丛地上生物量沿海拔梯度变化规律的研究[J]. 草地学报, 21(4): 664-669.
梁天刚, 崔霞, 冯琦胜, 等. 2009. 2001－2008年甘南牧区草地地上生物量与载畜量遥感动态监测[J]. 草业学报, 18(6): 12-22.
梁耀元, 李洪远, 莫训强, 等. 2009. 表土在日本植被恢复中的应用[J]. 应用生态学报, 20(11): 2832-2838.
林金安. 1993. 植物种子综述[M]. 哈尔滨: 东北林业大学出版社, 211-221.
刘方炎, 张志翔, 王小庆, 等. 2012. 金沙江干热河谷滇榄仁种子扩散与种子库特征研究[J]. 热带亚热带植物学报, 20(4): 333-340.
刘芳, 肖彩虹. 2008. 野生甘草资源植冠种子库特性的初步研究[J]. 干旱区资源与环境, 3(22): 175-177.
刘凤婵, 李红丽, 董智, 等. 2012. 封育对退化草原植被恢复及土壤理化性质影响的研究进展[J]. 中国水土保持科学, 10(5): 116-122.
刘广明, 杨劲松. 2001. 土壤含盐量与土壤电导率及水分含量关系的试验研究[J]. 土壤通报, (S1): 85-87.
刘华, 蒋齐, 王占军, 等. 2011. 不同封育年限宁夏荒漠草原土壤种子库研究[J]. 水土保持研究, 18(5): 96-98, 103.
刘济明. 1999. 茂兰喀斯特漏斗森林种子库研究[J]. 西南农业大学学报, 21(5): 465-472.
刘建, 张克斌, 程中秋, 等. 2011. 围栏封育对沙化草地植被及土壤特性的影响[J]. 水土保持通报, 31(4): 180-184.
刘建立, 袁玉欣, 彭伟秀, 等. 2005. 河北丰宁坝上孤石牧场土壤种子库与地上植被的关系[J]. 干旱区研究, 22(3): 295-300.
刘景玲, 高玉葆, 何兴东, 等. 2006. 内蒙古中东部草原植物群落物种多样性和稳定性分析[J]. 草地学报, 14(4): 390-392.
刘凯, 王磊, 宋乃平, 等. 2013. 毛乌素沙地南缘不同林龄人工柠条林土壤渗透性研究[J]. 干旱区资源与环境, 27(5): 89-94.
刘凯. 2013. 荒漠草原区人工柠条林土壤水分动态及其对降水脉动的响应[D]. 宁夏大学硕士学位论文, 1-15.
刘明宏. 2010. 长白山地区不同林型土壤种子库组成特征与地上植被的关系[D]. 东北师范大学硕士学位论文.
刘鸣达, 黄晓姗, 张玉龙, 等. 2008. 农田生态系统服务功能研究进展[J]. 生态环境, 2: 834-838.
刘庆艳, 王国栋, 姜明, 等. 2014. 三江平原沟渠土壤种子库特征及其与地上植被的关系[J]. 植物生态学报, 38(1): 17-26.
刘庆艳. 2013. 三江平原沟渠系统土壤种子库时空变化特征研究[D]. 中国科学院东北地理与农业生态研究所硕士学位论文, 35-38.
刘瑞雪, 詹娟, 史志华, 等. 2013. 丹江口水库消落带土壤种子库与地上植被和环境的关系[J]. 应用生态学报, 24(3): 801-808.
刘淑慧, 康跃虎, 万书勤, 等. 2012. 松嫩平原盐碱草地主要植物群落土壤酶活性研究[J]. 土壤,

44(4): 601-605.
刘文清, 王国贤. 2003. 沙化草地旱作条件下混播人工草地的试验研究[J]. 中国草地学报, 25(2): 69-71.
刘文胜, 齐丹卉, 苏焕珍, 等. 2016. 兰坪铅锌矿区植被恢复初期土壤种子库的季节动态[J]. 中南林业科技大学学报, 36(09): 1-6+11.
刘效东, 乔玉娜, 周国逸. 2011. 土壤有机质对土壤水分保持及其有效性的控制作用[J]. 植物生态学报, 35(12): 1209-1218.
刘兴良, 史作民, 杨冬生, 等. 2005. 山地植物群落生物多样性与生物生产力海拔梯度变化研究进展[J]. 世界林业研究, 18(4): 27-34.
刘志民, 陈怀顺, 刘新民. 2002. 干扰与植被关系研究的特点和面临的挑战[J]. 地球科学进展, 17(4): 582~587.
刘志民, 蒋德明, 高红瑛, 等. 2003. 植物生活史繁殖对策与干扰关系的研究[J]. 应用生态学报, 14(3): 418-422.
刘志民, 蒋德明, 阎巧玲, 等. 2005. 科尔沁草原主要草地植物传播生物学简析[J]. 草业学报, 6(14): 23-33.
刘志民, 李荣平, 李雪华, 等. 2004. 科尔沁沙地 69 种植物种子重量比较研究[J]. 植物生态学报, 28(2): 225-230.
刘忠宽, 汪诗平, 陈佐忠, 等. 2006. 不同放牧强度草原休牧后土壤养分和植物群落变化特征[J]. 生态学报, 26(6): 2048-2056.
龙翠玲, 余世孝. 2007. 茂兰喀斯特森林林隙种子雨、种子库空间变异[J]. 云南植物研究, 29(3): 327-332.
娄群峰. 1998. 不同耕作型油菜田土壤杂草种子库的研究[J]. 杂草科学, 29(1): 6-8.
鲁萍, 郭继勋, 朱丽. 2002. 东北羊草草原主要植物群落土壤过氧化氢酶活性的研究[J]. 应用生态学报, 13(6): 675-679.
鲁为华, 朱进忠, 王东江, 等. 2009. 天山北坡围栏封育条件下伊犁绢蒿幼苗分布格局及数量动态变化规律研究[J]. 草业学报, 18(4): 17-26.
陆佩玲, 于强孙, 贺庆棠. 2006. 植物物候对气候变化的响应[J]. 生态学报, 26(3): 924-929.
吕发友, 唐强, 张淑娟, 等. 2018. 三峡水库消落带紫色土物理性质对反复淹水作用的响应. 水土保持研究, 25(1): 276-281.
吕世杰, 刘红梅, 吴艳玲, 等. 2014. 放牧对短花针茅荒漠草原建群种与优势种空间分布关系的影响[J]. 应用生态学报, 25(12): 3469-3474.
吕贻忠, 胡克林, 李保国. 2006. 毛乌素沙地不同沙丘土壤水分的时空变异[J]. 土壤学报, 43(1): 152- 154.
罗小娟, 吕波, 李俊, 等. 2012. 鳢肠种子萌发及出苗条件的研究[J]. 南京农业大学学报, 56(2): 72-75.
马德滋, 刘惠兰, 胡福秀, 等. 2007. 宁夏植物志. 2 版[M]. 银川: 宁夏人民出版社.
马君玲, 刘志民. 2005. 植冠种子库及其生态意义研究[J]. 生态学杂志, 24(11): 1329-1333.
马君玲, 刘志民. 2008. 沙丘区植物植冠储藏种子的活力和萌发特征[J]. 应用生态学报, 2(19): 252-256.
马克明. 2003. 物种多度格局研究进展[J]. 植物生态学报, 27(3): 412-426.
马克平, 黄建辉, 于顺利, 等. 1995a. 北京东灵山地区植物群落多样性的研究Ⅱ丰富度、均匀度和物种多样性指数[J]. 生态学报, 18(3): 24-32.
马克平, 刘灿然, 刘玉明. 1995b. 生物群落多样性的测度方法Ⅱβ 多样性的测度方法[J]. 生物多样性, 3(1): 38-43.

马克平, 刘玉明. 1994. 生物群落多样性的测试方法 Iα 多样性的测度方法(下)[J]. 生物多样性, 2(4): 231-239.
马妙君, 周显辉, 吕正文, 等. 2009. 青藏高原东缘封育和退化高寒草甸种子库差异[J]. 生态学报, 29(7): 3658-3664.
马妙君. 2009. 青藏高原东部高寒草甸的土壤种子库研究[D]. 兰州大学博士学位论文.
马朋, 李昌晓, 雷明, 等. 2014. 三峡库区岸坡消落带草地、弃耕地和耕地土壤微生物及酶活性特征[J]. 生态学报, 34(4): 1010-1020.
马文文, 姚拓, 靳鹏, 等. 2014. 荒漠草原 2 种植物群落土壤微生物及土壤酶特征[J]. 中国沙漠, 34(1): 176-183.
马晓勇, 上官铁梁. 2004. 太岳山森林群落物种多样性[J]. 山地学报, 22(5): 602-612.
马莹. 2004. 碳-14 考古断代原理[J]. 吉林特产高等专科学校学报. 13(3): 24-25.
孟红旗, 刘景, 徐明岗, 等. 2013. 长期施肥下我国典型农田耕层土壤的 pH 演变[J]. 土壤学报, 50(6): 1109-1116.
莫爱, 杨建军, 周耀治. 2016. 西沟煤矿煤火废弃地土壤种子库与地上植被关系研究[J]. 生态科学, 35(2): 66-74.
莫雪, 陈斐杰, 游冲, 等. 2020. 黄河三角洲不同植物群落土壤酶活性特征及影响因子分析[J]. 环境科学, 41(2): 895-904.
牛翠娟, 娄安如, 孙儒泳, 等. 2015. 基础生态学. 3 版[M]. 北京: 高等教育出版社, 159-162.
潘声旺, 袁馨, 雷志华, 等. 2016. 乡土植物生活型构成对川渝地区边坡植被水土保持效益的影响[J]. 生态学报, 36(15): 4654-4663.
彭军, 李旭光, 董鸣, 等. 2000. 重庆四面山亚热带常绿阔叶林种子库研究[J]. 植物生态学报, 24(2): 209-21.
彭文栋, 朱建宁, 王川, 等. 2013. 以猪毛蒿为优势种荒漠化草场补播改良技术研究[J]. 宁夏农林科技, 54(1): 16-18.
戚志强. 2003. 苏南丘陵区秋播紫花苜蓿苗期杂草控制技术研究[D]. 中国农业大学硕士学位论文, 6-27.
齐丹卉, 刘文胜, 李世友, 等. 2013. 兰坪铅锌矿区植被恢复初期土壤种子库与地上植被关系的研究[J]. 西北植物学报, 33(11): 2317-2325.
钱凤魁, 王卫雯, 张靖野, 等. 2016. 基于 Citespace 的土地利用领域研究态势分析[J]. 农业工程学报, 32(S2): 344-351.
钱洲, 俞元春, 俞小鹏, 等. 2014. 毛乌素沙地飞播造林植被恢复过程土壤酶活性的变化[J]. 水土保持研究, 21(6): 95~100.
强胜, 沈俊明, 张成群, 等. 2003. 种植制度对江苏省棉田杂草群落影响的研究[J]. 植物生态学报, 27(2) : 278 -282.
强胜. 2010. 我国杂草学研究现状及其发展策略[J]. 植物保护, 36(6): 1-5.
强胜主编. 2001. 杂草学[M]. 北京: 中国农业出版社, 17-23.
钦绳武, 顾益初, 朱兆良. 1998. 潮土肥力演变与施肥作用的长期定位试验初报[J]. 土壤学报, 35(3) : 367 -375.
秦松, 樊燕, 刘洪斌, 等. 2007. 地形因子与土壤养分空间分布的相关性研究明[J]. 水土保持研究, 14(4): 275-279.
邱德勋, 张含玉, 姜自龙, 等. 2019. 棕壤与褐土击实容重对含水量的响应[J]. 土壤, 51(6): 1209-1215.
区余端, 苏志尧, 彭桂香, 等. 2009. 车八岭山地常绿阔叶林冰灾后土壤微生物群落功能多样性[J].

生态学报, 29(11): 6156-6164.
曲贵海, 马光泉. 2001. 农田化学药剂除草及其污染[J]. 农业与技术, 6: 21-35.
任海, 彭少麟. 1999. 鼎湖山森林生态系统演替过程中的能量生态特征[J]. 生态学报, 19(6): 817-822.
任学敏, 杨改河, 王得祥. 2012. 环境因子对巴山冷杉-糙皮桦混交林物种分布及多样性的影响[J]. 生态学报, 32(2): 605-613.
尚占环, 龙瑞军, 马玉寿, 等. 2006. 黄河源区退化高寒草地土壤种子库: 种子萌发的数量和动态[J]. 应用与环境生物学报, 12(3): 313-317.
尚占环, 任国华, 龙瑞军. 2009a. 土壤种子库研究综述——规模、格局及影响因素[J]. 草业学报, 18(1): 144-154.
尚占环, 徐鹏彬, 任国华, 等. 2009b. 土壤种子库研究综述——植被系统中的作用及功能[J]. 草业学报, 18(2): 175-183.
邵文山. 2017. 荒漠草原区 4 种植物群落土壤特性和种子库的研究[D]. 宁夏大学硕士学位论文.
邵新庆, 王堃, 吕进英. 2005. 华北农牧交错带退化草地土壤种子库动态变化[J]. 草业科学, 22(11): 8-12.
邵玉琴, 赵吉, 包青海. 2001. 库布齐固定沙丘土壤微生物生物量的垂直分布研究[J]. 中国沙漠, 21(1): 88-93.
沈艳, 刘彩凤, 马红彬, 等. 2015. 荒漠草原土壤种子库对草地管理方式的响应[J]. 生态学报, 35(14): 4725-4732.
沈有信, 刘文耀, 张彦东. 2003. 东川干热退化山地不同植被恢复方式对物种组成与土壤种子库的影响[J]. 生态学报, 23(7): 1454-1460.
沈有信, 赵春燕. 2009. 中国土壤种子库研究进展与挑战[J]. 应用生态学报, 20(2): 467-473.
沈泽昊, 张新时. 2000. 三峡大老岭地区森林植被的空间格局分析及其地形解释[J]. 植物生态学报, 42(10): 1089-1095.
沈章军, 欧祖兰, 田胜尼, 等. 2013. 铜尾矿废弃地与相邻生境土壤种子库特征的比较[J]. 生态学报, 33(7): 2121-2130.
盛大勇, 庄雪影, 许涵, 等. 2012. 尖峰岭热带山地雨林海南特有木本植物群落结构[J]. 植物生态学报, 36(9): 935-947.
盛丽, 王彦龙. 2010. 退化草地改建对土壤种子库及其与植被关系的影响[J]. 草业科学, 27(8): 39-43.
石晓东, 高润梅, 郭晋平, 等. 2010. 庞泉沟自然保护区河岸林群落的土壤种子库特征[J]. 林业科学研究, 23(2): 157-164.
舒世燕, 王克林, 张伟, 等. 2010. 喀斯特峰丛洼地植被不同演替阶段土壤磷酸酶活性[J]. 生态学杂志, 29(9): 1722-1728.
宋炳奎. 1989. 宁夏盐池县沙边子研究基地沙漠化土地的整治和效益[J]. 中国沙漠, 9(2): 4-16.
苏永中, 赵哈林. 2004. 科尔沁沙地农田沙漠化演变中土壤颗粒分形特征[J]. 生态学报, 24(1): 71-74.
孙国夫, 郑志明, 王兆骞. 1993. 水稻热值的动态变化研究[J]. 生态学杂志, 11(1): 1-4.
孙建华, 王彦荣, 曾彦军. 2005. 封育和放牧条件下退化荒漠草地土壤种子库特征[J]. 西北植物学报, 25(10): 2035-2042.
孙儒泳, 李博, 诸葛阳, 等. 1993. 普通生态学[M]. 北京: 高等教育出版社.
孙世贤, 卫智军, 吕世杰, 等. 2013. 放牧强度季节调控下荒漠草原植物群落与功能群特征[J]. 生态学杂志, 32(10): 2703-2710.

孙曦浩. 2006. 基于 Type-2 模糊集合的生态位和生物群落的建模及其应用[D]. 江苏大学硕士学位论文, 9-18.
孙羽, 张涛, 田长彦, 等. 2009. 增加降水对荒漠短命植物当年牧草生长及群落结构的影响[J]. 生态学报, 29(4): 1859-1868.
谭明亮, 段争虎, 陈小红. 2008. 流沙地恢复过程中土壤特性演变研究. 中国沙漠, 28(4): 685-689.
谭向前, 陈芳清, 王稷, 等. 2019. 川西山区自然边坡土壤种子库随海拔梯度的变化[J]. 山地学报, 37(4): 508-517.
汤雷雷, 万开元, 陈防. 2010. 养分管理与农田杂草生物多样性和遗传进化的关系研究进展[J]. 生态环境学报, 19(7): 1744-1749.
唐洪元. 1991. 中国农田杂草[M]. 上海: 上海科学技术出版社, 5-29.
唐勇, 曹敏, 张建侯, 等. 1999. 西双版纳热带森林土壤种子库与地上植被的关系[J]. 应用生态学报, 9(3): 3-5.
唐志尧, 方精云. 2004. 植物物种多样性的垂直分布格局[J]. 生物多样性, 12(1): 20~28.
仝川, 冯秀, 张远鸣, 等. 2008. 锡林郭勒退化草原不同禁牧恢复演替阶段土壤种子库比较[J]. 生态学报, 28(5): 1991-2002.
汪莉, 潘存德, 刘翠玲. 2007. 种子年后天山云杉林土壤种子库储量及其垂直空间分布[J]. 新疆农业科学, 44 (2): 111-114.
王伯荪, 李鸣光, 彭少麟. 1995. 植物种群学[M]. 广州: 广东高等教育出版社.
王伯荪, 彭少麟. 1997. 植被生态学: 群落与生态系统[M]. 北京: 中国环境科学出版社, 321-324.
王伯荪. 1987. 植物群落学[M]. 北京: 高等教育出版社, 28-55.
王才. 2017. 基于防沙治沙的生态旅游发展探讨——以宁夏灵武白芨滩国家级自然保护区为例[J]. 宁夏林业, (1): 60-63.
王昌辉, 刘青青, 文竹梅, 等. 2020. 红壤侵蚀区植被恢复过程中土壤种子库变化特征[J]. 应用生态学报, 31(2): 417-423.
王改玲, 白中科, 郝明德. 2003. 平朔安太堡露天矿排土场土壤种子库研究[J]. 水土保持学报, 22(6): 178-180.
王刚, 梁学功. 1995. 沙坡头人工固沙区的种子库动态[J]. 植物学报, 37(3): 231-237.
王国宏. 2002. 祁连山北坡中段植物群落多样性的垂直分布格局[J]. 生物多样性, 10(1): 7-14.
王国良, 盛亦兵, 何峰, 等. 2010. 天然羊草草地地上生物量动态研究[J]. 草地学报, 18(1): 11-15.
王海星, 张克斌, 曹永翔, 等. 2010. 西北半干旱区湿地生态系统植物群落多样性的研究[J]. 干旱区资源与环境, 24(5): 141-146.
王蕙, 王辉, 罗永忠, 等. 2015. 围封沙质天然草地植物的构件和个体生物量比较研究[J]. 草业学报, 24(9): 206-215.
王杰青, 关崇, 祝宁. 2006. 城市绿地种子库的初步研究[J]. 植物研究, 47(4): 508-512.
王晶, 朱清科, 赵荟, 等. 2011. 陕北黄土区阳坡微地形土壤水分特征研究[J]. 水土保持通报, 31(4): 16-21.
王静, 杨持, 王铁娟. 2005. 放牧退化群落中冷蒿种群生物量资源分配的变化[J]. 应用生态学报, 16(12): 2316-2320.
王开金, 强胜. 2005. 江苏省南部麦田杂草群落的定量分析[J]. 生物数学学报, 20(1) : 107 -114.
王琳, 张金屯, 上官铁梁, 等. 2004. 历山山地草甸的物种多样性及其与土壤理化性质的关系[J]. 应用与环境生物学报, 10(1): 18-22.
王宁, 贾燕锋, 焦菊英, 等. 2009. 陕北安塞退耕地持久土壤种子库与地上植被的对应关系[J].

中国水土保持科学, 7(6): 51-57.
王仁忠. 1996. 干扰对草地生态系统生物多样性的影响[J]. 东北师大学报自然科学版, (3): 112-116.
王仁忠. 2000. 羊草种群能量生殖分配的研究[J]. 应用生态学报, 11(4): 591-594.
王婷, 李建平, 张翼, 等. 2019. 不同降水下天然草地土壤水稳定性团聚体分布特征[J]. 草业科学, 36(8): 1935-1943.
王万磊. 2008. 麦田生物多样性对麦蚜的控制效应[D]. 山东农业大学硕士学位论文, 5-19.
王炜, 郭卫华, 庞绪贵, 等. 2010. 黄河下游流域土壤种子库生物多样性研究[J]. 山东农业科学, 2: 59- 63.
王相磊, 周进, 李伟, 等. 2003. 洪湖湿地退耕初期种子库的季节动态[J]. 植物生态学报, 48(3): 352-359.
王晓红. 2005. 辽宁省水稻田杂草群落研究[D]. 沈阳农业大学硕士学位论文, 11-33.
王晓龙, 徐力刚, 白丽, 等. 2011. 鄱阳湖典型湿地植物群落土壤酶活性[J]. 生态学杂志, 30(4): 798-803.
王晓荣. 2010. 三峡库区消落带土壤理化性质及种子库研究[D]. 中国林业科学研究院硕士学位论文.
王学奎. 2006. 植物生理生化实验原理和技术[M]. 北京: 高等教育出版社: 215-218.
王学霞, 董世魁, 李媛媛, 等. 2012. 三江源区草地退化与人工恢复对土壤理化性状的影响[J]. 水土保持学报, 26(4): 113-117.
王艳杰, 邹国元, 付桦, 等. 2005. 土壤氮素矿化研究进展. 中国农学通报, 21(10): 203-208.
王增如, 徐海量, 尹林克, 等. 2008. 不同水分处理对激活土壤种子库的影响——以塔里木河下游为例[J]. 自然科学进展, 18(4): 389-396.
王占军, 蒋齐, 潘占兵, 等. 2005b. 宁夏毛乌素沙地退化草原恢复演替过程中物种多样性与生产力的变化[J]. 草业科学, 22(4): 5-8.
王占军, 王顺霞, 潘占兵, 等. 2005a. 宁夏毛乌素沙地不同恢复措施对物种结构及多样性的影响[J]. 生态学杂志, 24(4): 464-466.
魏乐, 宋乃平, 方楷. 2011. 放牧对荒漠草原群落多样性的影响[J]. 江汉大学学报(自然科学版), 39(4): 87-91.
魏强, 凌雷, 柴春山, 等. 2012. 甘肃兴隆山森林演替过程中的土壤理化性质[J]. 生态学报, 32(15): 4700-4713.
魏守辉, 强胜, 马波, 等. 2005. 不同作物轮作制度对土壤杂草种子库特征的影响[J]. 生态学杂志, 24(4): 385 -389.
魏有海, 郭青云, 冯俊涛. 2011. 保护性耕作制度下青海麦油轮作田间杂草群落组成调查[J]. 干旱地区农业研究, 29(2): 101-104.
魏有海, 郭青云, 郭良芝, 等. 2013. 青海保护性耕作农田杂草群落组成及生物多样性[J]. 干旱地区农业研究, 31(1): 220~225.
温都苏. 1987. 沙芦草(*Agropyron mongolicum*). //中国饲用植物志编辑委员会. 中国饲用植物志(第一卷)[M]. 北京: 农业出版社.
文都日乐, 李刚, 张静妮, 等. 2010. 呼伦贝尔不同草地类型土壤微生物量及土壤酶活性研究[J]. 草业学报, 19(5): 94-102.
文海燕, 傅华, 赵哈林. 2006. 退化沙质草地开垦和围封过程中的土壤颗粒分形特征[J]. 应用生态学报, 17(1): 55-59.
吴竞仑. 2001. 稻田杂草种子库研究[J]. 中国水稻科学, 14(1): 37-42.

吴祥云, 李宏昌, 瞿春艳. 2009. 露天矿排土场不同恢复措施土壤种子库生态特征[J]. 辽宁工程技术大学学报(自然科学版), 28(5): 820-822.
吴雅琼, 刘国华, 傅伯杰, 等. 2007. 森林生态系统土壤 C02 释放随海拔梯度的变化及其他影响因子[J]. 生态学报, 27 (11): 4678-4686.
吴彦, 刘庆, 乔永康, 等. 2001. 亚高山针叶林不同恢复阶段群落物种多样性变化及其对土壤理化性质的影响[J]. 植物生态学报, 25(6): 648-655.
吴征镒. 1980. 中国植被. 北京: 科学出版社.
武得礼, 王夏仙. 1997. 电导法测定土壤全盐量应用条件的探讨[J]. 中国土壤与肥料, (4): 37-40.
武吉华, 张绅. 1983. 植物地理学. 2 版[M]. 北京: 高等教育出版社, 2-18.
解新明. 2001. 蒙古冰草(*Agropyron mongolicum* Keng)的遗传多样性研究[D]. 内蒙古农业大学博士学位论文.
邢福, 王莹, 许坤, 等. 2008. 三江平原沼泽湿地群落演替系列的土壤种子库特征[J]. 湿地科学, (3): 351-358.
熊利民, 钟章成, 李旭光, 等. 1992. 亚热带常绿林不同演替阶段土壤种子库的初步研究[J]. 植物生态学与地植物学报, 16(3): 249-257.
徐海量, 叶茂, 李吉枚, 等. 2008a. 塔里木河下游土壤种子库的季节差异分析[J]. 水土保持通报, 28(3): 17-22.
徐海量, 叶茂, 李吉枚, 等. 2008b. 不同水分供应对塔里木河下游土壤种子库种子萌发的影响[J]. 干旱区地理, 31(5): 650-658.
徐沙, 龚吉蕊, 张梓榆, 等. 2014. 不同利用方式下草地优势植物的生态化学计量特征[J]. 草业学报, 23(6): 45-53.
徐永荣, 张万均, 冯宗炜, 等. 2003. 天津滨海盐渍土上几种植物的热值和元素含量及其相关性[J]. 生态学报, 23(3): 450-455.
许晴, 张放, 许中旗, 等. 2011. Simpson 指数和 Shannon-Wiener 指数若干特征的分析及“稀释效应” [J]. 草业科学, 28(4): 527-531.
许婷婷, 董智, 李红丽, 等. 2014. 不同设障年限沙丘土壤粒径和有机碳分布特征[J]. 环境科学研究, 27(6): 628-634.
闫春鸣, 占玉芳, 滕玉风. 2012. 黑河流域甘州区湿地植物物种多样性研究[J]. 水土保持通报, 32(2): 246-251.
闫德民, 赵方莹, 孙建新. 2013. 铁矿采矿迹地不同恢复年限的植被特征[J]. 生态学杂志, 32(1): 1-6.
闫建成, 梁存柱, 付晓玥, 等. 2013. 草原与荒漠一年生植物性状对降水变化的响应[J]. 草业学报, 22(1): 68-76.
闫瑞瑞, 卫智军, 韩国栋, 等. 2007. 荒漠草原不同放牧制度群落多样性研究[J]. 干旱区资源与环境, 21(7): 111-115.
闫玉春, 唐海萍, 辛晓平, 等. 2009. 围封对草地的影响研究进展. 生态学报, 29(9): 5039-5046.
颜启传, 李稳香. 1995. 杂交水稻种子活力与田间生产性能之间的关系[J]. 中国农业科学, (S1): 90-98.
杨持, 叶波, 邢铁鹏. 1996. 草原区区域气候变化对物种多样性的影响[J]. 植物生态学报, 20(1): 35-40.
杨允菲. 1990. 松嫩平原碱化草甸星星草种子散布的研究[J]. 生态学报, 10(3): 288-230.
杨刚, 杨智明, 王思成, 等. 2003. 盐池四墩子试区草原围栏封育效果调研[J]. 农业科学研究, 24(1): 22-24.

杨恒山, 张庆国, 邰继承, 等. 2009. 种植年限对紫花苜蓿地土壤 pH 值和磷酸酶活性的影响[J]. 中国草地学报, 31(1): 32-35.
杨建军. 2014. 天山北坡煤矿废弃地土壤种子库特征研究[J]. 中国水土保持, (7): 47-53.
杨金玲, 李德成, 张甘霖, 等. 2008. 土壤颗粒粒径分布质量分形维数和体积分形维数的对比[J]. 土壤学报, 45(3): 413-419.
杨菁. 2013. 宁夏荒漠草原沙芦草种群结构及繁殖对策的研究[D]. 宁夏大学硕士学位论文.
杨磊, 王彦荣, 余进德. 2010. 干旱荒漠区土壤种子库研究进展[J]. 草业学报, 19(2): 227-234.
杨宁, 杨满元, 雷玉兰, 等. 2015. 紫色土丘陵坡地土壤微生物群落的季节变化[J]. 生态环境学报, 24(1): 34-40.
杨鹏翼, 喻文虎, 向金城, 等. 2006. 围栏封育对矮化芦苇草地草群结构动态变化的影响[J]. 草业学报, 23(9): 12-14.
杨期和, 叶万辉, 宋松泉, 等. 2003. 植物种子休眠的原因及休眠的多样性[J]. 西北植物学报, 23(5): 837-843.
杨世荣, 蒙仲举, 党晓宏, 等. 2020. 库布齐沙漠生态光伏电站不同覆盖类型下土壤粒度特征[J]. 水土保持研究, 27(01): 112-118.
杨小波, 陈明智, 吴庆书. 1999. 热带地区不同土地利用系统土壤种子库的研究[J]. 土壤学报, 36(3): 327-333.
杨勇, 宋向阳, 刘爱军, 等. 2012. 内蒙古典型草原物种多样性的空间尺度效应及其分形分析[J]. 草地学报, 20(3): 444-449.
杨跃军, 孙向阳, 王保平. 2001. 森林土壤种子库与天然更新[J]. 应用生态学报, 12(2): 304-308.
杨允菲, 祝玲, 李建东. 1996. 东北草原区豆科、莎草科习见植物籽实千粒重的多样性分析[J]. 东北师大学报(自然科学版), (3): 97-102.
杨允菲, 祝玲, 张宏一. 1995. 松嫩平原两种碱蓬群落土壤种子库通量及幼苗死亡的分析[J]. 生态学报, 15(1): 66-71.
杨允菲, 祝玲. 1994. 东北草原 160 种习见牧草籽实千粒重及其多样性分析[J]. 东北师大学报(自然科学版), (3): 108-115.
伊晨刚. 2013. “黑土滩”人工草地土壤种子库研究[D]. 青海大学硕士学位论文, 23-30.
由田. 2013. 城市园林绿地微地形景观设计研究[D]. 东北林业大学硕士学位论文.
于顺利, 陈宏伟, 郎南军. 2007. 土壤种子库的分类系统和种子在土壤中的持久性[J]. 生态学报, 27(5): 2099-2107.
于顺利, 方伟伟. 2012. 种子地理学研究的新进展[J]. 植物生态学报, 36(8): 918-922.
于顺利, 蒋高明. 2003. 土壤种子库的研究进展及若干研究热点[J]. 植物生态学报, 27(4): 552~560.
宇万太, 于永强. 2001. 植物地下生物量研究进展[J]. 应用生态学报, 12(6): 927-932.
原思训, 陈铁梅, 胡艳秋, 等. 1994. 碳十四年代测定报告(九)[J]. 文物, 04.
岳东霞, 巩杰, 熊友才, 等. 2010. 民勤县生态承载力动态趋势与驱动力分析[J]. 干旱区资源与环境, 23(6): 37-44.
云锦凤, 米福贵. 1989. 冰草属牧草的种类与分布[J]. 中国草地学报, 39(3): 14-17.
云锦凤, 米福贵. 1990. 干旱地区一种优良禾草——蒙古冰草[J]. 草原与草业, (2): 70-71.
曾彦军, 王彦荣, 南志标, 等. 2003. 阿拉善干旱荒漠区不同植被类型土壤种子库研究[J]. 应用生态学报, 9(14): 1457-1463.
翟付群, 许诺, 莫训强, 等. 2013. 天津蓟运河故道消落带土壤种子库特征与土壤理化性质分析[J]. 环境科学研究, 26(1): 97-102.

翟云霞, 臧建成, 苏成. 2017. 西藏林芝市不同耕作方式对农田土壤动物群落特征的影响[J]. 西南农业学报, 30(1): 141-147.
詹学明, 李凌浩, 李鑫. 2005. 放牧和围封条件下克氏针茅草原土壤种子库的比较[J]. 植物生态学报, 29(5): 747-752.
展秀丽, 吴伟. 2017. 宁夏白芨滩防沙治沙区风沙土粒度组成特征及空间异质性[J]. 甘肃农业大学学报, 52(3): 84-89.
张红梅, 白容霖, 张慧丽, 等. 2002. 长春市郊区旱田土壤杂草种子库的研究[J]. 吉林农业大学学报, 24(1): 42-46.
张继义, 赵哈林, 张铜会, 等. 2004. 科尔沁沙地植被恢复系列上群落演替与物种多样性的恢复动态[J]. 植物生态学报, 28(1): 86-92.
张建利, 蔡国俊, 吴迪, 等. 2018. 贵州草海湿地空心莲子草入侵迹地植物群落结构数量特征[J]. 生态环境学报, 27(5): 827-833.
张建利, 张文, 毕玉芬. 2008. 金沙江干热河谷草地土壤种子库与植被的相关性[J]. 生态学杂志, 26(11): 1908-1912.
张建鹏, 李玉强, 赵学勇, 等. 2017. 围封对沙漠化草地土壤理化性质和固碳潜力恢复的影响[J]. 中国沙漠, 37(3): 1-9.
张金屯. 2004. 数量生态学[M]. 科学出版社, 77-92.
张锦春, 王继和, 赵明, 等. 2006. 库姆塔格沙漠南缘荒漠植物群落多样性分析[J]. 植物生态学报, 30(3): 375-382.
张锦春, 张甲雄, 袁宏波, 等. 2012. 库姆塔格沙漠植物群落类型及其多样性[J]. 草业科学, 29(10): 1581-1588.
张晶晶, 王蕾, 许冬梅. 2011. 荒漠草原自然恢复中植物群落组成及物种多样性[J]. 草业科学, 28(6): 1091-1094.
张景光, 王新平, 李新荣, 等. 2005. 荒漠植物生活史对策研究进展与展望[J]. 中国沙漠, 25(3): 306-314.
张景慧, 祁瑜, 王艳, 等. 2012. 放牧对贝加尔针茅草原植物个体和群落生物量分配的影响[J]. 北京师范大学学报(自然科学版), 48(3): 270-275.
张凯, 冯起, 吕永清, 等. 2011. 民勤绿洲荒漠带土壤水分的空间分异研究. 中国沙漠, 31(05): 1149-1155.
张克斌, 李瑞, 王百田. 2009. 植被动态学方法在荒漠化监测中的应用——以宁夏盐池植被动态研究为例[M]. 北京: 中国林业出版社, 24-30.
张克海, 胡广录, 方桥, 等. 2020. 黑河中游荒漠绿洲过渡带固沙植被根区土壤含水量[J]. 中国沙漠, 39(3): 1-10.
张黎敏. 2005. 江河源区“黑土型”退化高寒草地土壤种子库、地上植被与土壤环境特征[D]. 甘肃农业大学硕士学位论文.
张丽娜. 2019. 露天矿排土场不同植被重建类型土壤种子库及酶活性研究[D]. 内蒙古农业大学硕士学位论文.
张玲, 方精云. 2004. 太白山土壤种子库储量与物种多样性的垂直格局[J]. 地理学报, 59(6): 880-888.
张玲, 李广贺, 张旭. 2004. 土壤种子库研究综述[J]. 生态学杂志, 23(2): 114-120.
张璐, 苏志尧, 陈北光. 2005. 山地森林群落物种多样性垂直格局研究进展[J]. 山地学报, 6(23): 736-743.
张起鹏. 2010. 高寒退化草地狼毒群落种子库功能群特征及植被恢复研究[D]. 西北师范大学硕

士学位论文.
张树兰, 杨学云, 吕殿青, 等. 2002. 温度、水分及不同氮源对土壤硝化作用的影响[J]. 生态学报, 22(12): 2147-2153.
张涛, 田长彦, 孙羽, 等. 2006. 古尔班通古特沙漠地区短命植物土壤种子库研究[J]. 干旱区地理, 29(5): 675-651.
张维江. 2004. 盐池沙地水分动态及区域荒漠化特征研究[M]. 银川: 宁夏人民出版社.
张文婷, 吕家珑, 来航线, 等. 2008. 黄土高原不同植被坡地土壤微生物区系季节性变化[J]. 生态学报, 28(9): 74-77.
张小彦, 焦菊英, 王宁, 等. 2010. 陕北黄土丘陵 6 种植物冠层种子库的初步研究[J]. 武汉植物学研究, 28(6): 767-771.
张晓龙, 周继华, 来利明, 等. 2019. 黑河下游荒漠河岸地带土壤水盐和养分的空间分布特征[J]. 生态环境学报, 28(9): 1739-1747.
张雅琼, 梁存柱, 王炜, 等. 2010. 芨芨草群落土壤盐分特征[J]. 生态学杂志, 29(12): 2438-2443.
张彦东, 孙志虎, 沈有信. 2005. 施肥对金沙江干热河谷退化草地土壤微生物的影响[J]. 水土保持学报, 19(2): 88-91.
张莹莹, 张春辉, 张蕾, 等. 2011. 青藏高原东缘 30 种禾本科植物种子萌发对光的响应及其与生活史的关联[J]. 兰州大学学报(自然科学版), 47(4): 49-54.
张咏梅, 何静, 潘开文, 等. 2003. 土壤种子库对原有植被恢复的贡献[J]. 应用与环境生物学报, 8(3): 326-332.
张勇, 薛林贵, 高天鹏, 等. 2005. 荒漠植物种子萌发研究进展[J]. 中国沙漠, 25(1): 106-112.
张志明, 沈蕊, 张建利, 等. 2016. 元江流域干热河谷灌草丛土壤种子库与地上植物群落的物种组成比较[J]. 生物多样性, 24(4): 431-439.
张志权, 黄铭洪. 2000. 引入土壤种子库对铅锌尾矿废弃地植被恢复的作用[J]. 植物生态学报, 24(5): 601-607.
张志权, 束文圣, 蓝崇钰, 等. 2000. 引入土壤种子库对铅锌尾矿废弃地植被恢复的作用[J]. 植物生态学报, 24(5): 601-607.
张志权, 束文圣, 蓝崇钰, 等. 2001. 土壤种子库与矿业废弃地植被恢复研究: 定居植物对重金属的吸收和再分配[J]. 植物生态学报, 25(3): 306-311.
张志权. 1996. 土壤种子库[J]. 生态学杂志, 15(6): 36-42.
张智婷, 宋新章, 肖文发. 2009. 长白山森林不同演替阶段采伐林隙土壤种子库特征[J]. 应用生态学报, 20(6): 1293-1298.
章超斌, 马波, 强胜. 2012. 江苏省主要农田杂草种子库物种组成及其环境因子的相关性分析[J]. 植物资源与环境学报, 10(1): 21-27.
赵彬彬, 牛克昌, 杜国祯. 2009. 放牧对青藏高原东缘高寒草甸群落 27 种植物地上生物量分配的影响[J]. 生态学报, 29(3): 1596-1606.
赵哈林. 2007. 沙漠化的生物过程及退化植被的恢复机理[M]. 北京: 科学出版社.
赵荟, 朱清科, 秦伟, 等. 2010. 黄土高原干旱阳坡微地形土壤水分特征研究[J]. 水土保持通报, 30(3): 64-68.
赵丽娅, 高丹丹, 熊炳桥, 等. 2017. 科尔沁沙地恢复演替进程中群落物种多样性与地上生物量的关系[J]. 生态学报, 37(12): 4108-4117.
赵丽娅, 李锋瑞, 王先之. 2003. 草地沙化过程地上植被与土壤种子库变化特征[J]. 生态学报, 23(9): 1745-1756.
赵丽娅, 李锋瑞, 张华, 等. 2004. 科尔沁沙地围封沙质草甸土壤种子库特征的研究[J]. 生态学杂志, 23(2): 45-49.
赵丽娅, 李兆华, 赵锦慧, 等. 2006. 科尔沁沙质草地放牧和围封条件下的土壤种子库[J]. 植物生态学报, 30(4): 617-623.
赵凌平, 程积民, 苏纪帅. 2012. 土壤种子库在黄土高原本氏针茅草地群落长期封禁演替过程中的作用[J]. 草业学报, 22(3): 38-44.
赵萌莉, 许志信. 2000. 内蒙古乌兰察布西部温性荒漠草地土壤种子库初探[J]. 中国草地学报, (2): 46-48.
赵明月, 赵文武, 刘源鑫. 2015. 不同尺度下土壤粒径分布特征及其影响因子——以黄土丘陵沟壑区为例[J]. 生态学报, 35(14): 4625-4632.
赵娜, 贺梦璇, 李洪远, 等. 2019. 氮磷水耦合作用下土壤种子库植被恢复应用参数的优化[J]. 水土保持通报, 39(5): 152-159+165.
赵帅, 张静妮, 赖欣, 等. 2011. 放牧与围封对呼伦贝尔针茅草原土壤酶活性及理化性质的影响[J]. 中国草地学报, 33(1): 71-76.
赵同谦, 欧阳志云, 贾良清, 等. 2004. 中国草地生态系统服务功能间接价值评价[J]. 生态学报, 24(6): 1101-1110.
赵威, 王征宏. 2008. 稳定性同位素在生物科学中的应用[J]. 生物学通报, 43(1): 12-14.
赵文智, 刘志民, 程国栋. 2002. 土地沙质荒漠化过程的土壤分形特征[J]. 土壤学报, 39(6): 877-881.
赵有璋. 2004. 种草养羊技术[M]. 北京: 中国农业出版社.
郑翠玲, 曹子龙, 王贤, 等. 2005. 围栏封育在呼伦贝尔沙化草地植被恢复中的作用[J]. 中国水土保持科学, 3(3): 78-81.
郑伟, 于辉. 2013. 围栏封育对伊犁绢蒿种群构件生长和生物量分配的影响[J]. 草地学报, 21(1): 42-49.
中国社会科学院考古研究所, 考古科技实验研究中心碳十四实验室, 中国科学院地理环境研究所西安加速器质谱测试中心. 2012. 放射性碳素测定年代报告[J]. 考古, 7: 88-91.
中国社会科学院考古研究所实验室. 1977. 碳-14 测定年代[J]. 物理, 03.
钟章成. 1995. 植物种群的繁殖对策[J]. 生态学杂志, 13(1): 37-42.
仲延凯, 张海燕. 2001. 割草干扰对典型草原土壤种子库种子数量与组成的影响—土壤种子库研究方法的探讨[J]. 内蒙古大学学报(自然科学版), 32(6): 644-648.
周兵, 闫小红, 肖宜安, 等. 2015. 不同生境下入侵植物胜红蓟种群构件生物量分配特性[J]. 生态学报, 35(8): 2602-2608.
周红艳, 吴琴, 陈明月, 等. 2017. 鄱阳湖沙山单叶蔓荆不同器官碳、氮、磷化学计量特征[J]. 植物生态学报, 41(4): 461-470.
周礼恺. 1987. 土壤酶学[M]. 北京: 科学出版社.
周丽霞, 丁明懋. 2007. 土壤微生物学特性对土壤健康的指示作用[J]. 生物多样性, 15(2): 162-171.
周伶, 上官铁梁, 郭东罡, 等. 2012. 晋、陕、宁、蒙柠条锦鸡儿群落物种多样性对放牧干扰和气象因子的响应[J]. 生态学报, 32(1): 111-122.
周先叶, 李鸣光, 王伯荪, 等. 2000. 广东黑石顶自然保护区森林次生演替不同阶段土壤种子库的研究[J]. 植物生态学报, 45(2): 222-230.
朱宝文, 周华坤, 徐有绪, 等. 2008. 青海湖北岸草甸草原牧草生物量季节动态研究[J]. 草业科学, 25(12): 62-65.
朱彪, 陈安平, 刘增力, 等. 2004. 广西猫儿山植物群落物种组成、群落结构及树种多样性的垂直分布格局[J]. 生物多样性, 12 (1): 44-52.
朱道光, 倪宏伟, 刘峰, 等. 2013. 三江平原不同水分条件下小叶章土壤种子库的数量特征[J]. 黑龙江科学, 4(6): 18-21.
朱文达, 魏守辉, 张朝贤. 2007. 稻油轮作田杂草种子库组成及其垂直分布特征[J]. 中国油料作物学报, 3: 313 -317.
朱选伟, 刘海东, 梁士楚, 等. 2004. 浑善达克沙地赖草分株种群与土壤资源异质性分析[J]. 生态学报, 24(7): 1459-1464.
朱源, 康慕谊, 江源, 等. 2008. 贺兰山木本植物群落物种多样性的的海拔格局[J]. 植物生态学报, 32(3): 574-581.
邹蜜, 罗庆华, 辜彬, 等. 2013. 生境因子对岩质边坡生态恢复过程中植被多样性的影响[J]. 生态学杂志, 32(1): 7-14.
左万庆, 王玉辉, 王风玉, 等. 2009. 围栏封育措施对退化羊草草原植物群落特征影响研究[J]. 草业学报, 18(3): 12-19.
左小安, 赵哈林, 赵学勇, 等. 2009. 科尔沁沙地不同恢复年限退化植被的物种多样性[J]. 草业学报, 18(4): 9-16.
Ajmal KM, UngarI A. 1998. Seed germination and dormancy of Polygonum aviculare. As influenced by salinity, temperature, and gibberellin acid [J]. Seed Science and Technology, 26: 107-117.
Alvarez-Buylla ER, Martínez-Ramos M. 1990. Seed bank versus seed rain in the regeneration of a tropical pioneer tree [J]. Oecologia, 84(3): 314-325.
Ambrosiol, Doradoj, Delmonte JP. 1997. Assessment of the sample size to estimate the weed seed bank in soil [J]. Weed Research, 37: 129-137.
Arndt SK. 2006. Integrated research of plant functional traits is important for the understanding of ecosystem processes [J]. Plant and Soil, 281(1-2): 1-3.
Arroyo MTK, Cavieres LA, Castor C, et al. 1999. Persistent soil seed bank and standing vegetation at a high alpine site in the central Chilean Andes [J]. Oecologia, 119(1): 126-132.
Ashton PMS, Harris PG, Thadani, et al. 1998. Soil seed bank dynamics in relation to topographic position of a mixed-deciduous forest in southern New England, USA [J]. Forest Ecology and Management, 111(1): 15-22.
Atson MA, Geber MA, Jones CS. 1995. Ontogenetic contingency and the expression of plant plasticity [J]. Trends in Ecology & Evolution, 10(12): 474.
Bakker JP, Bakker ES, Rosen E, et al. 1996. Soil seed bank composition along a gradient from dry alvar grassland to Juniperus shrubland [J]. Journal of Vegetation Science, 7(2): 165-176.
Baligar VC, Wright RJ, Smedley MD. 1988. Enzyme activities in hill land soils of the Appalachian region [J]. Communications in Soil Science & Plant Analysis, 19(4): 367-384.
Ball DA. 1992. Weed seedbank response to tillage, herbicides andcrop rotation sequence [J]. Weed Science, 40: 654-659.
Barberi P, Cascio BL, Cascio B. 2001. Long-term tillage and croprotation effects on weed seed bank size and composition [J]. Weed Research, 41(4): 325 -340.
Barberi P, Silvestri N, Bonari E. 1997. Weed communities of winter wheat as influenced by input level and rotation [J]. Weed Research, 37: 301-313.
Bates D, Mächler M, Bolker BM, et al. 2015. Fitting linear mixed-effects models using lme4 [J]. Journal of Statistical Software, 67(1): 1-48.
Bekker RM, Bakker JP, Grandin U, et al. 1998. Seed size, shape and vertical distribution in the soil: indicators of seed longevity [J]. Functional Ecology, 12(5): 834-842.
Bekker RM, Verweij GL, Smith REN, et al. 1997. Soil seed banks in European grasslands: does land use affect regeneration perspectives [J]? Journal of Applied Ecology, 34: 1293-1310.

Bertiller MB. 1992. Seasonal variation in the seed bank of a Patagonian grassland in relation to grazing and topography [J]. Journal of Vegetation Science, 3(1): 47-54.
Bigwood DW, Inouye DW. 1988. Spatial pattern analysis of seed banks: Animal proven method and optimized sampling [J]. Ecology, 69(2): 497-507.
Bossuyt B, Heyn M, Hermy M. 2002. Seed bank and vegetation composition of forest stands of varying age in central Belgium: consequences for regeneration of ancient forest vegetation [J]. Plant Ecology, 162(1): 33-48.
Bossuyt B, Honnay O. 2008. Can the seed bank be used for ecological restoration? An overview of seed bank characteristics in European communities [J]. Journal of Vegetation Science, 19(6): 875-884.
Brenchley WE, Warington K. 1930. The weed seed population of arable soil I. Numerical estimation of viable seeds and observations on their natural dormancy [J]. Journal of Ecology, 18(2): 235-272.
Brenchley WE, Warington K. 1933. The weed seed population of arable soil II. Influence of crop, soil and methods of cultivation upon the relative abundance of Viable seeds [J]. Journal of Ecology, 21(1): 103-127.
Brenchley WE, Warington K. 1936. The weed seed population of arable soilIII. The re-establishment of weed species after reduction by fallowing [J]. Journal of Ecology, 24(2): 479-501.
Burnside OC, Moomaw RS, Roeth FW, et al. 1986. Weed seed demise in soil in weed-free corn (*Zea mays*) production across Nebraska [J]. Weed Science, 34: 248-251.
Capon SJ, Brock MA. 2006. Flooding, soil seed bank dynamics and vegetation resilience of a hydrologically variable desert floodplain [J]. Freshwater Biology, 51(2): 206-223.
Cardina J, Herms CP, Doohan DJ. 2002. Crop rotation and tillage system effects on weed seedbanks. Weed Science, 50: 448-460.
Cardina J, Regnier E, Harrison K. 1991. Long-term tillage effects on seed banks in three Ohio soils. Weed Science, 39: 186-194.
Carol CB, Jerry MB. 1998. Seeds Ecology, Biogeography, and Evolution of Dormancy and Germination [M]. San Diego, California: Academic Press.
Chalmandrier L, Münkemüller T, Lavergne S, et al. 2015. Effects of species' similarity and dominance on the functional and phylogenetic structure of a plant meta-community [J]. Ecology, 96(1): 143-153.
Champness SS, Moms K. 1948. The population of buried variable seeds in relation to contrasting pasture and soil types [J]. Journal of Ecology, 36(1): 149-173.
Clark FE, Paul EA. 1970. The Microflora of grassland [J]. Advances in Agronomy, 22: 375-435.
Clarke KR. 1993. Non-parametric multivariate analysis of changes in community structure [J]. Australian Journal of Ecology, 18(1): 117-143
Cliff AD, Ord JK. 1981. Spatial Process: Models and Applications [M]. London: ProLimited.
Coffin DP, Lauenroth WK. 1989. Spatial and temporal variation in the seed bank of a semi-arid grassland [J]. American Journal of Botany, 76(1): 53-58.
Crist TO. 2003. Partitioning species diversity across landscapes and regions: a hierarchical analysis of alpha, beta, and gamma diversity [J]. The American Naturalist, 162(6): 734-743.
Darwin C, Beer G. 1859. The origin of species [M]. London: Oxford University Press.
Devi NB, Yadava PS. 2006. Seasonal dynamics in soil microbial biomass C, N and P in a mixed-oak forest cosystem of Manipur, North-east India [J]. Applied Soil Ecology, 31(3): 220-227.
Diemer M, Prock S. 1993. Estimates of alpine seed bank size in two central European and one Scandinavian subarctic plant communities [J]. Arctic and Alpine Research, 25(3): 194-200.
Diemer M, Prock S. 1993. Estimates of alpine seed bank size in two central European and one Scandinavian subarctic plant communities [J]. Arctic and Alpine Research, 25(3): 194-200.

Dormaar JF, Smoliak S, Willms WD. 1989. Distribution of nitrogen fractions in grazed and ungrazed fescue grassland Ah horizon [J]. Range Manage, 43: 6-9

Eichberg C, Storm C, Kratochwil A, et al. 2006. A differentiating method for seed bank analysis: validation and application to successional stages of Koelerio-Corynephoretea inland sand vegetation [J]. Phytocoenologia, 36(2): 161-189.

Enquist BJ, Niklas KJ. 2002. Global Allocation Rules for Patterns of Biomass Partitioning in Seed Plants [J]. Science, 295(5559): 1517-2.

Eriksson I, Teketay D, Grastrom A. 2003. Response of plant communities to fire in an Acacia woodland and a day Afromontane forest, southern Ethiopia [J]. Forest Ecology and Management, 177(1): 39-50.

Esmailzadeh O, Hosseini S M, Tabari M. 2011. Relationship between soil seed bank and above-ground vegetation of a mixed-deciduous temperate forest in northern Iran [J]. Journal of Agricultural Science & Technology, 13(3): 411-424.

Forcella F. 1984. A species-area curve for buried viable seeds [J]. Australian Journal of Agricultural Research, 35(5): 645-652.

Forcella F. 1992. Prediction of weed seedling densities from buried seed reserves [J]. Weed Research, 32(1): 29-38.

Funes G, Basconcelo S, Díaz S, et al. 2003. Seed bank dynamics in tall-tussock grasslands along an altitudinal gradient [J]. Journal of Vegetation Science, 14(2): 253-258

Gad MRM, Kelan SS. 2012. Soil seed bank and seed germination of sand dunes vegetation in North Sinai-Egypt [J]. Annals of Agricultural Sciences, 57(1): 63-72.

Gallardo A, Covelo F. 2005. Spatial pattern and scale of leaf N and P concentration in a Quercus robur population [J]. Plant & Soil, 273(1-2): 269-277.

Geber MA, Watson MA, Kroon HD. 1997. 5–Organ Preformation, Development, and Resource Allocation in Perennials [J]. Plant Resource Allocation, 113-141.

Gonzalez AJ, Marrs RH, Martinez RC. 2009. Soil seed bank formation during early revegetation after hydroseeding in reclaimed coal wastes [J]. Ecological Engineering, 35(7): 1062-1069.

Grime JP. 2001. Plant Strategies, Vegetation Processes and Ecosystem Properties [M]. Chichester: John Wiley and Sons, 1-456.

Gross K L. 1990. A comparison of methods for estimating seed numbers in the soil [J]. The Journal of Ecology, 78(4): 1079-1093.

Guardia R, Gallart F, Ninot JM. 2000. Soil seed bank and seedling dynamics in badlands of the Upper Llobregat basin (Pyrenees). CATENA, 40(2): 189-202.

Güsewell S. 2004. N: P Ratios in Terrestrial Plants: Variation and Functional Significance [J]. New Phytologist, 164(2): 243-266.

Gutterman Y. 1993. Seed Germination in desert plant [M]. Berlin: Springer-Verlag GmbH & co. KG, 222-230.

Hall JB, Swaine MD. 1980. Seed stocks in Ghananian forest soils [J]. Biotropica, 12(4): 256-263.

Hammerstrom KK, Kenworthy WJ. 2003. A new method for estimation of Halophila decipiens Ostenfeld seed banks using density separation [J]. Aquatic Botany, 76(1): 79-86.

Han W, Fang J, Guo D, et al. 2005. Leaf nitrogen and phosphorus stoichiometry across 753 terrestrial plant species in China [J]. New Phytologist, 168(2): 377-385.

Harald A, Elisabeth E, Thomas L, et al. 2011. The soil seed bank and its relationship to the established vegetation in urban wastelands [J]. Landscape and Urban Planning, 100: 87-97.

Henderson CB, Petersen KE, Redak RA. 1988. Spatial and temporal patterns in the bank and vegetation of a desert grassland community [J]. Journal of Ecology, 76(3): 717-728.

Hm JBE. 1998. Seed banks of grazed and ungrazed Baltic seashore meadows [J]. Journal of Vegetation Science, 9(3): 395-408.

Holmes PM. 2002. Depth distribution and composition of seed banks in alien-invaded and uninvaded fynbos vegetation [J]. Austral Ecology, 27(1): 110-120.

Hosseinzadeh G, Jalilvand H, Tamartash R. 2010. Short time impact of enclosure on vegetation cover, productivity and some physical and chemical soil properties [J]. Journal of Applied Sciences, 10(18): 2001-2009.

Hui D, Jackson RB. 2006. Geographical and interannual variability in biomass partitioning in grassland ecosystems: a synthesis of field data [J]. New Phytologist, 169(1): 85-93.

Hulme PE. 1994. Post-dispersal seed predation in grassland: its magnitude and sources of variation [J]. Journal of Ecology, 82(3): 645-652.

Hunt SL. Gordon AM, Morris DM, et al. 2003. Understory vegetation in northern Ontario jack pine and black spruce plantations: 20-year successional changes [J]. Canadian Journal of Forest Research, 33(9): 1791-1803.

Ishikawa-Goto M, Tsuyuzaki S. 2004. Methods of estimating seed banks with reference to long-term seed burial [J]. Journal of Plant Research, 117(3): 245-248.

Jalili A, Hamzeh'ee B, Asri Y, et al. 2003. Soil seed banks in the Arasbaran Protected Area of Iran and their significance for conservation management [J]. Boilogical conservation, 109(3): 425-431.

Janssens F, Peeters A, Tallowin JRB, et al. 1998. Relationship between soil chemical factors and grassland diversity [J]. Plant and Soil, 202(1): 69-78.

Jensen HA. 1969. Content of buried seeds in arable soil in Denmark and its relation to the weed population [J]. Dansk Bot Arkiv, 27: 9-56.

Jiang D, Wang Y, Oshida T, et al. 2013. Review of research on soil seed banks in desert regions [J]. Disaster Advances, 6: 315-322.

Johnson MS, Bradshaw AD. 1979. Ecological principles for the restoration of disturbed and degraded land [J]. Applied biology, 4: 141-200.

Kelt DA, Valone TJ. 1995. Effects of Grazing on the Abundance and Diversity of Annual Plants in Chihuahuan Desert Scrub Habitat [J]. Oecologia, 103(2): 191.

Kevin JR, Andrew RD. 2001. Seed aging, delayed germination and reduced competitive ability in Bromus tectorum [J]. Plant Ecology, 155: 237-243.

Khan AA. 1977. The physiology and biochemistry of seed development, dormancy and germination [M]. Amsterdam: North Holland of ornamental treesny: 1-75.

Kikuchi T. 2001. Vegetation and Land Forms [M]. Tokyo: University of Tokyo Press, 2-9.

Kinloch JE, Friedel MH. 2005. Soil seed reserves in arid grazing lands of central Australia. Part Ⅰ: seed bank and vegetation dynamics [J]. Journal of Arid Environments, 60(1): 133-161.

Kroons HD, Hutchings MJ. 1995. Morphological Plasticity in Clonal Plants: The Foraging Concept Reconsidered [J]. Journal of Ecology, 83(1): 143-152.

Kůrová J. 2016. The impact of soil properties and forest stand age on the soil seed bank [J]. Folia Geobotanica, 51(1): 27-37.

Lamas MIB, Larreguy C, Carrera AL, et al. 2013. Changes in plant cover and functional traits induced by grazing in the arid Patagonian Monte [J]. Acta Oecologica, 51(8): 66-73.

Lamont BB. 1991. Canopy seed storage and release-what's in a name [J]? Oikos, 60(2): 266-268.

Leck MA, Graveline KJ. 1979. The seed bank of a freshwater tidal marsh [J]. American Journal of Botany, 66(9): 1006-1015.

Leck MA, Leck CF. 1998. A ten year seed bank study of old field succession in central New Jersey [J]. Journal of the Torrey Botanical Society, 125(1): 11-32.

Leckie S, Vellend M, Bell G, et al. 2000. The seed bank in an old-growth, temperate deciduous forest [J]. Canadian Journal of Botany, 78(2): 181-192.

Levassor C, Ortega M, Peco B. 1990. Seed Bank Dynamics of Mediterranean Pastures Subjected to

Mechanical Disturbance [J]. Journal of Vegetation Science, 1(3): 339-344.

Long RL, Gorecki MJ, Renton M, et al. 2015. The ecophysiology of seed persistence: a mechanistic view of the journey to germination or demise [J]. Biological Reviews, 90(1): 31-59.

Luo X, Cao M, Zhang M, et al. 2017. Soil seed banks along elevational gradients in tropical, subtropical and subalpine forests in Yunnan Province, southwest China [J]. Plant diversity, 39(5): 273-286.

Lydia PO, Peter MV. 2000. Regulation of Soil Phosphatase and Chitinase Activity by N and P Availability[J]. Biogeochemistry, 49(2): 175-190

Ma M, Baskin CC, Yu K, et al. 2017. Wetland drying indirectly influences plant community and seed bank diversity through soil pH [J]. Ecological Indicators, 80: 186-195.

Ma M, Zhou X, Du G. 2010. Role of soil seed bank along a disturbance gradient in an alpine meadow on the Tibet plateau [J]. Flora, 205(2): 128-134.

Ma M, Zhou X, Du G. 2011. Soil seed bank dynamics in alpine wetland succession on the Tibetan Plateau [J]. Plant and soil, 346(1-2): 19-28.

Magurran AE. 1988. Ecological Diversity and Its Measurement [M]. Princeton: Princeton University Press, 1-192.

Malone CR. 1967. A Rapid method for enumeration of viable seeds in soil [J]. Weeds, 15(4): 381-382.

Manzano P, Malo JE, et al. 2005. Sheep gut passage and survival of Mediterranean shrub seeds [J]. Seed Science Research, 15(1): 21-28.

Margalef RM. 1963. On certain`unifying principles in ecology [J]. The American Naturalist, 97(897): 357-374.

Marschner P, Crowley DE, Higashir M. 1997. Root exudation and physiological status of a root-colonizing fluorescent pseudomonad in mycorrhizal and non-mycorrhizal pepper (*Capsicum annum* L.) [J]. Plant Soil, 189: 11-20.

Mccarthy TS, Pretorius K. 2009. Coal mining on the Highveld and its implications for future water quality in the Vaal River system[J]. Water Institute of Southern Africa (WISA) and International Mine Water Association (IMWA), Pretoria, South Africa, 56-65.

Meissner RA, Facelli JM. 1999. Effects of sheep exclusion on the soil seed bank and annual vegetation in chenopod shrublands of South Australia [J]. Journal of Arid Environments, 42(2): 117-128.

Molau U, Larsson EL. 2000. Seed rain and seed bank along an alpine altitudinal gradient in Swedish Lapland [J]. Canadian Journal of Botany, 78: 728-747.

Montero E. 2005. Rényi dimensions analysis of soil particle-size distributions [J]. Ecological Modelling, 182(3-4): 305-315.

Morin H, Payette S. 1988. Buried seed populations in the montane, subalpine, and alpine belts of Mont Jacques Cartier, Quebec [J]. Canadian Journal of Botany, 66(1): 101-107.

Murray KG. 1988. Avian seed dispersal of 3 neotropical gap-dependent plants [J]. Ecological Monographs, 58(4): 271-298.

Nagamatsu D, Mirura O. 1997. Soil disturbance regime in relation to micro-scale land forms and its effects on vegetation structure in a hilly area in Japan [J]. Plant Ecology, 133: 191-200.

Nakagoshi N. 1985. Buried viable seeds in temperate forests [A]. The Population Structure of Vegetation [C]. Dordrecht: Dr Junk W. Publishers, 551-570.

Nascimento Oliveira PA, dos Santos JM, Lima Araújo E, et al. 2019. Natural regeneration of the vegetation of an abandoned agricultural field in a semi-arid region: a focus on seed bank and above-ground vegetation [J]. Brazilian Journal of Botany, 42(1): 43-51.

Nathan R. 2006. Long distance dispersal of plants [J]. Science, 313 (5788): 786-798.

Nausch M, Nausch G. 2000. Stimulation of peptidase activity in nutrient gradients in the Baltic Sea

[J]. Soil Biology & Biochemistry, 32(13): 1973-1983.
O'connor TG, Pickett GA. 1992. The influence of grazing on seed production and seed banks of some African savanna grasslands [J]. Journal of Applied Ecology, 29(1): 247-260.
Odum EP. 1969. The strategy of ecosystem development [J]. Science, 164(877): 262-270.
Oswald A, Ransom JK. 2001. Striga control and improvel farm productivity using crop rotation [J]. Crop Protection, 20(3): 113-120.
Pan YX, Wang XP, Jia RL, et al. 2008. Spatial variability of surface soil moisture content in a re-vegetated desert area in Shapotou, Northern China [J]. Journal of Arid Environments, 72(9): 1675-1683.
Paras A, Hagar AME. 2020. Citation classics in the Journal of Endodontics and a comparative bibliometric analysis with the most downloaded articles in 2017 and 2018 [J]. Journal of Endodontics.
Peco B, Ortega M, Levassor C. 1998. Similarity between seed bank and vegetation in Mediterranean grassland: A predictive model [J]. Journal of Vegetation Science, 9(6): 815-828.
Pei S, Fu H, Wan C. 2008. Changes in soil properties and vegetation following exclosure and grazing in degraded Alxa desert steppe of Inner Mongolia, China [J]. Agriculture Ecosystems & Environment, 124(1): 33-39.
Pielou EC. 1975. Ecological diversity [M]. New York: John Wiley Press.
Pierce SM, Cowling RM. 1991. Disturbance regimes as determinants of seed banks in coastal vegetation of the southeastern cape [J]. Journal of vegetation Science, 2(3): 403-412.
Quinn JF, Robinson GR. 1987. The effects of experimental subdivision on flowering plant diversity in a California annual grassland [J]. Journal of Applied Ecology, 75(3): 837-856.
Rasheed MA. 1999. Recovery of experimentally created gaps within a tropical Zostera capricorni (Aschers.) seagrass meadow, Queensland Australia [J]. Journal of Experimental Marine Biology and Ecology, 235(2): 183-200.
Ravi S, Breshears DD, Huxman TE, et al. 2010. Land degradation in drylands: Interactions among hydrologic-aeolian erosion and vegetation dynamics [J]. Geomorphology, 116(3-4): 236-245.
Reeder JD, Sehuman GE. 2002. Influence of livestock grazing on C sequestration in semi-arid mixed grass and short grass rangelands [J]. Environmental Pollution, 116(3): 457-463.
Roach DA. 1983. Buried seed and standing vegetation in two adjacent tundra habitats, northern Alaska [J]. Oecologia, 60(3): 359-364.
Roberts EH, Totterdell S. 1981. Seed dormancy in Rumex species in response to environmental factors [J]. Plant, Cell & Enviromental, 4(2): 97-106.
Roberts HA, Stokes FG. 1966. Studies on the weeds of vegetable crops. 6. Seed populations of soil under commercial cropping [J]. Journal of Applied Ecology, 3(1): 181-190.
Roberts HA. 1958. Studies on the weeds of vegetable crops: I. Initial effects of cropping on the weed seeds in the soil [J]. Journal of Ecology, 46(3): 759-768.
Roberts HA. 1962. Studies on the weeds of vegetable crops: II. Effect of six years of cropping on the weed seeds in the soil [J]. Journal of Ecology , 50(3): 803-813.
Roberts HA. 1963. Studies on the weeds of vegetable crops: III. Effect of different primary cultivations on the weed seeds in the soil [J]. Journal of Ecology, 51(l): 83-95.
Roberts HA. 1981. Seed banks in soils [A]. Coaker TH (eds.). Advances in Applied Biology[C]. London: Academic Press, 1-55.
Roberts HA. 1981. Seed banks in soils [J]. Advances in Applied Biology, (6), 1-55.
Salvatore MD, Carafa AM, Carratu G. 2008. Assessment Of Heavy Metals Phytotoxicity Using Seed Germination And Root Elongation Tests: A Comparison Of Two Growth Substrates [J]. Chemosphere, 73(9): 1461-1464.
Schmid B. 1990. Some ecological and evolutionary consequences of modular organization and clonal

growth in plants [J]. Evolutionary Trends in Plants, 4(1): 25-34.

Shannon C E, Weiner W. 1963. The mathematical theory of communication [M]. Urbana: The University of Illinois Press.

Silvertown JW. 1984. Introduction to plant population ecology [J]. Vegetatio, 56(2): 86-86.

Simpson R L. 1989. Ecology of Soil Seed Bank [M]. San Diego: Academic Press, 149-209.

Smeins FE, Kinucan RJ. 1992. Soil seed bank of a semiarid Texas grassland under three long-term (36-years) grazing regimes [J]. American Midland Naturalist, (1): 11.

Snyman HA. 2005. The effect of fire on the soil seed bank of a semi-arid grassland in South Africa [J]. South African Journal of Botany, 71(1): 53-60.

Snyman HA. 2015. Short-term responses of southern African semi-arid rangelands to fire: A review of impact on soils [J]. Arid Land Research and Management, 29(2): 222-236.

Staniforth RJ, Griller N, Lajzerowicz C. 1998. Soil seed banks from coastal subarctic ecosystems of Bird Cove, Hudson Bay [J]. Ecoscience, 5(2): 241-249.

Su YZ, Zhao HL, Zhao WZ, et al. 2004. Fractal features of soil particle size distribution and the implication for indicating desertification [J]. Geoderma, 122(1): 0-49.

Su Z, Zhang S, Zhong Z. 1998. Advances in Plant Reproductive Ecology [J]. Chinese Journal of Ecology, 2(1): 39-46.

Sudebilige H, Li Y, Yong S, et al. 2000. Germinable soil seed bank of Artemisia frigida grassland and its response to grazing [J]. Acta Ecologica Sinica, 20(20): 43-48.

Sun C, Liu G, Xue S. 2016. Natural succession of grassland on the Loess Plateau of China affects multifractal characteristics of soil particle-size distribution and soil nutrients [J]. Ecological Research, 31(6): 891-902.

Syed SS, Imran AS. 2004. Spatial pattern analysis of seeds of an arable soil seed bank and its relationship with above-ground vegetation in an arid region [J]. Journal of Arid Environments, 57(3).

Symonides E. 1986. Seed bank in old-field successional ecosystems [J]. Ekologia Polska-Polish Journal of Ecology, 34(1): 3-29.

Ter Heerdt GNJ, Verweij GL, Barkker RM, et al. 1996. An improved method for seed bank analysis: seedling emergence after removing the soil by sieving [J]. Functional Ecology, 10(1): 144-151.

Tessier JT, Raynal DJ. 2003. Use of Nitrogen to Phosphorus Ratios in Plant Tissue as an Indicator of Nutrient Limitation and Nitrogen Saturation [J]. Journal of Applied Ecology, 40(3): 523-534.

Thompson K, Bakker JP, Bekker RM, et al. 1998. Ecological correlates of seed persistence in soil in the north-west European flora[J]. Journal of Ecology, 86(1).

Thompson K, Bakker JP, Bekker RM. 1997. The soil seed banks of northwest Europe: Methodology, density and longevity [M]. Cambridge: Cambridge University Press.

Thompson K. 1986. Small-scale heterogeneity in the seed bank of an acidic grassland [J]. The Journal of Ecology, 74(3): 733-738.

Tillman D, Haddi AE. 1992. Drought and biodiversity in grasslands [J]. Oecologia, 89: 257-264.

Tsujino R, Yumoto T. 2008. Seedling establishment of five evergreen tree species in Relation to topography, sika deer (*Cervus nippon*) and soil surface environments [J]. Journal of Plant Research, 121(6): 537-546.

Van Oudshoornk VR, Vanrooyen MW. 1999. Dispersal biology of desert plants [M]. Berlin: Springer.

Wang XP, Li XR, Xiao HL, et al. 2006. Evolutionary characteristics of the artificially revegetated shrub ecosystem in the Tengger Desert, northern China [J]. Ecological Research, 21(3): 415-424.

Wang Z, Jiao S, Han G, et al. 2014. Effects of stocking rate on the variability of peak standing crop in a desert steppe of Eurasia grassland [J]. Environmental Management, 53(2): 266-273.

Wantzen KM, Rothhaupt KO, Mortl M, et al. 2008. Ecological effects of water-level fluctuations in lakes: an urgent issue [J]. Hydrobiologia, 613(1): 1-4.

Warrick AW. 1980. Spatial variability of soil physical properties [J]. Applications of soil physics, 319-344.

Waser NM, Price MV. 1981. Effects of grazing on diversity of annual plants in the Sonoran Desert [J]. Oecologia, 50(3): 407-411.

Welling P, Tolvanen A, Laine K. 2004. The Alpine soil seed bank in relation to field seedlings and standing vegetation in subarctic Finland [J]. Arctic, Antarctic and Alpine Research, 36(2): 229-238.

Westoby M. 1989. Opportunistic management for rangelands not at equilibrium [J]. Journal of Range Management, 42(4): 266-274.

Whigham DF, O'Neill JP, Rasmussen HN, et al. 2006. Seed longevity in terrestrial orchids-Potential for persistent in situ seed banks [J]. Biological Conservation, 129(1): 24-30.

Whittaker RH. 1972. Evolution and measurement of species diversity [J]. Taxon, 21(2/3): 213-251.

Wijesinghe DK, John EA, Hutchings MJ. 2005. Does pattern of soil resource heterogeneity determine plant community structure? An experimental investigation [J]. Journal of Ecology, 93(1): 99-112.

Wilson MV, Shmida A. 1984. Measuring beta diversity with presence-absence data [J]. Journal of Ecology, 72(3): 1055~1064.

Yang D, Liu W, Liu H, et al. 2018. Soil seed bank and its relationship to the above-ground vegetation in grazed and ungrazed oxbow wetlands of the Yangtze River, China [J]. Environmental Engineering & Management Journal (EEMJ), 17(4): 959-967.

Yin LC, Cai ZC, Zhong WH. 2006. Changes in weed community diversity of maize crops due to long-term fertilization [J]. Crop Protection, 25: 910-914.

Zobel M, Kalamees R, Pussa K, et al. 2007. Soil seed bank and vegetation in mixed coniferous forest stands with different disturbance regimes [J]. Forest Ecology & Management, 250(1-2): 1-76.

缩略词对照表

中文	英文	缩写
土壤种子库	soil seed bank	SSB
一年生草本植物	annual herb	AH
一年或二年生草本植物	annual or biennial herb	ABH
多年生草本植物	perennial herb	PH
灌木	shrub	SH
半灌木	subshrub	SBH
灌木或半灌木	shrub or subshrub	SoS
苦豆子群落	*Sophora alopecuroides* community	SAC
芨芨草群落	*Achnatherum splendens* community	ASC
油蒿群落	*Artermisia ordosica* community	AOC
盐爪爪群落	*Kalidium foliatum* community	KFC
根茎繁殖	rhizome reproduction	RR
种子繁殖	seed reproduction	SR
种子或根茎繁殖	seed or rhizome reproduction	SRR
土壤粒径分布	particle size distribution	PSD
黏粒	clay sand	CS
粉粒	silt sand	SS
极细砂粒	very fine sand	VFS
细砂粒	fine sand	FS
土壤含水量	soil moisture content	SMC
土壤容重	soil bulk density	SBD
土壤有机碳	soil organic carbon	SOC
土壤有机质	soil organic matter	SOM
土壤酸碱度	soil potential of hydrogen	pH
土壤电导率	electric conductivity	EC
全碳	total carbon	TC
全氮	total nitrogen	TN
全磷	total phosphorus	TP
全盐	total salinity	TS
碱解氮	alkaline hydrolysis nitrogen	AN
速效磷	available phosphorus	AP

续表

中文	英文	缩写
脲酶	urease	URE
过氧化氢酶	catalase	CAT
磷酸酶	phosphatase	PHO
蔗糖酶	sucrase	SUC
土壤细菌	soil bacteria	SB
土壤放线菌	soil actinomycetes	SA
土壤真菌	soil fungi	SF
Shannon-Wiener 多样性指数	Shannon-Wiener diversity index	SWI
Simpson 多样性指数	Simpson diversity index	SDI
Pielou 均匀度指数	Pielou index	PI
Patrick 丰富度指数	abundance index Patrick	AIP
Margalef 丰富度指数	abundance index Margalef	AIM
相似性系数	similarity coefficient	SC
重要值	important value	IV
优势度	dominance	DV
矿化度	total dissolved solid	TDS
顶坡	crest slope	CS
上部坡位	upper side slope	US
中部坡位	middle side slope	MS
下部坡位	lower side slope	LS
底坡	bottom slope	BS